John J. Ratey / Richard Manning
Zivilisationskrank

John J. Ratey
Richard Manning

Zivilisations-
krank

**Wie wir unsere biologische
Natur mit dem modernen
Leben versöhnen**

Aus dem Amerikanischen
von Wolfgang Seidel

Lübbe

Dieser Titel ist auch als E-Book erschienen

Titel der amerikanischen Originalausgabe:
»Go Wild«

Für die Originalausgabe:
Copyright © 2014 by Little, Brown And Company,
Hachette Book Group, New York

Für die deutschsprachige Ausgabe:
Copyright © 2016 by Bastei Lübbe AG, Köln
Textredaktion: Barbara van Benthem, Tutzing
Foto S. 22 © Getty Images/Nat Farbmann
Umschlaggestaltung: Bürosüd, München
Einband-/Umschlagmotiv: © www.buerosued.de
Satz: Greiner & Reichel, Köln
Gesetzt aus der Adobe Caslon
Druck und Einband: CPI books GmbH, Leck – Germany

Printed in Germany
ISBN 978-3-431-03957-3

1   3   5   4   2

Sie finden uns im Internet unter: www.luebbe.de
Bitte beachten Sie auch: www.lesejury.de

Ein verlagsneues Buch kostet in Deutschland und Österreich jeweils überall dasselbe.
Damit die kulturelle Vielfalt erhalten und für die Leser bezahlbar bleibt,
gibt es die *gesetzliche Buchpreisbindung.* Ob im Internet, in der Großbuch-
handlung, beim lokalen Buchhändler, im Dorf oder in der Großstadt – überall
bekommen Sie Ihre verlagsneuen Bücher zum selben Preis.

INHALT

VORWORT

Jeder Autor sieht mit etwas Bangen einer Übersetzung seiner Texte entgegen, denn einiges von dem, was er in seinen gedruckten Zeilen zum Ausdruck bringen möchte, steht auch zwischen den Zeilen. Das ist unausweichlich so, denn sprachlicher Ausdruck ist immer rückgebunden an die spezifischen und einzigartigen Möglichkeiten der jeweiligen Sprache, und das ist zunächst die Muttersprache des Autors. Dies gilt umso mehr für einen Text und ein Buch, das bis in die Gefühlswelt hinein die Komplexität der eigenen Lebensweise zum Gegenstand hat. Doch bei der Vorbereitung dieser Ausgabe ging es uns zu unserer Überraschung einmal ganz anders. Wir haben im Gegenteil den Eindruck gewonnen, dass durch die Übersetzung nichts verlorengegangen ist, sondern dass durch die Übertragung in die deutsche Sprache und durch den Zusammenhang mit der Kultur in Deutschland einige uns wichtige Gedanken noch besser und anschaulicher zum Ausdruck kommen.

Das wurde uns klar, als der Übersetzer unseres Buches, Wolfgang Seidel, uns einen Hinweis auf Fußball übermittelte, auf den er offensichtlich im Laufe seiner Arbeit am Text gestoßen war. Im Urtext, in unserer amerikanischen Originalausgabe, wird Fußball gar nicht erwähnt, aber Seidel konnte zwischen den Zeilen lesen, dass davon sehr wohl die Rede war. In dieser Sportart und in der damit verbundenen Fußballbegeisterung ist so viel von dem enthalten, was das Thema und das Hauptanliegen des ganzen Buches darstellt. Im Buch werden eine ganze Reihe von Themen erörtert wie Ernährung, Bewegung, Evolution, archaische Hetzjagden und sehr viel komplexere Konzepte wie Empathie und sozialer Zusammenhalt; wir glauben, dass all diese Themen auch Kernpunkte der menschlichen Evolution sind, dass sie die wilde, ungezähmte Seite in uns grundlegend geprägt haben. Und wie Seidel ganz richtig erfasst hat, kommt all dies im Fußballspiel anschaulich und nachvollziehbar zusammen.

Wenn die Menschen Fußball spielen, dann bewegen sie sich natürlich sehr intensiv, es ist ein Laufsport, und er wird praktisch immer draußen, im Freien ausgeübt, also nicht in Hallen oder Fitness-Studios. Es ist ein Mannschaftsspiel, vergleichbar mit einem Jägerstamm bei einer archaischen Hetzjagd. Und wie diese Jäger sind die Spieler auf Empathie angewiesen, um miteinander kommunizieren zu können – so wie es seit mehr als 50 000 Jahren in unsere Gene eingeprägt wurde. Eine Fußballmannschaft ähnelt solch einer Jägergemeinschaft, sie leben oder trainieren gemeinsam, sie lernen, wie jeder andere Mitspieler »tickt«, wann der andere nur antäuscht, wie die Mitspieler reagieren. So werden sie quasi zu Empathie-Experten. Fußball zu spielen stellt für das Gehirn sicherlich eine noch größere Herausforderung dar als beispielsweise ein Dauerlauf im Freien – es greifen noch mehr Rückkoppelungseffekte ein; dadurch werden wir noch besser auf die Herausforderungen des Lebens vorbereitet und können uns noch besser an Veränderungen anpassen. Alle diese Dinge stehen im Zentrum unseres Buches, und sie sind gleichzeitig die Grundlage dafür, dass sich so viele Menschen für Fußball begeistern. Das ist keineswegs zufällig so.

Die tiefe Bindung des Menschen an die Natur, ja das Eingebundensein in die Natur und die Vorgaben der Natur für die Art und Weise, wie wir leben sollen, sind unserem Körper und Geist tief eingeprägt, ja geradezu genetisch codiert. Unsere Leidenschaften, das, wofür wir uns begeistern, folgen diesen Vorgaben unwillkürlich. Es ist Teil unserer Evolution, die Natur zu lieben und zu respektieren und allem Natürlichen leicht zu folgen. Dieser Gedanke ist keineswegs neu, vor allem auch in der deutschen Kultur. Genau aus diesem Grund sehen wir der deutschen Ausgabe unseres Buches mit großer Erwartung entgegen. Daher möchten die Autoren die Gelegenheit gerne nutzen, eine intellektuelle Dankesschuld abzustatten in

Anerkennung dessen, was das amerikanische Denken dem Denken der Deutschen verdankt.

In den Vereinigten Staaten gibt es immer noch riesige Gebiete praktisch unberührter Natur, reine Wildnis also, die auch durch Gesetze geschützt und bewahrt werden soll. Wilde, unberührte Natur ist einer der grundlegenden Faktoren, welche die amerikanische Kultur und Zivilisation nachhaltig geprägt haben. Diese Wertschätzung alles Wilden und Ungezähmten und der Lektionen, die die Wildnis für unser modernes Leben bereithält, ist einerseits wirklich etwas spezifisch Amerikanisches. Andererseits ist den Autoren sehr wohl bewusst, und sie wissen es auch sehr zu schätzen, dass wir Amerikaner die sinnhafte Wahrnehmung dafür wesentlich aus Deutschland übernommen haben. Das lässt sich sehr gut belegen.

Der Vater der amerikanischen philosophischen Ideen vom Leben im Einklang mit der Natur ist Henry David Thoreau. Für uns Autoren war er beim Verfassen dieses Buches sozusagen im Hintergrund immer präsent, und von ihm stammt der Satz: »Die Bewahrung der Welt liegt in der Wildnis.« Wir hätten es selbst nicht besser ausdrücken können. Genauso wie Thoreau selbst sprechen wir dabei nicht nur von der äußeren Welt, sondern auch von der inneren Welt. Naturbelassene Wildnis ist das beste Ökosystem, und wenn wir uns in der Wildnis aufhalten, sorgt die gleichzeitig für unser inneres Ökosystem.

Thoreau gehörte zum Transzendentalismus. Diese geistige Bewegung entwickelte sich in Amerika in der ersten Hälfte des 19. Jahrhunderts hauptsächlich in Boston. Sie war entstanden, nachdem etliche Amerikaner extra Deutsch gelernt haben, um anschließend Deutschland, Österreich und die Schweiz zu bereisen und bei Schlüsselfiguren der deutschen Romantik und des deutschen Idealismus wie Immanuel Kant, Friedrich Heinrich Jacobi, Georg Wilhelm Friedrich Hegel, Friedrich Wilhelm Joseph von Schelling und Johann Wolfgang von Goethe zu studieren. So wurden diese zu den eigentlichen Urhebern der amerikanischen Idee von der Wildnis.

Noch grundlegender sogar von der Vorstellung »des Wilden«. Sogar das Wort selbst, das Wort *wild* im Englischen, geht auf das deutsche Wort *Wald* zurück, beide haben einen gemeinsamen Ursprung.

Im Lauf der Zeit haben sich diese gedanklichen Pfade und dieser geistige Austausch wieder getrennt, und sie haben in den beiden unterschiedlichen Kulturen ihre je eigene Entwicklung genommen. Deswegen sind wir beide gespannt, wie sich die Diskussion entwickeln wird, wenn wir beides in unserem bescheidenen Rahmen wieder zusammenbringen. Auf jeden Fall zeigt sich unser geliebter Fußball nun auch in einem ganz neuen Licht.

EINLEITUNG

Go Wild. Wenn man den amerikanischen Originaltitel hört, denkt man im ersten Moment vielleicht an Schulkinder, die außer Rand und Band herumspringen, wenn der letzte Schultag vor den großen Ferien vorbei ist. Daher ist es durchaus berechtigt, erst einmal zu fragen: Was ist damit gemeint? Wenn nicht ausflippende Schulkinder, dann vielleicht irgendwelche Nudisten oder Sonnenanbeter auf einer einsamen Insel oder urzeitliche Jäger im Lendenschurz, die ihre Speere nach Antilopen werfen oder Löwen verscheuchen? An so etwas Aufregendes ist nicht gedacht, aber man kommt der Sache schon näher. »Wild« ist heutzutage ein ziemlich überstrapaziertes Wort, das mit einer Fülle von Bedeutungen aufgeladen sein kann. Wir hingegen wollen uns auf seine ursprüngliche Bedeutung besinnen, um es sinnvoll benutzen zu können – sinnvoll für unser persönliches Wohlbefinden.

Was wir damit meinen, ist einfach zu erfassen. Man denke an »wild« im Gegensatz zu »zahm«, an einen Wolf im Gegensatz zu einem Hund, an ein Bison im Gegensatz zu einer Kuh. Behalten wir für einen Moment die gleiche Art der Unterscheidung im Hinterkopf, wenn wir dies auf den Menschen übertragen und an »die Wilden« denken. Das ist nicht ganz so abwegig, wie es auf den ersten Blick erscheinen mag. Denn wenn man in längeren geschichtlichen Zeiträumen denkt – wenige zehntausend Jahre zurück genügt schon –, dann waren alle Menschen »Wilde«. Die gleichen Umstände und Kräfte, durch die Wolfshunde zu Haushunden domestiziert wurden, zähmten auch die »wilden« Menschen. Dies ist der Prozess der Zivilisation, und es liegt auf der Hand, dass er der Menschheit viele Vorteile gebracht hat. Wir wollen das keineswegs abstreiten. Das, worum es uns geht, hat mehr mit Genen, Evolution und Zeit zu tun. Die Evolution des Menschen vollzog sich fast ausschließlich unter den Bedingungen des Lebens in der freien Wildnis. Auch der moderne Mensch lebt genetisch noch unter den annähernd gleichen Bedingungen. Unsere Gene sind auf ein Leben und Überleben in freier, wilder Natur programmiert. Wenn wir es uns mit diesem Genprogramm in gezähmten, domestizierten, zivilisierten Lebensumständen bequem machen, machen wir uns krank und unglücklich.

Wir werden Ihnen eine ganze Reihe faszinierender Details aufzeigen, die sich aus diesem Genprogramm ergeben: dass Menschen dazu geboren sind, sich mit Anmut zu bewegen, dass es sozusagen in unseren Genen steckt, uns für Neues zu interessieren, dass wir uns von Natur aus zu offenen Räumen hingezogen fühlen, und vor allem, dass wir zur Liebe geboren sind. Eine weitere grundlegende Tatsache der menschlichen Existenz ist die Fähigkeit zur Heilung im Sinne der Selbstheilung. Dahinter steckt das Konzept der sogenannten Selbstregulierung, ein ganz fabelhaftes Reparatursystem angesichts des Verschleißes und des Stresses des alltäglichen Lebens. Daran denken wir im Wesentlichen, wenn wir von *Go Wild* sprechen.

Zu Beginn unseres Plädoyers für *Go Wild* zeigen wir Ihnen die wahrhaft dramatischen Folgen des Zivilisationsprozesses auf, die in mancher Hinsicht in die Katastrophe führen. Die weltweit wichtigsten Krankheits- und Todesursachen – Killer wie Herzkrankheiten, Fettleibigkeit, Depression, Krebs – sind der Preis, den wir zahlen, wenn wir unser eigenes Genprogramm ignorieren. Dabei ist es gar nicht so schwierig, wie es auf den ersten Blick erscheinen mag, diese Fehlentwicklung ganz individuell, durch persönliches Verhalten, wieder einzurenken. Das bewirkt das Wunder der Selbstregulierung. Die Aufgabe besteht darin, gewohnte Trampelpfade zu verlassen, um es dem Körper zu ermöglichen, seine Selbstheilungskräfte zu entfalten. Sie sind ein Geschenk der Evolution. Die Schritte dorthin sind leicht nachzuvollziehen, selbst in der modernen Zivilisation. Wir tragen hier keine bloßen Theorien oder Vermutungen vor. Viele Menschen haben diese Schritte bereits vollzogen, auch die Autoren dieses Buches. Wenn Sie unseren Gedanken folgen, werden Sie eine ganz neue Einstellung zu den natürlichen Lebensumständen des Menschen gewinnen. Dazu sollte unter anderem die Erkenntnis zählen, dass alles, was wir tun und denken, miteinander verbunden ist. All das beeinflusst unser Wohlbefinden. Diese an sich einfache Erkenntnis widerspricht in geradezu eklatanter Weise den grundsätzlichen Kategorien westlichen Denkens in den Wissenschaften und vor allem in der modernen Medizin. Die wissenschaftlichen Prinzipien fordern, ein Problem analytisch in seine einzelnen Bestandteile zu zerlegen, die fehlerhafte Komponente zu definieren, zu reparieren oder zu ersetzen. Das funktioniert bei Maschinen tadellos, aber wir sind keine Maschinen. Wir sind Geschöpfe der Wildnis, wilde Tiere. Und das oberste Prinzip der Wildnis lautet: Stelle dich auf Komplexität ein.

Es ist eine Tatsache, dass Ihre depressive Stimmung nicht nur ein bestimmter Geisteszustand ist, der sich irgendwo im Gehirn lokalisieren lässt. Sie kann direkt mit Ihren sportlichen (vielmehr: unsportlichen) Gewohnheiten zu tun haben oder damit, welche Gemüse oder Proteinarten Sie zu sich nehmen. Die Ursache für Ihre Fettleibigkeit könnte mit Ihrer Ernährung zu tun haben, aber genauso gut mit einer Infektion oder Schlafmangel – oder, selbst das ist denkbar, mit dem zu geringen Geburtsgewicht Ihrer Großmutter mütterlicherseits. Möglicherweise lassen sich Ihre beruflichen Probleme durch lange Spaziergänge in den Bergen mit Ihrem Hund lösen.

Jeder weiß, dass der Oberschenkelknochen mit dem Hüftknochen verbunden ist. Diese Erkenntnis wollen wir sehr viel weiter ausdehnen, um Ihnen eine Vorstellung von der enormen Komplexität und der Vernetzung verschiedener Aspekte des menschlichen Lebens zu geben.

In den folgenden Kapiteln werden wir das Thema Schritt für Schritt aufrollen, indem wir die relevanten Hauptpunkte in Unterthemen aufgliedern; darunter finden sich dann auch einige der üblichen Verdächtigen. Wir beginnen mit einigen grundlegenden Sachverhalten wie Ernährung und sportlichem Training, aber das soll nicht bedeuten, dass wir hier in gängiger Weise Ratschläge erteilen wollen – nach dem Motto: Tu das! oder: Iss nicht jenes! Vielmehr wollen wir auf bestimmte grundlegende Einsichten hinwirken, auf eine neue innere Einstellung zur menschlichen Lebensweise. Darauf aufbauend sollen weitere Verhaltenssituationen und Aspekte betrachtet werden, wie Schlaf, Achtsamkeit, Gemeinschaft, menschliche Beziehungen und Biophilie. Im weiteren Verlauf werden Sie sehen, dass eine ganze Reihe von Themen zur Sprache kommen, und Sie werden schnell feststellen, dass unsere Untergliederung, die Eingrenzungen und Abgrenzungen zwischen verschiedenen Teilen des Buches durchlässig sind, sich überschneiden und wiederholen. So werden wir uns als Erstes mit Ernährungsfragen beschäftigen. Dabei kommt man fast unausweichlich auf Dinge wie Hirnfunktion oder Immunsystem zu sprechen, die jedes für sich ein eigenes Thema bilden können. Darin spiegelt sich eben auch die Realität in all ihrer Komplexität.

Viel wichtiger aber ist es zu sehen, dass jedes dieser Themen einen bestimmten Verlauf hat und jeder dieser Verläufe irgendwann im Gehirn und im Bewusstsein endet. Das ist keineswegs überraschend. Schließlich ist das Wohlbefinden eine Sache des aktiven Bewusstseins. Dies wiederum führt zu einer Reihe von Grundsätzen oder Theorien, die den weiteren Gedankengang prägen. Manche dieser Theorien oder Behauptungen widersprechen einander. Aber jede hat etwas für sich, und man kann viel daraus ableiten und lernen.

Der erste Grundsatz taucht in der einen oder anderen Form immer wieder auf. Seine beste Formulierung findet sich in einem Satz, der amerikanischen Ureinwohnern zugeschrieben wird: »Jedes Tier weiß mehr als wir Menschen.« Die gegenteilige Behauptung hat eine lange, ungebrochene Tradition im westlichen Denken: Es ist die Vorstellung vom Menschen als »Krone der Schöpfung«, die in der jüdisch-christlichen Tradition tief verwurzelt ist. Danach stehen die Menschen an der Spitze der Evolutionspyramide, deutlich getrennt vom Tierreich und allen anderen überlegen.

Vielleicht ist es am besten, für den erstgenannten Standpunkt die Stimme eines Feldbiologen zu hören. Oftmals haben solche Forscher das beste Verständnis dafür, ähnlich einst die Indianer. Die genaue Beobachtung einer beliebigen Wildtierart ermöglicht vor allem ein tiefes Verständnis für die im Tier angelegten subtilen Möglichkeiten, wie es sich an seine Umgebung anpasst. Ein Biologe hat dieses Konzept der bestmöglichen Anpassung an eine gegebene Umwelt einmal als treffsichere Replik auf die herausfordernde Frage »Wenn Eulen angeblich schlau sind, wie Sie behaupten, warum bauen sie dann keine Häuser, Autos oder Computer?« auf den Punkt gebracht: »Sie sind so schlau, dass sie diese Dinge nicht brauchen.«

Die gleiche Vorstellung lässt sich aus viel alltäglicheren Zusammenhängen ableiten. Man muss nicht unbedingt studierter Biologe sein, um das Verhalten von Tieren zu beobachten. Viele Menschen machen das im normalen Leben ganz unwillkürlich, indem sie beispielsweise ihre Hunde beobachten. Schon viele Hundehalter haben gesehen, wie ihr Haushund einen Wurf Junge zur Welt brachte. Als verantwortungsbewusste Hunde-Übereltern bereiten wir uns so gut wie möglich auf das Ereignis vor. Wir konsultieren den Tierarzt, wir lernen etwas über die verschiedenen Möglichkeiten, wie man sicherstellt, dass die Jungen anfangen zu atmen; man muss eine Reihe von Dingen beachten, damit die Ankunft der Kleinen auf dieser Welt gelingt: etwaige Gegenstände, die die Atemwege verstopfen und Schleim wegwischen und dann durch sanftes Streicheln und Massieren den kleinen Körper so stimulieren, dass die Atmung in Gang kommt, dieser magische Augenblick, wenn sie erstmals Luft holen. Wir glauben, dass wir selbst all diese Vorbereitungen treffen müssen, weil unsere Hündin, auch wenn sie noch so schlau ist, beim ersten Wurf ihres Lebens nicht allein zurechtkommt, da sie ja vorher keine Ratgeberbücher oder Internetausdrucke lesen kann.

Doch kaum sind die Jungen auf der Welt, führt diese angeblich so unwissende junge Tiermutter ohne zu zögern und mit traumwandlerischer Sicherheit sogleich alle notwendigen Schritte zur Atemstimulierung durch. Dann sieht sie ihr Herrchen oder Frauchen mit einem fragenden Blick an, der zum Ausdruck bringt: »Und was habt ihr hier zu schaffen?« Unsere Hündin braucht kein Handbuch zu lesen, denn jedes Tier weiß längst mehr als wir. Dieses Beispiel ist unter anderem deshalb besonders wichtig, weil hier Hormone eine Rolle spielen, in diesem Fall vor allem Oxytocin. Bei Hunden kommt es genauso vor wie bei allen anderen Tieren, einschließlich beim Menschen. Das »Geburtshormon« Oxytocin wird in diesem Buch noch öfter erwähnt werden – und zwar in Zusammenhängen, wo man es nicht erwarten würde, wie Geschäftstransaktionen, Sporttraining und Gewalt.

Wenn wir das Instinktwissen hinsichtlich dessen, was für einen gut ist, berücksichtigen, brauchen wir uns keine Beschränkungen auferlegen. Das ist übrigens eine unserer Kernthesen. Anscheinend sind wir heute an einem Punkt angelangt, wo viele glauben, für ihr Wohlbefinden alle möglichen Maßnahmen ergreifen und Verrenkungen machen zu müssen. Davon zeugen ganze Regale voller Ratgeberbücher, Mitgliedschaften in gleich mehreren Fitness-Studios, weltraumtaugliche Kleidung, neuerdings Self-Tracking, Lektüre der Gesundheitstipps in den Zeitschriften, Selbsthilfegruppen und ständiges Kalorienzählen. Stellen Sie sich im Gegensatz dazu eine Gruppe Massai-Männer vor – die legendenumwobenen Viehnomaden Afrikas –, wie sie in leichtem Trott über die Serengeti traben, durchtrainierte Körper mit perfekter Ausdauerkondition und einer Schönheit und Ökonomie der Bewegung, um die sie jeder Fitness-Freak beneiden würde. Hat man je gehört, dass die Massai Kalorien zählen oder Gesundheitsratgeber lesen? Oder dass sie Personal-Trainer beschäftigen? Wie erklärt man sich eigentlich den offenbar völlig zufriedenstellenden Gesundheitszustand von Jäger- und Sammler-Gruppen, wie er schon in der Kolonialzeit von

Anthropologen immer wieder untersucht und überall auf der Welt bestätigt wurde: Diese Menschen seien fit, schlank und glücklich. Jäger und Sammler sind »Wilde« im wohlverstandenen Sinn des Wortes. Ebenso wie wilde Tiere wissen sie sehr viel mehr, als wir wissen: ein schlagender Gegenbeweis gegen die »Krone der Schöpfung«-Sichtweise. Auch wir wenden uns gegen diese Sichtweise, zumindest am Anfang. Der Schaden, den wir uns selbst und anderen und nicht zuletzt der Natur zufügen, hat seinen Ursprung zu einem Großteil in dem überheblichen Postulat von der Ausnahmestellung des Menschen.

Ob das menschliche Gehirn wirklich den Höhepunkt der Evolution darstellt, ist noch keineswegs endgültig geklärt. Dieses Experiment der Natur ist nämlich erst seit vergleichsweise wenigen Millionen Jahren in der Erprobung, und wir haben noch längst nicht alle Nachteile erkannt, auch wenn einige nun deutlicher in Erscheinung treten. Selbstverständlich bestreitet niemand die Tatsache, ja das Wunder, dass es sich beim menschlichen Gehirn um das komplexeste Organ überhaupt handelt. Seitdem die verschiedenen Aspekte der menschlichen Evolution ernsthaft erörtert und weiter erforscht werden, stehen bis zum heutigen Tag die kognitiven Fähigkeiten unseres Gehirns im Mittelpunkt – also Werkzeuggebrauch, die Fähigkeit zu vorausplanendem Denken, die menschliche Intelligenz; all diese Dinge, welche unsere Ausnahmestellung begründen. Natürlich sind das ganz einzigartige und wunderbare Fähigkeiten. Wir wollen sie keineswegs unterschätzen oder kleinreden, aber es könnte hilfreich sein, auch einmal intensiver über andere Fähigkeiten des Gehirns nachzudenken. Sinn und Zweck aller Gehirne, nicht nur der des Menschen, sondern aller empfindungsfähigen Wesen, ist es, Bewegung und Ortsveränderung zu ermöglichen sowie Koordination und »Handhabung« im ursprünglichen Sinn des Wortes. Auch diese Dinge beherrschen wir außerordentlich gut.

Dabei sind Gehirnfunktionen wie Intelligenz, Erinnerung, Lernen und das geistige Erfassen von Tatsachen gar nicht so übermäßig vielschichtig, wie man vielleicht denkt. Mittlerweile wissen wir dank raffinierter Mess- und Beobachtungsmethoden, dass bestimmte Fähigkeiten, die wir für selbstverständlich halten (Empathie, Sprache, alltägliche soziale Kompetenzen), viel komplexerer Natur sind. Wenn es um diese Dinge geht, ist das gesamte Gehirn involviert, da summen die Drähte und sprühen die Funken in unvorstellbar dichten neuronalen Netzwerken. Diese Dinge beherrschen wir im Gegensatz zu allen anderen Spezies. Wir werden das noch eingehender analysieren, können aber jetzt schon die Feststellung vorausschicken, dass unsere sonst nirgendwo zu findende Fähigkeit, Gemeinschaften zu bilden, das wesentliche Kriterium des Menschlichen ausmacht. Dass Menschen mit anderen Menschen zurechtkommen, ist unsere größte Leistung.

Solche Phänomene bilden die Parameter für unseren Ansatz, der diesem Buch zugrunde liegt. Wir werden uns mit bestimmten Aspekten menschlichen Verhaltens wie Ernährung, Schlaf und Bewegung näher befassen. Jede dieser Aktivitäten unterstützt das Gehirn. In konkret messbarer, geradezu begreifbarer und benennbarer Weise wird das Gehirn von solchen eher rein körperlich anmutenden Aktivitäten beeinflusst und unterstützt und seinerseits aktiviert, indem die neuronalen Verbindungen ständig befeuert werden. Sie sind der eigentliche Ort unseres Wohlbefindens und damit letztlich unserer Fähigkeit, uns mit anderen Menschen zu verbinden. Wenn Sie dieses ganze System anregen, dann werden Sie sich besser fühlen.

Die einzelnen Kapitel folgen diesem grundlegenden Gedankengang. Wir beginnen mit einer Zusammenfassung dessen, was man über die ursprünglichen Lebensbedingungen und über die wichtigsten Stufen der Evolution des Menschen weiß. Wodurch ist die Lebensweise des Menschen im Grundsätzlichen bestimmt, und welche Erkenntnisse ziehen wir daraus für die Bestimmung der menschlichen Art oder der menschlichen Natur? Ein themenübergreifender Ansatz wird sein, das seit etwa hundert Jahren diskutierte Thema »Zivilisationskrankheiten« auf den neuesten Stand zu bringen und neu zu beleuchten. In der Tat liegt die Ursache für das, was uns krank macht, in unserer Zivilisation, in der Missachtung grundlegender Einsichten und Regeln unserer ursprünglichen, evolutionsgerechten Lebensweise. Heutzutage leiden wir nämlich hauptsächlich unter Zivilisationskrankheiten. In einem abschließenden, zusammenfassenden Kapitel werden wir praktische Ratschläge zum persönlichen Gebrauch geben.

Momentan kann man überall auf der Welt einen Trend beobachten, durch Rückbau nach ökologischen Gesichtspunkten wieder ursprüngliche Lebensbedingungen herzustellen. Die Europäer nennen diesen Prozess »Renaturierung«. Das ist eine sinnvolle und notwendige Bewegung, die immer mehr Anhänger gewinnt. Wir übernehmen gerne dieses Bild und stellen uns den menschlichen Körper genauso komplex und artenreich vor wie andere im Naturzustand belassene Ökosysteme. Wie diese funktioniert auch der Körper am besten, wenn er in seinem Ursprungszustand belassen wird. Betrachten Sie dieses Buch daher gerne als Anleitung zur Renaturierung Ihres Lebens. Vielleicht können Sie ihm sogar ein paar Gedanken entnehmen, die Ihre innere Einstellung zum Leben verändern wird.

Für den Anfang dürfte es allerdings genügen, wenn Sie sich drei verschiedene Situationen vorstellen. Es wird Ihnen helfen, wenn Sie sich bei der Lektüre ab und zu daran erinnern. So wie bei der früher üblichen chemischen Entwicklung von Fotos die Details erst allmählich zum Vorschein kamen, sollten durch das Buch immer mehr Details wahrnehmbar werden, je weiter die Lektüre voranschreitet. Zunächst mögen diese Bilder ganz verschwommen und zusammenhanglos erscheinen. Aber wenn wir unseren Job auf den nachfolgenden Seiten richtig gemacht haben, enthüllen sie sehr viel über die Lebensumstände des Menschen. Das erste Bild zeigt eine Gruppe von Khoisan, das sind Buschleute im südlichen Afrika, also typische Jäger und Sammler, damals noch im sozusagen urwüchsigen Zustand, unberührt von der Zivilisation. (Nachdem sie stärker mit der Zivilisation in Berührung kamen, wurden diese Menschen in kurzer

Zeit genauso krank wie wir alle.) Diese Khoisan haben sich zu einem Palaver versammelt oder, noch wahrscheinlicher, lauschen sie einem Geschichtenerzähler. Das Zusammenrücken, um einem Erzähler zuzuhören, ist eine von den zutiefst menschlichen Aktivitäten, die uralt sind und sehr charakteristisch für unser Menschsein.

Was uns auf dem Foto als Erstes auffällt, ist, dass die Menschen nackt sind. Nacktheit war über den weitaus längsten Teil der Menschheitsgeschichte der vollkommen natürliche Zustand. Achten wir ab jetzt auch darauf, was uns der unbekleidete Zustand alles vor Augen führt: Wir sehen schlanke, geschmeidige Körper, in aufrechter Haltung, gut durchtrainiert. Betrachten wir den Geschichtenerzähler etwas eingehender: seine Lebendigkeit und ausdrucksvolle Gestik, die innere Erregung, wie er völlig in der Erzählung aufgeht. Insbesondere sein Gesichtsausdruck hat eine ganz besondere Ausstrahlung, mit der er die Gruppe in Bann schlägt und den gesamten Zuhörerkreis eng zusammenhält. Wer von uns heutigen Menschen könnte so gut kommunizieren? Und die Gruppe selbst? Die meisten sind Kinder. Ganz offensichtlich besteht zwischen den Zuhörern eine enge innere Verbindung, ein gemeinsames Band. Hier herrscht Vertrauen.

Unser zweites Bild stammt aus einem Video auf Youtube; jeder, der sich schon einmal mit Entwicklungspsychologie beschäftigt hat, kennt es. Es zeigt und erklärt einen zentralen Vorgang in der Entwicklung des Menschen. Die Szene ist völlig alltäglich und kommt bei jedem Kleinkind vor, sofern es sich ganz normal entwickelt. Man kann es sich leicht vorstellen: Eine Mutter und ihr Kleinkind befinden sich alleine in einem Raum voller Dinge, die eine magische Anziehungskraft auf Kleinkinder haben – leuchtend buntes Spielzeug und was diese Kleinen sonst so fasziniert. Trotzdem hat der Raum eine etwas unheimliche Atmosphäre. Der Kleine klammert sich an seine Mutter, schaut aber immer wieder zu den faszinierenden Spielsachen. Allmählich fasst er etwas Mut und Zutrauen, ermuntert von seiner Mutter. Schließlich löst er sich von ihr, um nach einem der Gegenstände zu greifen, beispielsweise einem großen Würfel. Aber der Würfel poltert mit dementsprechender Geräuschentwicklung zu Boden, und der Kleine rennt zurück zu seiner Mutter. Sie beruhigt und tröstet ihn eine Weile, bis er wieder genug Mut fasst, es erneut zu probieren, erneut zur Erkundung des Unbekannten aufbricht.

Das ist ein ganz elementarer Vorgang, wie er sich immer abspielt und immer schon abgespielt hat, seit Anbeginn der Menschheit. Hier zeigt sich das Grundmuster, wie unser Gehirn arbeitet und sich entwickelt, indem das Gleichgewicht zwischen Sicherheitsgefühl und Geborgenheit auf der einen Seite und Neugier und abenteuerlustigem Forscherinteresse immer neu austariert wird. Die in der Gegenwart der Mutter verkörperte Zuneigung und Unterstützung ist dafür unerlässlich. Das ist der ganz normale Gang der Entwicklung; wir werden auf dieses Bild später zurückkommen, weil es nicht nur auf Kleinkinder zutrifft, sondern auf uns alle.

Das dritte Bild scheint auf den ersten Blick nur ganz wenige Menschen zu betreffen – ein Sonderfall. Unserer Auffassung nach ist Wohlbefinden eine allgemein menschliche Kategorie, Autismus jedoch ist kein universelles Phänomen. Die meisten kennen es nur indirekt und betrachten es als Schicksalsschlag einiger weniger Menschen, möglicherweise verursacht durch einen Gendefekt. Was hat das mit mir zu tun?, fragen sie. Wir sind der Auffassung, dass die Bedeutung dieser neurologischen Störung den Aufwand, den die Gesellschaft treibt, bei Weitem übersteigt. Es ist sehr wahrscheinlich, dass es sich bei Autismus ebenfalls um eine Zivilisationskrankheit handelt, weswegen er zu den Kernthemen dieses Buches gehört.

Ein Besuch im *Center for Discovery* außerhalb von New York hat uns tief beeindruckt; es handelt sich um ein Pflegeheim für etwa 360 autistische Menschen, die so gewalttätig oder verhaltensauffällig sind, dass sie in einer normalen familiären Umgebung nicht leben können. Bei unserem Besuch wurden wir durch verschiedene Klassenzimmer geleitet und kamen auch mit einigen ins Gespräch. Die Mitarbeiter des Heims erklärten uns, dass ein solch offener Zugang nur einen Monat früher gar nicht möglich gewesen wäre; man hätte immer damit rechnen müssen, dass der eine oder andere plötzlich ausrastet. Die Ursache für diese geradezu dramatische Veränderung der Gesamtsituation lag wohl hauptsächlich in einem neuen Bewegungsprogramm für die Insassen: Es bestand in einem Lauf- und Hüpftraining, bei dem auch miteinander getanzt wurde. Dieses neue Element in der Behandlung trat zu der in diesem Heim bereits seit Langem angebotenen besonders gesunden Ernährung und vielen Aktivitäten in der freien Natur.

Eine Schlüsselszene trug sich in einem winzig kleinen Klassenzimmer zu, wo vier Teenager gegenüber einer Glocke und einem Klangholz nebeneinander saßen. Abwechselnd spielte jeder von ihnen mit diesen Instrumenten. Eine schlanke Frau mit einem engelsgleichen Gesicht und Pagenhaarschnitt saß an einem kleinen Elektroklavier, klimperte eine einfache Melodie und sang dazu einen immer gleichen kurzen Refrain; die unendliche Melodieschleife brachte die Jungen dazu, aufzustehen und selbst die Glocke zu läuten oder auf das Klangholz zu schlagen; jeder hielt sich dabei streng an den einfachen Rhythmus, der von der Melodie der Klavierspielerin vorgegeben war. Auch der Refrain, das unablässig wiederholte »Läute die Glocke, läute die Glocke« forderte die Jungen dazu heraus und unterstütze sie dabei. Rhythmus und Musik, Melodie, Takt, Zeitmaß. Mit dieser einfachen Rhythmus-Übung lässt sich ein Geist wiedererwecken, der wie alle mitmenschlichen Regungen durch den Autismus gekappt wurde.

Bei der Klavierspielerin fiel uns auf, dass sie die einfache Tonfolge immer und immer wieder spielen musste – stundenlang, tagelang, dafür war sie angestellt. Dann fiel uns bei ihr aber auch auf, dass sie die kleine Melodie nicht einfach stur wiederholte, sondern jedes Mal etwas Eigenes hineinlegte, kleine Improvisationen oder Verzierungen, dass sie aus ihrer inneren Mitte heraus sang, wie alle guten Sänger aus innersten Gefühlen heraus. Sie versah ihr Spiel mit einem Hoffnungsschimmer – nicht nur Töne oder Geräusche, nicht nur Melodie und Rhythmus, sondern wahrhafte Musik. Sie tat es wieder und wieder, noch dazu in einer Situation, die die meisten Menschen als hoffnungslos ansehen würden. Sie war gegenüber ihren Zuhörern genauso engagiert und brachte sich genauso ein wie der Geschichtenerzähler der Khoisan.

Noch im Nachhinein hielten wir es für vollkommen richtig und angemessen, welchen nachhaltigen Eindruck diese Szene im *Center for Discovery* auf uns gemacht hatte. Es war für uns einer der beiden Wendepunkte in unserem eigenen Leben. Wir waren uns immer einig, dass es keinen Sinn ergibt, ein Buch zu schreiben, wenn sich dadurch nicht auch im Leben des Autors etwas ändert. Wir werden später darüber berichten, wie es für jeden von uns dazu kam. Nur so viel sei bereits verraten, dass Richard Manning 25 Kilo Gewicht verloren hat und Ultramarathonläufer geworden ist. John Ratey hat ebenfalls einiges an Gewicht verloren und hat seine Essgewohnheiten umgestellt – doch bei ihm bestand die größte Veränderung in einer grundlegenden Erweiterung dessen, worüber er sich Gedanken macht und worüber er schreibt. Bisher war er als Autor über Themen wie Sporttraining und Hirnforschung bekannt; aber seit dem Besuch im *Center for Discovery* interessiert er sich viel umfassender für Themen wie Schlaf, Ernährung, Natur, Achtsamkeit und vor allem wie all diese Faktoren zusammenwirken, um uns ein Gefühl des Wohlbefindens zu geben. Aber nicht nur der Besuch im *Center for Discovery* wirkte auf John Ratey bewusstseinserweiternd. Es gab noch ein weiteres Ereignis, eine spontane rein zufällige Begegnung mit ähnlicher Wirkung. Auch darauf werden wir noch zu sprechen kommen.

Kapitel 1

HOMO SAPIENS 1.0

Die Evolution prägt uns bis heute

Gesundheit und Glücksempfinden sind durch die Evolution aufs engste miteinander verknüpft. Glücksgefühle stellen sich demzufolge viel leichter ein, als wir gemeinhin annehmen – jedenfalls dann, wenn man es auf aktive und ruhig ein bisschen abenteuerliche Weise angeht. Wenn es wirklich drauf ankommt, brauchen wir keinen Rat von anderen Menschen, um unseren Glückszustand zu definieren (und übrigens auch nicht die Hilfe von Büchern wie diesem hier). Das macht unser Gehirn ganz von selbst. Die gesamte Art und Weise, wie wir verdrahtet und durch die Evolution geprägt sind – all das läuft darauf hinaus, dass unser Gehirn aufpasst, ob es uns gut geht. Unser Überleben hängt schließlich davon ab, dass wir gesund und munter sind.

Stellen Sie sich vor, was passieren würde, wenn das Körperfeedback aufgrund falscher oder fehlgeleiteter Signale auf einmal nicht mehr funktionieren würde; wenn es uns suggeriert, alle Systeme arbeiten normal, obwohl es uns physisch-medizinisch gesehen schlecht geht: Obwohl wir hungern, frieren, erschöpft oder seelisch am Ende sind, sagt uns das Gehirn, alles sei in bester Ordnung. Man kann sich leicht ausmalen, welche Überlebenschance ein Tier mit einem solchen Feedbacksystem hätte. Stellen Sie sich dann auch noch vor, ein solches dysfunktionales System wäre in Genen verschlüsselt und würde an die nächste Generation weitergegeben. Aber man braucht es sich gar nicht vorzustellen. Drogenabhängige stehen unter dem übermächtigen Einfluss genau solch eines fehlgeleiteten Systems, das ihnen signalisiert, es ginge ihnen gut, während gleichzeitig jeder leicht erkennt, dass dem nicht so ist. Welche Überlebenschancen haben diese Menschen? Wir kennen die Antwort, ohne dafür umfangreiche Feldstudien durchführen zu müssen.

Anhand dieses Beispiels wird deutlich, wie wichtig es ist, verstehen zu lernen, dass unser Glück in allererster Linie von unserem körperlichen Wohlbefinden abhängig ist. Die Voraussetzungen für dieses Wohlbefinden wurden durch die Evolution nach Maßgaben für das schiere Überleben festgelegt. All das bedeutet auch, dass wir uns die Voraussetzungen und Grundlagen der menschlichen Entwicklungsgeschichte bewusst machen müssen, um uns des Glückzustands dauerhaft zu versichern. Davon sind wir heute weit entfernt. Die weitverbreiteten, geradezu »populären« Vorstellungen von der Evolution des Menschen beruhen auf mehr oder weniger falschen Voraussetzungen. Viel schlimmer ist allerdings, dass unsere Lebensweise schon seit Langem eindeutig gegen alle Regeln menschlichen Wohlbefindens verstößt, und das ist es, was uns krank macht.

Wenn wir über die Evolution des Menschen nachdenken, kommt uns beinahe unweigerlich als Erstes jenes Ablaufbild in den Sinn, jene Reihe von gezeichneten Figuren, erst der Affe, dann der Höhlenmensch, dann wir modernen Menschen und dann … Diese sehr bekannte Illustration löst immer viel Heiterkeit aus; ihr Grundgedanke ist in einem wichtigen Punkt allerdings ganz falsch. Genauso wie das Postulat von dem angeblich noch nicht entdeckten Bindeglied, dem »missing link«. Die Illustration mit den immer aufrechter gehenden Figuren suggeriert, dass die Evolution in einem langen Prozess immer wieder kleine Veränderungen am Gen-Design des Menschen vorgenommen habe. Demnach vollzog sich dieser Prozess mit einer eindeutigen Zielvorgabe von unseren affenähnlichen Vorfahren bis zu uns heutigen Menschen und schreitet weiter voran. Aber das stimmt so nicht.

Schon zu Darwins Lebzeiten gab es unter den Evolutionstheoretikern eine lebhafte Debatte, in der Darwin selbst den Standpunkt vertrat, dass sich die Evolution früher wie heute in allmählichen, kaum wahrnehmbaren Übergängen und Veränderungsschritten vollzieht. Die andere Fraktion vertritt eine Minderheitsmeinung, wonach die Evolution durch erratische Sprünge und Veränderungen gekennzeichnet ist. Diese Ansicht ist von den durchaus umstrittenen Evolutionsbiologen Stephen Jay Gould und Niles Eldredge als »Punktualismus« bezeichnet worden. Im Hinblick auf die Evolution des Menschen neigt die Mehrheit inzwischen diesem letzteren Standpunkt zu – und wir tun das auch.

Danach erschien jenes Wesen, das wir als *Homo sapiens* bezeichnen, vor rund fünfzigtausend Jahren praktisch fix und fertig in Afrika. Und seitdem ist nicht mehr viel passiert. Das wäre also *Homo sapiens 1.0*, dem keine weiteren nennenswerten Upgrades mehr folgten.

Diese Mehrheitsmeinung wurde von Gould folgendermaßen formuliert: »Während der letzten 40 000 bis 50 000 Jahre hat es beim Menschen keine nennenswerten biologischen Veränderungen mehr gegeben. Jede einzelne kulturelle und zivilisatorische Errungenschaft seither entstand auf der Grundlage gleichartiger Körper und Gehirne.«

In der oben zitierten figürlichen Ablaufzeichnung wie im Trivialverständnis von Evolution steckt außerdem eine zweite falsche Vorstellung, nämlich die der »missing links«. So etwas wie eine direkte Linie menschlicher Vorfahren, in der sich Schritt für Schritt der moderne Mensch immer deutlicher herausgeschält hat, existiert einfach nicht. Der Stammbaum des Menschen ähnelt keineswegs einer pyramidalen Tanne mit einem starken Stamm. Wenn man schon so ein Anschauungsbild aus der Botanik bemüht, dann müsste das Gebilde eher einem Gebüsch mit vielen schmalen Verästelungen und toten Zweigen gleichen. Das bekannteste Beispiel in diesem Zusammenhang sind die Neandertaler, die aus Fossilienfunden in Europa, Asien und dem nördlichen Afrika schon seit Langem bekannt sind. Neandertaler wären die langarmigen Gestalten in der Ablaufzeichnung. Den Begriff »Neandertaler« benutzen wir auch gerne, wenn wir in geringschätziger Weise von Mitmenschen reden, die wir für reichlich unzivilisiert oder regelrecht »unterentwickelt« halten; so steht es empörenderweise tatsächlich in einem der grundlegenden Werke zur Evolution. Die hierbei mitschwingende Unterstellung ist völlig klar. In dieser Sichtweise gelten die Neandertaler lediglich als Zwischenstation auf dem Weg zur Krone der Schöpfung, zu uns.

Die Evolution des Menschen verlief keineswegs in linearen Fortschritten. Vielmehr entwickelten sich im Lauf von Jahrmillionen – also über einen viel längeren Zeitraum, als unsere Art und Gattung *Homo sapiens* jemals bestand – eine ganze Anzahl anderer lebenstüchtiger Hominiden mit großem Gehirnvolumen, aufrechtem Gang, handwerklichem Geschick und jägerischen Fähigkeiten, die sich als gesellige Primaten zu ihrer Zeit, an ihrem Platz oder in ihrer Nische durchaus behaupteten. Der moderne *Homo sapiens* hingegen erschien erst auf der Bildfläche, nachdem neunzig Prozent der Zeit, die die Evolution von Hominiden in Anspruch genommen hatte, bereits verstrichen war. Und mit *Homo sapiens* kam etwas Neues in die Welt, eine neue Art. Ziemlich rasch verschwanden alle anderen dieser vollkommen lebenstüchtigen Hominiden, jede einzelne. Wir sind in der Tat die einzige überlebende Art der Gattung *Homo*.

Interessanterweise gab es gleichzeitig nicht nur eine dramatische Abnahme von *Homo*-Arten, sondern auch in der genetischen Vielfalt innerhalb der *Homo-sapiens*-Gruppen selbst. Alle Hominiden, nicht nur *Homo sapiens*, haben ihren Ursprung in Afrika. Das wird von niemandem ernsthaft bestritten. In Afrika selbst gibt es auch nach wie vor eine gewisse genetische Vielfalt unter den dort lebenden *Homo sapiens* – wie man es am Ursprung einer Art auch erwarten würde. Aber außerhalb Afrikas sind die genetischen Variationen bei den Menschen vergleichsweise gering. Dafür gibt es eine gute Erklärung. Wenn sich Bevölkerungsgruppen aufteilen, ist das stets ein Anlass für die Entwicklung weiterer Vielfalt und der Bildung von Unterarten. So bilden sich Abzweigungen vom evolutionären Stammbaum, wenn sich aufgrund von durchaus denkbaren natürlichen Ereignissen dauerhafte Unterpopulationen herausbilden, die sich genetisch eigenständig weiterentwickeln. Ein Anstieg des Meeresspiegels, der zu Inselbildung führt, oder ein Gletschervorstoß, der vormals zusammenhängende Gebiete trennt, können solche nachhaltig wirksamen natürlichen Ereignisse sein. Seit Zehntausenden von Jahren standen alle menschlichen Wesen durch Reisen, Handelsaustausch oder Migration irgendwie immer miteinander in Kontakt. Und das Ergebnis ist eine genetisch weitgehend einheitliche Weltbevölkerung. Wenn wir also hier von der Natur des Menschen sprechen, dann sind wirklich alle Menschen gemeint, die seitdem auf der gesamten Erde gelebt haben. Aufgrund dieser weit zurückreichenden Verbindungen und Gemeinsamkeiten der menschlichen Art entstand nie ein evolutionärer Druck, eine ganz neue Art zu bilden oder sich zu einer »Über-Art« weiterzuentwickeln.

Nichtsdestotrotz gibt es natürlich Variationen und Innovationen. Diese kleinen Unterschiede zwischen verschiedenen Bevölkerungsgruppen sind aus kulturellen Gründen, tief eingeprägten Vorurteilen, die nichts mit Genetik zu tun haben, enorm aufgeblasen worden. Betrachten wir nur einmal die in der Evolutionsgeschichte relativ »junge« Variante mit heller Haut und blondem Haar. Durch die gesamte Menschheitsgeschichte hindurch waren ungefähr 80 Prozent der Individuen überall auf der Welt dunkelhäutig. Das evolutionäre Experiment, es mal mit heller Haut zu probieren, begann erst vor etwa zwanzigtausend Jahren in Europa als eine Adaption an das Leben in einer Umgebung, wo die Sonne nicht so oft scheint. Was für ein Gewese machen die Menschen in der Vergangenheit und in der Gegenwart um diese winzige, geradezu insignifikante Variante im Gesamtspektrum der genetischen Ausstattung unserer Art, die so geringfügig ist, dass man sie im gesamten Genom nicht einmal eindeutig identifizieren kann. Ein nicht unbeträchtlicher Teil der Konflikte in der Geschichte lässt sich damit in Verbindung bringen, wer »es« hat und wer nicht.

Andere Varianten, mit denen die Evolution auch erst seit entwicklungsgeschichtlich kurzer Zeit »spielt«, sind die Laktosetoleranz und die Malariaresistenz, wie sie sich im tropischen Afrika als eine natürliche Vorkehrung gegen Sichelzellenanämie manifestiert. In solchen Punkten hat es auch bei Menschen eine evolutionäre Veränderung gegeben, doch diese Veränderungen sind so marginal, dass man sie guten Gewissens vernachlässigen kann. Jedenfalls unterscheiden wir uns im Hinblick auf unsere genetische Ausstattung in nichts von den ersten *Homo sapiens*, denn wir sind weder größer noch schneller noch langsamer noch intelligenter als diese. Im Kern sind wir die gleichen Typen, denen es irgendwie gelungen ist, eine ganze Handvoll recht ähnlicher, aufrecht gehender Affenarten zu überleben und im Evolutionswettbewerb zu besiegen und etwas zu erreichen, was vorher noch keiner anderen Art der Welt gelungen ist: jeden einzelnen Quadratmeter unseres Planeten zu besiedeln.

Doch egal, was immer der Auslöser gewesen sein könnte – klar ist, dass mit dem *Homo sapiens* etwas völlig Unvorhersehbares und Unerwartetes erschienen ist. Dieses Wesen, das wir »Mensch« nennen, ist ziemlich unvermittelt aufgetreten. Die evolutionären Änderungen, die dazu geführt haben, zählen auch heute noch zu den Hauptstärken unserer Art, und es sind genau diese Eigenschaften, denen wir unsere Aufmerksamkeit zuwenden wollen. Welche sind es?

Zum Laufen prädestiniert?

Fangen wir mit dem aufrechten Gang an und der Fähigkeit, schnell zu laufen. Diese Fähigkeit, auf zwei Beinen zu gehen, ist sehr aufschlussreich. Man kann daraus sehr interessante Erkenntnisse gewinnen, wenn man das Thema einmal ganz unvoreingenommen betrachtet.

Unter dem Schreibtisch von David Carrier in seinem Büro an der Universität von Utah gammelt ein Paar ziemlich ausgelatschter Inov-8-Laufschuhe vor sich hin. Menschen mit einem geübten Blick können aus diesen Schuhen genauso viele Informationen ablesen wie solche, deren Blick für die Form von Oberschenkelknochen geschult ist. Bei Inov-8 handelt es sich um eine britische Marke, die von solchen minimalistischen Läufern bevorzugt wird, die sich gerne auf schwierigen Bergtrails tummeln. Carrier, ein drahtiger Mann in mittlerem Alter mit einem imposanten Schnauzbart und welligem Haar, blickt uns durch seine ovale Metallbrille freundlich lächelnd an und versichert seinen Besuchern, dass er in der Tat gerne Gebirgstrails läuft. Doch sein Ruhm gründet nicht auf seinen läuferischen Aktivitäten – jedenfalls nicht in der einschlägigen Szene –, und sein Ruhm in der Wissenschaft ist in der Tat von anderer Art. In der Welt der Sportläufer ist er bekannt, weil er in Wyoming einmal versucht hat, eine Antilope zu Tode zu hetzen, was ihm zunächst allerdings nicht gelungen ist. Erst als er sich dafür Rat bei afrikanischen Buschleuten geholt hatte, schaffte er es. Allerdings stellte sich dabei heraus, dass es gar nicht um Lauftechnik ging, sondern um Empathie.

Carriers Forschungen und die seiner Kollegen, darunter sein Mentor Dennis Bramble, der ebenfalls an der Universität von Utah lehrt, sowie David Lieberman in Harvard, haben über die Technik des Hetzens von Antilopen hinaus eine hervorragende Bedeutung sowohl für aktive Läufer als auch für diejenigen, die mehr Laufsport betreiben sollten. Ihre Ergebnisse stehen im Mittelpunkt bei einer leider ganz alltäglichen Erfahrung: Ein Jogger geht wegen Schmerzen oder einer Verletzung zum Arzt und muss sich dabei das Doktor-Mantra anhören: »Wissen Sie, der menschliche Körper ist eben nicht zum Laufen gemacht.« Dank der Forschungsergebnisse von David Carrier kann der Jogger mit vollem Recht seinem Arzt darauf mit »Nonsens« antworten. Denn Menschen sind in Tat und Wahrheit die besten Ausdauerläufer auf dem gesamten Planeten. Daran gibt es gar keinen Zweifel. Kann die überragende Stellung von *Homo sapiens* auf der Erde etwas damit zu tun haben, dass wir die einzigen überlebenden zweibeinigen Affen sind?

Immer wieder bekommt man zu hören, dass die Affen unsere nächsten Verwandten in der Tierwelt seien, als ob die Menschen eine Art Verwandte dritten Grades der Schimpansen wären. Damit im Zusammenhang steht die ebenfalls falsche Vorstellung, Menschen seien nichts anderes als Affen mit etwas eleganteren Gesichtszügen und besseren Proportionen. Nur ein paar neue Tupfer, kein neuer Farbanstrich. Doch die Ergebnisse aus der Forschung über das Ausdauerlaufen sprechen eine ganz andere Sprache. Zwischen der Gattung Mensch und der Gattung Schimpansen bestehen fundamentale Unterschiede.

In ihrer bahnbrechenden Arbeit zu diesem Thema, erschienen in der renommierten Wissenschaftszeitschrift *Nature*, untersuchten Bramble und Lieberman den ganzen Komplex gleichberechtigt sowohl unter dem Aspekt »Laufen« als auch unter dem Aspekt »Gehen«. Schon durch diese Herangehensweise wurde die herrschende Grundvorstellung, die natürliche Fortbewegungsart des Menschen sei das Gehen, nicht das Laufen, in Frage gestellt. Alle Affen können sich mehr oder weniger rennend fortbewegen, aber nicht besonders schnell und nicht besonders weit und ganz bestimmt nicht besonders elegant. Menschen sind zu alldem viel besser in der Lage. Diese einfache Tatsache ergibt sich ganz klar aus unserer anatomischen Struktur; sie steckt sozusagen in den Knochen. Die Forscher wiesen allein im menschlichen Skelett sechsundzwanzig Adaptionen auf, die ausschließlich für das Laufen geeignet sind, nicht für das Gehen. Etliche davon betreffen, wie man es nicht anders erwarten würde, die Beine und die Füße. Beispielsweise benötigt man zum Schnelllauf einen elastischen, gebogenen Fuß – den die Menschen haben, aber nicht die Affen. Ebenfalls unabdingbar sind unsere viel längeren Achillessehnen und viel längeren Beine im Vergleich zum übrigen Körper. Im Gegensatz zum Gehen benötigen wir beim Laufen Vorkehrungen, die eine Gegenrotation ermöglichen. Beim Laufen dreht sich der Oberkörper stets in der Gegenrichtung zur Bewegung des Unterkörpers, was durch einen Drehpunkt in der Hüfte ermöglicht wird. Beim schnellen Laufen ist der Oberkörper bei weitem mehr involviert als beim bloßen Gehen, und es gibt eine ganze Reihe von Besonderheiten im menschlichen Körper, die nur dazu da sind, diese ständige rotierende Gewichtsverlagerung zu bewerkstelligen.

Alle diese speziellen »Stellschrauben«, die für den Schnelllauf benötigt werden, finden sich im Übrigen auch bei allen anderen Vierbeinern, die sehr schnell unterwegs sein können, namentlich bei Hunden und bei Pferden.

Keine einzige dieser Besonderheiten findet sich hingegen bei den Affenarten – also bei denjenigen Gattungen, die uns am Evolutionsstammbaum am nächsten stehen. Um die Menschheit zum Laufen zu bringen, griff die Evolution auf einige ältere Anpassungsleistungen kaum verwandter Arten zurück. Das geschah ziemlich unvermittelt vor ungefähr zwei Millionen Jahren mit dem Auftreten der Hominiden, der taxonomischen Familie, zu der auch unsere Gattung und Art gehören. Dies alles bedeutet, dass wir nicht nur genetisch an den Schnelllauf angepasst sind, sondern dass wir durch diese Laufart definiert sind.

In der Wissenschaft sind die meisten dieser Erkenntnisse schon seit Langem bekannt, aber es ist Carriers Verdienst, aufgezeigt zu haben, worin die überragende Bedeutung dieser plötzlichen evolutionären Neuorientierung weg von der Affenlinie liegt. Seine Arbeitshypothese trug die Bezeichnung »Hetzjagd«. Zweifellos sind viele Säugetierarten – und besonders solche, die als Nahrungsquelle eine wichtige Rolle für den Menschen spielten – ganz hervorragende Schnellläufer. Auch für sie hat die Evolution vorgesorgt. Diese Tiere, meistens handelt es sich um Huftiere wie Hirsche oder Antilopen, sind als Sprinter blitzschnell, aber sie haben keine Ausdauer. Wenn der Schnelllauf so wichtig war, dass er eine Art Wasserscheide in der Evolution darstellt, dann müssen die Menschen diese Fähigkeit zur Nahrungsgewinnung genutzt haben, indem sie den Wildtieren so ausdauernd nachgelaufen sind, bis diese vor Erschöpfung zusammenbrachen, schlussfolgert Carrier. Das Töten der Beute war für die Jäger anschließend ein leichtes Spiel.

Carrier machte dann seinen Versuch in Wyoming, wo es viele Antilopen gibt. Es gelang ihm in der Tat, ein einzelnes Tier von der Herde zu isolieren, die Verfolgung aufzunehmen und es über eine längere Strecke zu jagen. Doch als dieses Tier erste Ermüdungserscheinungen zeigte, schlug es einen Bogen zurück zu seiner Herde, wo es in der Menge verschwand. Carrier hätte ein frisches Tier isolieren und bei diesem die Verfolgung aufnehmen müssen. Was zu tun war, um bei dieser Art von Jagd erfolgreich zu sein, lernte Carrier schließlich (eher durch Zufall) von Buschleuten in Südafrika. Er ließ sich beibringen, worauf es ankam; selbstverständlich spielte ausdauernder Schnelllauf dabei eine wichtige Rolle, aber man benötigt auch ein großes Erfahrungswissen über die Beutetiere und ihr Verhalten. Dieses Wissen grenzt schon an die beinahe übernatürliche Fähigkeit, vorausahnen zu können, was das Tier als Nächstes tut. Ohne ein großes Gehirn wäre die Fähigkeit zum Schnelllauf bedeutungslos gewesen. Dieser Verbindung lohnte es sich nachzugehen (wenn nicht nachzurennen), aber die Jagderfolge der Buschleute ermöglichten es Carrier, Bramble und Lieberman immerhin, für ihre Hypothese den Beweis zu erbringen. Menschen sind in der Tat *Born to Run*, zum Laufen prädestiniert, wie der Titel von Christopher McDougalls populärem Buch lautet, in dem ihre Forschungen allgemeinverständlich zusammengefasst sind. Zu laufen ist der eigentliche Daseinszweck des Menschen.

Sind wir damit schon am Ende angelangt? Keineswegs. Bei unserem Gespräch erwähnte Carrier fast nichts von alledem, sondern befasste sich vielmehr mit anderen Themen von Bramble und Lieberman, wonach angeblich der menschliche *Gluteus maximus* (zu Deutsch: Arschbacken) der Hauptgrund für unsere ausgeprägten schnellläuferischen Fähigkeiten sein soll. Carrier hingegen meint, dass der Pomuskel für das Laufen selbst so gut wie keine Rolle spielt, sondern bei einer ganzen Reihe anderer Bewegungen. Und es seien diese Aktivitäten und Bewegungen, mit denen er sich mittlerweile intensiv befasst. Daran knüpft er eine ganze Kette von Gedanken, die schon in dem Ursprungskonzept seiner Forschungen eine entscheidende Rolle spielten – und die ein wirkliches Rätsel darstellen: ein Konzept, das er mit dem Begriff »Transportkosten« bezeichnet.

Es handelt sich um ein relativ einfaches Konzept, mit dem man direkt zur Effizienz von Fortbewegung vorstößt. Stellen Sie sich ein Kurvendiagramm vor, bei dem auf der einen Achse die erreichte Geschwindigkeit eingetragen wird und auf der anderen die Energie, welche das jeweilige Wesen dafür aufwenden muss. Bei den meisten Arten wird diese Kurve u-förmig sein, wobei der unterste Punkt des U das Optimum bezeichnet. Bei dieser Geschwindigkeit legt das Tier die größte Distanz mit dem geringsten Energieaufwand zurück, genauso wie bei einem Auto der beste Verbrauchswert bei, sagen wir, neunzig Stundenkilometern liegen könnte. Dieser Punkt bezeichnet die größte Effizienz, die optimale Geschwindigkeit, die pro eingesetzter Energieeinheit erreicht werden kann. Allein die Tatsache, dass eine solche u-förmige Kurve existiert, zeigt, dass die Körper der meisten Tiere für eine bestimmte Geschwindigkeit ausgelegt sind, bei der der Energieverbrauch am geringsten ist.

Diese Regel ist auch auf den Menschen anwendbar, aber wie sich schnell herausstellt, bezieht sie sich nur auf das Gehen. Konkret bedeutet das, dass die Energie-/Geschwindigkeitskurve beim Menschen ihren optimalen Punkt bei ungefähr 1,3 Metern pro Sekunde erreicht, das ist normale Gehgeschwindigkeit. Bei dieser Geschwindigkeit wird am wenigsten Energie verbraucht, um eine bestimmte Strecke zu überwinden. Beim Schnelllauf, zumindest bei dem des Menschen, ergibt sich jedoch keine solche Kurve mit einem gut definierbaren Optimum. Was sich zeigt, ist ein flacher Kurvenverlauf. Es gibt also bei uns keine optimale Geschwindigkeit in Relation zur verbrauchten Energie. Bei allen anderen Tieren mit Schnelllauf-Fähigkeiten wie Pferde, Hunde oder Hirsche zeigt sich aber sehr wohl die u-förmige Kurve, wenn sie laufen. Wenn des Menschen genetische Bestimmung also der Schnelllauf sein soll, wo ist dann das Optimum? Die Evolution liebt nichts so sehr wie Energieeffizienz. Ganze Arten leben und sterben fast nur unter diesem Aspekt – warum sind die Schnelllauffähigkeiten des Menschen also nicht auf maximale Energieeffizienz abgestimmt?

Dieser ganze Komplex eröffnet eine weitere Forschungsrichtung, diesmal nicht im Vergleich der verschiedenen Arten, sondern im Zusammenhang mit dem menschlichen Körper. Darauf zielt Carrier durchaus ab, aber zunächst erinnert er daran, dass sich der flache Kurvenverlauf beim menschlichen Schnelllauf nur dann ergibt, wenn man die Daten mehrerer Testpersonen zusammenfasst. Wenn man hingegen die Individuen betrachtet, ergibt sich für jeden Einzelnen in der Tat eine individuelle U-Kurve, wobei das Optimum bei jedem Menschen verschieden ist. Das wiederum gilt nicht für andere (Tier)Arten, mit anderen Worten, bei Menschen liegt in diesem Punkt eine viel größere Variabilität vor, und das hat natürlich seine Ursache in unserer unterschiedlichen Kondition und Lauferfahrung.

Es wird aber noch interessanter, weil diese ganze Gedanken- und Experimentierkette nicht nur zwischen verschiedenen Arten und beim Menschen zwischen verschiedenen Individuen durchexerziert werden kann, sondern auch für einzelne Muskeln innerhalb eines Körpers. Welche Muskeln aktiviert werden und mit welcher Effizienz, variiert je nach der Art der Aktivität und sogar beim Laufen selbst. Wenn man bergauf läuft, werden andere Muskeln aktiviert als beim Bergab-Rennen, auf dem flachen Boden oder an einem Abhang wieder andere. Es macht auch einen Unterschied beim Muskeleinsatz, ob man besonders schnell rennt oder nur langsam trabt. Und noch größer ist der Unterschied, wenn man springt.

Ganz zu schweigen von solchen Aktivitäten wie Werfen, Drücken, Schlagen, Heben oder Pressen.

Carrier erklärt, dass sich aus den Messdaten keine bevorzugte Tätigkeit für menschliche Aktivitäten herauslesen lässt, bei keiner zeigt sich ein eindeutig optimaler Punkt, nirgendwo ein Ansatzpunkt für eine echte Spezialisierung. Bei fast allen anderen Arten kann man eine kategorische Aussage machen wie »Geradezu prädestiniert zum Galoppieren«, aber beim Menschen nicht. »Geradezu prädestiniert zum Schnelllaufen«? In der Tat, aber genauso prädestiniert für jede Menge anderer Bewegungen und Aktivitäten. Die Menschen sind wie ein Schweizer Armeemesser auf zwei Beinen: multifunktional.

»Für die meisten Menschen, die sich darüber Gedanken machen, was Menschen alles tun und können, dürfte das keine große Überraschung sein, aber ich glaube, dass es für diejenigen, die sich in erster Linie auf die Schnelllauf-Hypothese versteifen, schon eine Überraschung ist. Wir sind Wesen, die eine ganze Anzahl verschiedener Dinge mit ihrem Bewegungsapparat machen können und machen müssen«, meint Carrier. »Jedenfalls tun wir mehr als bloß energieeffizient gehen oder lange Strecken laufen.«

Dieser ganze Bewegungskomplex setzt zwingend eine Reihe von Dingen voraus, die für unsere Existenz fundamental sind: Wir müssen genügend Nährstoffe zu uns nehmen (nicht nur Energiespender, sondern wirklich Nährstoffe), um den Bewegungsapparat in Gang zu halten, und wir benötigen Gehirne im XL-Format, um die verschiedenartigen Bewegungen zu koordinieren und zu kontrollieren. Das Denken selbst, schöpferische Tätigkeiten, Planen, Paarungsverhalten, Koordination – alle diese Aktivitäten benötigen ebenfalls großes Gehirnvolumen, aber der ganze Bewegungsapparat genügt schon als Auslöser für unser Gehirn. Die Entwicklung unseres einzigartigen menschlichen Gehirns ist mit der Evolution unserer weiträumigen Bewegungen aufs engste verzahnt. Geistige und physische Mobilität und Agilität bewegen sich in den gleichen Bahnen.

Brennstoff

Bei den wichtigsten Aspekten der menschlichen Ernährung muss man ein echtes Paradox feststellen. Alle anderen Körperteile und Körperorgane des Menschen sind sehr gut in der Lage, ihre Aufgabe zu erfüllen, manche zeigen überragende Fähigkeiten im Vergleich zu anderen Geschöpfen im Tierreich. Aber was die Verdauung anbelangt, muss man feststellen, dass sie allein räumlich sehr begrenzt ist und zudem schlecht funktioniert. Das ist ganz wörtlich gemeint, denn es ist wirklich nicht viel Platz dafür da. Zunächst einmal ist die Verdauung selbst ein energieverzehrender Prozess – wieso müssen Kalorien verbraucht werden, um Kalorien zu gewinnen, wenn es auch bessere Lösungen gäbe? Aber wenn es zu unserer Bestimmung gehört, im aufrechten Gang schnell laufen zu können, dann brauchen wir auch klein dimensionierte Eingeweide; das bedeutet vor allem einen kurzen Dünndarm, also weniger Oberfläche für die Verdauung. Der körperliche Grundaufbau ist in unserem durch die Evolution entwickelten Gen-Design festgelegt; die beim schnellen Laufen entstehende Gegenbewegung, die bereits erwähnt wurde, ist ein überzeugendes Argument in diesem Punkt. Anders als alle anderen Affen, die sämtlich Vierbeiner sind, gibt es beim Menschen einen deutlichen Abstand zwischen dem unteren Rippenbogen und der Oberkante des Beckens, und diese Fläche wird von den Bauchmuskeln bedeckt. Diese Muskeln dienen hauptsächlich dazu, uns in einer aufrechten Position zu halten und die gegenrotierende Drehbewegung beim Laufen zu kontrollieren. Daher benötigen wir einen leichten, aber festen Bauch und eigentlich auch stramme Bauchmuskeln, was das Volumen für die Eingeweide natürlich beschränkt.

Diese anatomischen Besonderheiten des Menschen liefern schon wichtige Hinweise zu unserem Körperaufbau und unserem Verhalten, aber beginnen wir zunächst mit einer einfachen, grundlegenden Tatsache: Wegen unseres kurzen Darmes können wir kein Gras essen. Das ist durchaus nicht selbstverständlich, wenn man bedenkt, dass sich zwei Millionen Jahre unserer Entwicklungsgeschichte in Savanne und Grasland abgespielt haben. Graslandgebiete sind biologisch gesehen überaus produktiv; das heißt, sie wandeln Sonnenenergie auf sehr effiziente Weise in Kohlenhydrate um. Aber diese Energie ist in den Zellwänden der Pflanzen eingeschlossen, in der Zellulose. Und Zellulose ist für Menschen schlichtweg unverdaulich.

Die ursprüngliche Methode, unsere Unfähigkeit zur Zelluloseverdauung zu kompensieren, besteht darin, diese Aufgabe anderen Lebewesen zu übertragen, sie gewissermaßen outzusourcen. Die typischen Beutetiere des Menschen, vor allem die Weidetiere, verstehen sich zum Glück sehr gut auf die Zelluloseverdauung. Diese Vierbeiner sind vor allem gut im Wiederkäuen. Geduldig futtern und kauen und schaufeln sie büschelweise das Gras in ihr labyrinthisches Gedärm, das in ihrer riesigen Bauchhöhle steckt.

Alles, was man aus der gesamten Paläoanthropologie, Anthropologie und aus sämtlichen Fossilien und auch sonst über die Lebensbedingungen des Menschen in der Vergangenheit und in der Gegenwart weiß, ist in einer Hinsicht völlig eindeutig: Menschen sind Jäger und Fleischesser. Es gibt keine einzige vegetarisch ausgerichtete Kultur in der gesamten Menschheitsgeschichte. Fleischverzehr ist eine so grundlegende und charakteristische Tatsache im Leben der Menschen, dass man fast sagen kann, er sei angeboren.

Bei der wissenschaftlichen Diskussion zu diesem Thema steht meistens das Stichwort Protein im Mittelpunkt. Die aus Aminosäuren aufgebauten Proteine sind die unverzichtbaren Bausteine des Körpers. Die einzige echte, zuverlässige Nahrungsquelle für diese Aminosäuren ist Fleisch. Daran ist zwar nichts Falsches, dennoch haben Anthropologen und Ernährungswissenschaftler einige wichtige Punkte übersehen, wenn sie Überlegungen anstellen, wie man das Überleben unserer Art erklären kann. Wenn wir heute an Fleisch denken, meinen wir damit Fleisch im essenziellen Sinn, also Muskelgewebe. Alles Übrige, all die anderen Gewebsarten in einem

Tierkörper, ziehen wir gar nicht weiter in Betracht. Dieser Fehler ist nicht neu.

Als die ersten Europäer im 19. Jahrhundert Nordamerika erkundeten, kamen diese Abenteurer und Fallensteller in Kontakt mit den nomadisch lebenden Indianern in den Prärien. Wie die meisten Jäger-und-Sammler-Gemeinschaften lebten diese Stämme fast ausschließlich vom Verzehr von Tieren. Mangels anderer Nahrungsressourcen übernahmen die Europäer diese Art der Ernährung, doch es dauerte nicht lange, bis sie erkrankten. Ein schlimmes Krankheitszeichen waren offene, blutende Wunden im Gesicht. Diese Europäer verhielten sich so wie wir und aßen nur Muskelfleisch. Erst die Indianer zeigten ihnen die wahren Delikatessen wie Leber und Milz, Knochenmark, Hirn und das Fett, insbesondere das Fett. Nachdem die Europäer das zu sich genommen hatten, besserte sich ihr Zustand. Denn das Gewebe dieser Organe enthält weitere wichtige Spurenelemente, die im Muskelfleisch nicht vorhanden sind.

Wenn man sich nur von Fleisch ernährt, zählen zu den wichtigen Nährstoffen und Energielieferanten nicht nur Proteine, sondern insbesondere auch Fett, Spurenelemente und Mineralien – das Ergebnis sogenannter Bioakkumulation oder Anreicherung. Weidetiere speichern überschüssige Energie als Fett, das eine kompakte und ergiebige Kalorienreserve bildet und bei Bedarf vom Körper verbrannt werden kann. Das tierische Fett ist also ein wertvoller Speicher, in dem Elemente wie Magnesium, Eisen und Jod eingelagert werden, das sie mit den Graswurzeln aus dem mineralreichen Boden ziehen. Dies ist ein wichtiger Faktor in der Ernährung. Natürlich könnten wir diese Mineralien und Spurenelemente auch durch den direkten Verzehr von Pflanzen zu uns nehmen, und wir tun dies auch. Aber in Fleisch im weiteren Sinn sind diese Nährstoffe in viel höherer Konzentration vorhanden. Wenn wir alle Nährstoffe, die wir Menschen brauchen, nur aus Pflanzen gewinnen wollten, müssten wir viel mehr essen, als unser Bauch erlaubt. Wie jeder Bergbaufachmann ausführlich erklären könnte, sind Spurenelemente und Mineralien auf der Oberfläche der Erde außerdem sehr ungleich verteilt. Aber zum Glück unternehmen gerade die großen Weidetiere weite Wanderungen, legen also riesige Strecken zurück und gleichen dadurch die in der geologischen Natur bestehenden Ungleichgewichte aus. Dadurch reichern diese Weidewandertiere das ganze Spektrum mineralischer Nährstoffe an, wie es eine ortsgebundene Pflanze niemals könnte. Und als Fleischesser profitieren wir von dieser Lebensleistung im Körper von Tieren.

Gleichwohl sind Menschen Allesfresser, weil wir eine möglichst abwechslungsreiche Kost benötigen. In der gesamten Menschheitsgeschichte haben wir uns auch immer von einer breiten Palette von Pflanzen ernährt und sind ebenfalls weit gewandert, um sie zu sammeln. Auch dabei geht es um mehr als um Energiezufuhr. Abwechslungsreiche Kost sichert unsere Versorgung mit der ganzen Bandbreite von Nährstoffen, die für den komplexen menschlichen Körper notwendig sind. Wie wichtig das ist, werden wir im Detail im weiteren Verlauf des Buches noch sehen. Eine große Hilfe ist dabei die kulturelle Errungenschaft des Gebrauchs des Feuers. Dadurch können wir Nahrung kochen, was zu weiterer Konzentration der Nährstoffe führt und die Verdauung erleichtert. Zur Verdauung gehören außerdem die Mikroorganismen in unserem Körper. Auch sie sind Teil des Outsourcens des Verdauens; eine Möglichkeit, unsere eigenen schwachen diesbezüglichen Fähigkeiten wettzumachen. In unserem gesamten Verdauungstrakt tummeln sich Tausende verschiedener Bakterienarten, die das chemische Aufschließen des Speisebreis unterstützen und dadurch die Aufnahme weiterer wertvoller Inhaltsstoffe ermöglichen. Dies geschieht in einem sehr viel größeren Umfang, als uns bewusst ist.

Unsere Gattung ist durch solche Faktoren wie Nomadentum, aufrechter Gang, Allesfresser regelrecht definiert; sie haben sich im Verlauf von zwei Millionen Jahren Entwicklung akkumuliert. Zu diesem ganzen Komplex gibt es noch eine Besonderheit, welche die Raffinesse der Entwicklung deutlich macht und zu einer weiteren wichtigen Frage führt: Worin besteht der Unterschied zwischen *Homo sapiens* und all den anderen *Homo*-Arten, die mittlerweile sämtlich ausgestorben sind? Im Großen und Ganzen gilt das, was bisher über die Nahrungsgrundlagen gesagt wurde, ebenso für alle anderen Hominiden, sogar für die Neandertaler. Warum aber hat dann nur eine einzige *Homo*-Art, der moderne Mensch, überlebt?

Auch die Neandertaler waren nomadische Jäger – sogar sehr geschickte Jäger. Sie hatten sich weit mehr auf Großwildjagd spezialisiert als *Homo sapiens*. Die Neandertaler verfügten über die waffentechnischen Voraussetzungen und einen Grad an sozialer Organisation, der notwendig war, um Elefanten mit Speeren zu töten. So gelangten sie stets an große Portionen Protein und Fett – also das, was allen Hominiden einen evolutionären Vorteil gewährte. Neandertaler bewegten sich außerdem im aufrechten Gang genauso mühelos wie wir. Sie verfügten über mehr als reichlich Gehirnmasse. Was allerdings im Vergleich zu den anderen Hominiden ihrer Zeit nicht auf ihrer Speisekarte stand, war Fisch. Genauer gesagt, sie hatten nicht gelernt, diese Nahrungsquelle anzuzapfen, obwohl sie ringsherum reichlich vorhanden war.

Ihre hauptsächlichen Mitbewerber um die Nahrungsquellen, *Homo sapiens*, taten sich sehr wohl daran gütlich. Beweise für Fischfang finden sich in Afrika nur im Zusammenhang mit *Homo sapiens*. Als der moderne Mensch vor 40 000 Jahren in Europa und Asien auftauchte, war die Versorgung mit Fischen und anderen Meeresfrüchten wie Muscheln weit verbreitet und eine wichtige Nahrung.

Damit soll nicht behauptet werden, dass die *Homo sapiens* dank der Fischnahrung in die Lage versetzt wurden, alle anderen Neandertaler, Denisova-Menschen und *Homo floresiensis*, die alle längst Eurasien besiedelt hatten, auszurotten – auch wenn das denkbar wäre. Doch der Verzehr von Meeresfrüchten liefert einen wertvollen Hinweis gerade auch für unsere moderne Ernährung. Das gilt vor allem im Hinblick auf Lachs. Es sei noch einmal daran erinnert: Aufgrund von chemischen Spuren von Elementen, die sich in ihren Knochen nachweisen lassen und die nicht durch den Verzehr von Landtieren, sondern nur von Wassertieren in den Körper gelangt sein können, ist erwiesen, dass schon die *Homo sapiens* Fisch aßen. Jeder, der einmal Zeuge einer Lachswanderung war, selbst unter den heutigen eher reduzierten Bedingungen, weiß, dass man diese schier unerschöpfliche Proteinquelle geradezu mühelos anzapfen kann. Beim Lachsfischen kann man sich aufwendige Hetzjagden ersparen. Die Fischesser mussten sich lediglich ans Flussufer setzen und konnten mühelos buchstäblich tonnenweise hochwertige Proteinmahlzeiten einsammeln. Gerade Lachse zählen zu denjenigen Tierarten, die die ausgedehntesten Wanderungen unternehmen. Während ihres relativ kurzen Lebens legen sie Abertausende von Seemeilen durch ganz verschiedene Gewässer zurück. Ernährungsphysiologisch gesehen hat jedes einzelne Exemplar dabei eine große Bandbreite von Spurenelementen gesammelt und in seinem Körper gespeichert, wie sie in rein terrestrischer Nahrung von Landtieren und Pflanzen kaum zu finden wäre. Wir sollten nie vergessen, wie wertvoll der Abwechslungsreichtum der Nahrung nomadischer Jäger und Sammler war, die ihre Lebensmittel aus ganz unterschiedlichen »Jagdgründen« bezogen. Jägerische Nomaden, die sich auch noch von einer nomadisch lebenden Fischart ernähren, treiben so gesehen das Konzept guter Ernährung auf die Spitze: Das ist Nomadentum hoch zwei.

Empathie

Die zentrale Botschaft lautet: Abwechslungsreichtum; davon werden wir noch oft hören. Doch ist dies auch nur ein Element in der viel größeren Erfolgsgeschichte der Menschheit. Über einzelne Details streiten sich die Gelehrten, aber aus solchen eindeutigen Forschungsergebnissen wie der Bedeutung der abwechslungsreichen

Ernährung haben die Paläoanthropologen in jahrelanger Arbeit eine Liste der Charakteristika erstellt, die uns typischerweise als menschliche Wesen kennzeichnen. In einem jüngst erschienenen Buch stellt der britische Wissenschaftler Chris Stringer eine solche Aufzählung zusammen, die, hier sinngemäß wiedergegeben, genauso viel Gültigkeit hat wie manche andere:

Komplexe Werkzeuge, deren Machart sich je nach Ort und Zeit schnell ändern kann. Ausgearbeitete Artefakte aus Knochen, Elfenbein, Horn, Muschelschalen oder ähnlichen Materialien. Kunstwerke sowohl figürlicher wie abstrakter Art. Vorrichtungen wie Zelte oder Hütten sowohl als Wohnstätte wie als Arbeitsplatz, die auch für mehrere verschiedenartige Aktivitäten vorgesehen sein können (wie zum Beispiel Werkzeugherstellung, Nahrungszubereitung, Schlafgelegenheiten und Feuerstätten). Fernhandel von Luxusgütern oder sehr seltenen Gütern wie Edelsteine, Muschelschalen, Perlen, Bernstein. Zeremonien und Rituale, bei denen unter Umständen Artefakte, eigens gebaute Anlagen oder komplexe Totenbestattungen eine Rolle spielen. Verbesserte zivilisatorische Abpufferungen und Vorkehrungen als Anpassung an extreme Umweltbedingungen wie Wüsten oder subarktische Tundren. Entwickelte Techniken der Nahrungssammlung und -zubereitung wie die Verwendung von Netzen, Fallen, (Angel)Haken und Harpunen sowie verschiedene Kochtechniken. Größere Bevölkerungsdichte annähernd bereits auf dem Niveau heutiger Jäger- und Sammlergesellschaften.

Dies ist eine umfangreiche Liste, aus der sich bereits viel erklären lässt. Aber die einzelnen Elemente, die für den Menschen charakteristischen Merkmale, sind daraus erst abgeleitet. Sie ergeben sich erst aus der Art, wie wir uns bewegen, aus unserer körperlichen Gewandtheit, aus dem, was wir essen und wie wir diese Nahrung beschaffen. Aber es ist auch von Aktivitäten die Rede, die nicht nur mit solch einfacher Bioenergetik zu tun haben. Was ist mit Kunst? Musik? Ritualen? Aus dieser Liste wird völlig klar ersichtlich, dass mit dem menschlichen Gehirn etwas ganz Bedeutendes und vorher nie Dagewesenes passiert ist, etwas, das weit über solche Merkmale wie aufrechter Gang, kurzer Verdauungstrakt, Allesfresserei, Lachsfilet und viel Gehirnmasse hinausgeht, die für die Hominiden in den vergangenen zwei Millionen Jahren charakteristisch waren.

Die biologisch einmaligen Gehirnstrukturen, welche uns zu solchen Leistungen befähigen, hinterlassen nun einmal keine fossilen Abdrücke. Daher ist es schwierig zu bestimmen, wann genau sie erstmals in Erscheinung traten. Die Wissenschaft, vor allem die Neurowissenschaft, ist auch erst in jüngerer Zeit auf diese Zusammenhänge gestoßen. Dieser Forschungsbereich erweitert sich heutzutage geradezu explosionsartig; fast täglich kommen neue Erkenntnisse über die Komplexität des menschlichen Gehirns hinzu. Immerhin geben uns einige dieser besonderen Strukturen, eine bestimmte Art von Zellen oder bestimmte Gehirnpartien, die wir schon seit einiger Zeit besser kennen, Hinweise darauf, warum es vor Zehntausenden von Jahren zu dieser explosionsartigen Weiterentwicklung der menschlichen Fähigkeiten gekommen ist. Zum Beispiel kennt man seit den 1920er Jahren die sogenannten Spindelneuronen. Diese einzigartig geformten Zellen entdeckte man zunächst im Gehirn von Affen, in geringerem Ausmaß auch in dem von Delfinen, Walen und Elefanten – alles Tiere mit besonderen Fähigkeiten. Beim Menschen finden sich Spindelneuronen in außergewöhnlich großer Zahl in bestimmten Gehirnregionen. Sie spielen eine Rolle bei komplexen Reaktionen und Verhaltensmustern wie Vertrauen, Empathie und Schuldgefühlen, aber auch bei praktischen Dingen wie Vorausplanung. Man kann sich fragen, was Empathie und Vorausplanung miteinander zu tun haben sollen. Das ist eine gute Frage. Antwort folgt sogleich.

Man denke zudem an die mit den Spindelneuronen verwandten und noch erstaunlicheren Zellen, welche von den Neurologen

»Spiegelneuronen« genannt werden; sie wurden von einer Gruppe italienischer Wissenschaftler in den 1980er und 1990er Jahren entdeckt. Sie kommen dem, was unter Empathie zu verstehen ist, noch näher. Die Begriffsverbindung mit »Spiegel-« ist in diesem Fall sehr treffend gewählt. Wenn man die Vorgänge im Hirn eines Affen aufzeichnet, der eine Erdnuss verspeist, dann zeigen die Aufzeichnungen, wie eine ganze Reihe verschiedener Neuronen losfeuert, nämlich diejenigen, die mit der Führung der Hand beim Aufpicken der Erdnuss befasst sind, mit dem Kauen und schließlich solche, die die Befriedigung durch den Genuss der Frucht signalisieren. Wenn nun ein Affe einen anderen Affen lediglich dabei beobachtet, wie der eine Erdnuss isst, dann werden in dessen Hirn die gleichen Neuronen aktiviert – die Spiegelneuronen –, als ob er die Nuss selbst äße. Darin besteht hauptsächlich jene Verschaltung im Gehirn hin zur Empathie, die eine höhere Stufe als reine mitfühlende Anteilnahme darstellt. Bei der bloßen Anteilnahme bemerken und verstehen wir, von welchen Gefühlen ein anderer bewegt wird; bei Empathie spüren wir diese Gefühle selbst.

Die Bedeutung von Empathie für den sozialen Zusammenhalt lässt sich wohl kaum überschätzen. Eine weitere Überlegung zeigt, wie weit solche Vorgänge reichen. Wir verstehen etwas vom Schicksal eines anderen Menschen, wenn wir ihm ein Bewusstsein zugestehen. Erst dies ermöglicht unser Verständnis, dass andere eine andere Sicht, einen anderen Standpunkt zur Welt um uns herum einnehmen können als wir selbst. Welche Bedeutung das hat, erkennt man am besten an denjenigen Menschen, denen diese Fähigkeit fehlt. Beispielsweise fehlt Autisten diese Art von Verschaltung, und sie haben folglich nicht diese Fähigkeiten, weswegen sie beispielsweise nie lügen. Sie können den Grund, warum man lügen sollte, gar nicht begreifen. Denn sie meinen, dass jeder Mensch genau das gleiche Wissen hat wie sie selbst.

Dieses Bewusstsein für die Möglichkeit einer unterschiedlichen Weltsicht bei anderen Menschen ist genau der Grund für eine andere, viel elegantere und raffiniertere Form der Lüge, die allen Menschen so wichtig und so teuer ist: das Geschichtenerzählen. Dies ermöglicht Abstraktion und konzeptuelles Denken, und dies wiederum ermöglicht Sprache. Empathie ermöglicht es Menschen, sich eine Vorstellung von der Zukunft zu machen, und das wiederum öffnet das Tor zu planendem und projektivem Denken, auch in Alternativen wie »Plan A« und »Plan B«; deswegen hat vorausplanendes Denken so viel mit Empathie zu tun. Im Übrigen gibt sie uns auch ein Gefühl dafür, dass wir von anderen wahrgenommen werden. Demzufolge erkennen wir in der archäologischen Forschung ab einem gewissen Zeitpunkt das Bedürfnis von Menschen, ihren Körper zu schmücken. So verhält es sich ebenso mit der bildenden Kunst, die eine weiter ausgreifende Art des Bedürfnisses zu schmücken darstellt, und gleichzeitig eine Form des Geschichtenerzählens: eine symbolische Wiedergabe der uns umgebenden Welt.

All das hat allerdings seinen Preis, einen hohen Preis. Wie bereits gesagt, benötigt das Gehirn sehr viel Energie; der Verbrauch ist enorm. All diese zusätzlichen, typisch menschlichen Fähigkeiten und Funktionen sind weit mehr als bloße Hirnergänzungsfunktionen, mehr als ein paar zusätzliche Zellen, die irgendwo in eine Ecke des Großhirns gequetscht werden. Die mit den Spindel- und Spiegelneuronen verbundenen Hirnaktivitäten erschöpfen sich nicht darin, dass ein paar Zellen hier und da bei Bedarf Signale abgeben, sondern dabei werden umfangreiche Zellnetzwerke aktiviert; somit braust ein ganzer Energiestrom durch das gesamte Gehirn. Anders als bei reinen Routineverrichtungen ist der Energie-, sprich der Brennstoffverbrauch sehr hoch. Um sie durchführen zu können, benötigt man selbstverständlich ausreichend Kalorien.

Es entstehen noch weitere als diese direkten Kosten. Aus der inzwischen doch recht großen Sammlung von Frühmenschen-Knochen gibt es einen besonders faszinierenden und durchaus ernüchternden Fund: das Individuum mit der Bezeichnung D3444. Wir kennen ihn nur durch seinen Schädel, aber das reicht aus, um ihn als Dmanissi-Hominiden einzuordnen. Diese Dmanissi-Menschen haben vor 1, 8 Millionen Jahren im heutigen Georgien im Kaukasus gelebt. Es handelt sich noch nicht einmal um einen *Homo sapiens*. Sie glichen in etwa den Neandertalern, aller Wahrscheinlichkeit nach eine eigenständige Hominiden-Art, die lange vor *Homo sapiens* aus Afrika auswanderte und das Grasland am östlichen Rand Europas durchstreifte. D3444 ist insofern ein aufsehenerregender Fall, als sein Schädel keine Zähne aufweist. Und die Zähne fehlten ihm schon lange vor seinem Tod. Die Anthropologen halten das für den Hinweis auf ein Gebrechen, aufgrund dessen D3444 auf die Hilfe anderer angewiesen war. Er brauchte Unterstützung und hat sie bekommen, denn seine Mit-Hominiden kümmerten sich auch um diejenigen, die sich nicht selbst helfen konnten. Das Konzept der Hilfe und gegenseitigen Unterstützung gab es also schon lange, bevor es Menschen gab. Diese Art von Großzügigkeit verursacht echte biologische Kosten in Form von Energieverbrauch. Und das bedeutet nichts anderes, als dass durch Empathie größere Vorteile als Nachteile entstehen, sonst hätte sich Empathie-Verhalten in der Evolution nicht behaupten können.

Bei jeder zu detaillierten Befassung mit dieser Angelegenheit übersieht man leicht den übergeordneten Aspekt. Es ist gar nicht nötig, weit in der Vergangenheit nach Beispielen menschlicher Hilfsbereitschaft für andere zu suchen. Auch so kommen wir zu der Erkenntnis des hervorstechendsten Merkmals dessen, was Humanität ausmacht. Eine der wesentlichen Grundtatsachen unserer Existenz wird in solchen Diskussionen weitgehend übersehen, denn wie bei so vielen anderen grundlegenden und wichtigen Tatsachen des Lebens versteckt er sich direkt vor unserer Nasenspitze – weil wir es zu selbstverständlich nehmen.

Um die Diskussion an dieser Stelle voranzubringen, muss ein weiterer biologischer Schlüsselbegriff ins Spiel gebracht werden, der des »Nesthockers«. Hilflosigkeit ist geradezu *die* zentrale Charakterisierung für die Neugeborenen und Jungen so gut wie jeder Spezies, von Robbenbabys bis zu blinden kleinen Welpen. Unter diesem Aspekt lässt sich aber auch der vermutlich wichtigste Unterschied zwischen Menschen und allen anderen Spezies, die früher oder jetzt jemals gelebt haben, ausmachen. Die jungen Menschenkinder bleiben eine sehr, sehr lange Zeit auf Hilfe angewiesen, viel länger als bei jeder anderen Art im Naturreich – vierzehn, fünfzehn Jahre lang. (Heutzutage halten viele Eltern auch diesen Zeitraum für zu kurz bemessen und meinen, er erstreckt sich bis zu fünfundzwanzig oder dreißig Jahren.) Wie dem auch sei, keine andere Spezies kommt auch nur annähernd auf die hier in Frage stehenden Zeiträume. Jedenfalls zählt auch die extrem lange Nesthocker-Phase zu den kategorischen Tatsachen der menschlichen Existenz.

Dass dem so ist, beruht nicht auf Zufall oder einer Laune der Natur, sondern es handelt sich um vorhersagbare, geradezu zwangsläufige Notwendigkeit, die mit unserem großen Gehirn zu tun hat. Menschen könnten gar nicht mit einem großen, voll ausgebildeten Gehirn auf die Welt kommen. Dazu ist der Geburtskanal nicht groß genug. Daher wächst und entwickelt sich unser Gehirn erst nach der Geburt, wie ein Schiff in einer Flasche, und das dauert eben seine fünfzehn, wenn nicht zwanzig Jahre.

Reihenweise dicke Bücher, ganze Forschungsbereiche und verschiedene Wissenschaftsdisziplinen bestehen überhaupt nur deswegen. Wenn man das auf die Paläoanthropologie projiziert, eröffnet sich ein neuer Aspekt hinsichtlich der existentiellen Grundbedingungen menschlichen Lebens. Inzwischen gibt es in der Wissenschaft einige Stimmen, die in der völligen Hilfsbedürftigkeit der Nachkommen das überragende Charakteristikum menschlichen Daseins überhaupt sehen, das entscheidende Grundelement des Menschseins. Unsere Kleinkinder sind in jeder Hinsicht so abhängig, dass kein Elternteil alleine und vollkommen auf sich gestellt die Aufgabe lösen könnte, für den Schutz und Lebensunterhalt eines Kindes zu sorgen, ihm gleichzeitig die notwendige Aufmerksamkeit zukommen zu lassen und ihm noch etwas beizubringen. Auch

Jäger und Sammler mussten bereits den besonderen Bedürfnissen und vor allem dem Energiebedarf säugender Mütter Rechnung tragen. Diese Mütter könnten niemals völlig alleine Kinder großziehen, wodurch soziale Bindungen geradezu naturnotwendig unerlässlich geworden sind. In diesem fundamentalen Gesellschaftsvertrag sind Babys der kleinste gemeinsame Nenner, über dessen Wohlergehen sich die Gemeinschaft verständigt. Wäre dem nicht so, könnte die menschliche Spezies nicht existieren. In der gesamten Evolution steht die erfolgreiche Reproduktion, das Hervorbringen der nächsten Generation, im Vordergrund. Gerade für die menschliche Spezies ist das eine enorm schwierige Aufgabe. Im Verlauf der gesamten Menschheitsgeschichte und über sämtliche Kulturen hinweg taucht in diesem Zusammenhang immer wieder eine bestimmte Zahl auf. Es bedarf eines Mindestverhältnisses von vier Erwachsenen zu einem Kind, damit die menschliche Art nicht ausstirbt. Das sind die wahren Kosten unseres großen Gehirnvolumens.

Hier liegt der Grund, warum wir als Menschen zur Kooperation gezwungen sind und warum sich Dinge wie Empathie und Sprache entwickelt haben, um diese Kooperation zu ermöglichen. Alles, was ansonsten menschliches Leben ausmacht, ist zweitrangig und von dieser primären Bedingung menschlicher Existenz abgeleitet.

Unsere vorrangige Aufgabe mit Blick auf die Zukunft ist die Sorge für unser Wohlergehen, wie es dem Menschen eingegeben ist: im Geist, im Körper, in der Energetik und in der Bewegung, in allen Elementen des Lebens. Wir sollten uns darüber im Klaren sein, dass die Evolution – mit all diesen Veränderungen von Knochen, Muskeln, Neuronen, Fett, Nahrung und Kampf – schließlich ein Wesen hervorgebracht hat, das menschlich ist. Worin unterscheiden wir uns vom übrigen Naturreich? Der Paläoanthropologe Ian Tattersall hat auf diese Frage eine bündige Antwort: »Um es auf das wirklich Wesentliche zu reduzieren, kann man sagen, dass Menschen sich wenigstens bis zu einem gewissen Grad um das Wohlergehen von anderen Menschen kümmern. Das tun Schimpansen – und vermutlich auch unsere anderen früheren Primatenverwandten – nicht.«

Das haben unsere früheren Primatenverwandten nicht getan – jedenfalls nicht in dem gleichen Maß wie wir –, und sie sind ausgestorben.

Kapitel 2

WORAN WIR LEIDEN

Krankheiten sind weniger das Problem, sondern alle möglichen Wehwehchen

»Zivilisationskrankheit« ist kein ganz neuer Begriff. Gleichwohl handelt es sich um das passende Stichwort für eines der akutesten Probleme der Gegenwart. Die erste Theorie von Zivilisationskrankheiten entstand in etwa gleichzeitig mit der Evolutionstheorie. Dennoch hat es lange gedauert, bis wir verstanden haben, welches Erklärungspotenzial in der Kombination dieser beiden Konzepte steckt. Beides zusammenzudenken hilft uns, die Ursachen der aktuellen Gesundheitsprobleme von großen Teilen der Bevölkerung zu erkennen, vor allem in den westlichen Gesellschaften.

Was genau ist es nun, worunter einzelne Menschen und dann auch ganze Gruppen der Gesellschaft leiden? Diese Frage ist gar nicht so leicht zu beantworten; denkbare Antworten fallen mit Sicherheit kontrovers aus. Wie immer sie lauten: Jedes Mal steckt sehr viel wissenschaftliche Forschung dahinter und unweigerlich damit verbunden sehr viel Geld. Es gibt in der Tat viele verschiedene Herangehensweisen. Alle denkbaren Antworten lassen sich zwei Blöcken zuordnen: Was bringt uns um? Was macht uns im Laufe unserer Lebenszeit »lediglich« krank?

Die erste Frage ist insofern ein Problem, als wir das erst dann endgültig wissen, wenn wir sterben. Irgendetwas wird uns früher oder später umbringen; sobald es der Medizin gelingt, eine bestimmte Krankheit zu besiegen, tritt eine andere an ihre Stelle und sorgt für den natürlichen Verlauf der Dinge hin zum Tod. Daher erscheint es ergiebiger, dort anzusetzen, wo Krankheiten unsere Lebensqualität dauerhaft beeinträchtigen.

Die Bill-and-Melinda-Gates-Stiftung hat eine umfassende Studie des *Institute for Health Metrics and Evaluation* zu dem Thema »Die globalen Kosten von Krankheit« finanziert. Untersucht wurden nicht allein die Todesursachen, sondern auch der Verlust an Lebensqualität und die unmittelbaren und mittelbaren Folgen körperlicher Beeinträchtigung aufgrund von 291 verschiedenen Krankheiten in 187 Ländern. Besonderes Augenmerk wurde auf etwaige Musterveränderungen gerichtet, die man in den Jahren zwischen 1990 und 2010 eventuell beobachten konnte – immerhin eine kurze Momentaufnahme eines derartigen Wandels. Erste Ergebnisse wurden in der Fachzeitschrift *Lancet* Ende des Jahres 2012 veröffentlicht. Aus ihnen ergibt sich folgende Reihenfolge der verbreitetsten Gesundheitsprobleme heutzutage:

- Erkrankungen der Herzkranzgefäße
- Atemwegsinfektionen
- Schlaganfall
- Durchfall
- HIV
- Rückenschmerzen im Lendenwirbelbereich
- Malaria
- Chronische Atemwegserkrankungen
- Frühgeburten
- Verkehrsunfälle
- Schwere depressive Störungen
- Gehirnentzündung bei Neugeborenen

Sehr viel aufschlussreicher ist, auf welche Ursachen diese Krankheitsbilder zurückzuführen sind. In der gleichen Untersuchung werden dementsprechend auch die zwölf bedeutendsten Risikofaktoren für Tod und körperliche Beeinträchtigungen aufgezählt. Sie lauten in der Reihenfolge der Häufigkeit:

- Bluthochdruck
- Rauchen
- Alkohol
- Häusliche Luftverschmutzung
- Zu geringer Verzehr von Obst
- Hoher Body-Mass-Index (oder, vereinfacht gesagt, Fettleibigkeit)
- Hoher Blutzucker
- Untergewicht
- Allgemeine Luftverschmutzung
- Bewegungsarmut
- Zu hoher Salzkonsum
- Zu geringer Verzehr von Nüssen und Körnern

Schon ein erster Blick auf diese beiden Listen liefert überraschende Ergebnisse. Das Erste, was auffällt, ist, dass von Krebs gar keine Rede ist. Entgegen unseren Erwartungen fehlt in dieser Liste auch die übliche Litanei von Infektionskrankheiten, die eng mit Armut korrelieren. Dabei wäre am ehesten an Malaria und Gehirnentzündung bei Neugeborenen zu denken. Man kann die These aufstellen, dass es sich bei Malaria ebenfalls um eine Art ältere Zivilisationskrankheit handelt. (Historischen Aufzeichnungen kann man entnehmen, dass sie stets im Zusammenhang mit Rodungen zur Gewinnung von Ackernutzflächen vorkam.) Viel aufschlussreicher ist jedoch die Liste der Risikofaktoren. Sie widerspricht geradezu dem landläufigen Konzept von Krankheit entweder als einem genetischen Defekt, der behoben werden soll, oder von Krankheit als Infektion mit Bazillen oder Viren. Wenn wir uns diese Liste ansehen, bemerken wir, dass »Krankheit« eigentlich nicht das richtige Wort dafür ist. Was wir meinen, sind körperliche Beeinträchtigungen. Vielleicht ist es an der Zeit, sich von altehrwürdigen Begriffen zu

verabschieden, indem man nicht mehr von »Zivilisationskrankheiten«, sondern von »Zivilisationsleiden« spricht. Dabei handelt es
sich nicht um Mängel im Körper eines Menschen, sondern vielmehr um Beeinträchtigungen und Funktionsstörungen, die wir
durch unseren Lebenswandel selbst verursacht haben. Hauptsächlich sind es diese Dinge, worunter wir leiden. Jeden der zwölf weltweit wichtigsten Risikofaktoren kann man als Zivilisationskrankheit bezeichnen. Doch zurück zum eigentlichen Thema: Alle dieser
Faktoren lassen sich auf Ursachen zurückführen, die wir in unserem
Buch behandeln werden. Denn die Ursache für diese Leiden liegt
darin, dass wir das genetische Evolutionsdesign für unseren Körper ignorieren. Die Leiden treten dann auf, wenn Menschen ihrem
Körper Dinge zumuten, für die er nicht gemacht ist. Und jede dieser körperlichen Zumutungen könnte von jedem Menschen jederzeit abgestellt und damit korrigiert werden. Weshalb erscheint es so
wichtig, das von der Natur entwickelte Design unseres Körpers zu
kennen? Angesichts dieser Liste, angesichts dieser hochaktuellen
und hochkompetenten Bestandsaufnahme der vordringlichen Gesundheitsprobleme auf der ganzen Welt, wie sie die Gates-Stiftung
vorgelegt hat, kann man sich kaum vorstellen, welche Gesundheits-
themen oder -probleme heutzutage wichtiger und dringender sein
könnten als diese.

Jeder von uns weiß um diese Probleme oder zumindest sollte er
davon wissen. Jeder kann selbst diese Diagnose einer kranken Gesellschaft stellen, auch wenn er dafür keine Gelder von Bill und Melin-
da Gates bekommt. Man kann dies im Prinzip überall tun, doch ein
Flughafen ist nach unserer Ansicht dafür besonders gut geeignet. Beobachten Sie die Menschenmassen, die auf einem stark frequentier-
ten Flughafen an Ihnen vorbeiströmen. Fettleibigkeit ist dasjenige
Leiden, das man zuerst wahrnimmt, weil es auf so geradezu peinliche
Weise offensichtlich ist. Einige Menschen sind so dick, dass sie auf
einen Rollstuhl angewiesen sind. Und diejenigen, die noch auf ihren
eigenen beiden Beinen gehen können, geraten schon nach hundert

Metern ins Schwitzen und ins Schnaufen. Doch das ist nicht alles. Schauen Sie genauer hin und machen Sie sich ein Bild von der körperlichen Fitness aller anderen, ihrem Wohlbefinden (oder Unwohlsein), ihrer teigigen, schlaffen Haut oder ihrem niedergeschlagenem Blick. Falls Sie alt genug dafür sind, erinnern Sie sich an die gleiche Situation auf einem Flughafen vor zwanzig Jahren. Sah es damals auch schon so aus? Sowohl die statistischen Zahlen als auch Ihr Gedächtnis werden Ihnen ein ganz anders Bild vor Augen führen. Es ist eine tiefgreifende, geradezu katastrophale Veränderung im Gang, und sie schreitet rapide voran – vor allem in Amerika.

Die Ironie des Ganzen begreift man wiederum am besten in einem Flughafen. Denn was bekommt man dort heutzutage andauernd zu hören? Durchsagen, in denen vor Terroranschlägen gewarnt und zur Wachsamkeit aufgerufen wird. Dieses aufgeblasene Horrorszenario wirkt geradezu lächerlich angesichts der ganz realen körperlichen Beeinträchtigungen der Menschen direkt vor unserer Nase. Wer hat uns das angetan? Kann man sich einen Terrorakt oder sonst ein Desaster vorstellen, das noch zerstörerischer wirkt als derart nachhaltige gesundheitliche Schäden, die wir uns selbst zufügen?

Die Theorie der Zivilisationskrankheiten geht auf den französischen Arzt Stanislas Tanchou zurück, der unter Napoleon diente, insbesondere auf dessen Vorträge aus den 1840er Jahren. Tanchou befasste sich weniger mit übergewichtigen Menschen oder solchen mit hohem Blutzucker, sondern mit Krebserkrankungen. Er hielt Krebs für die Zivilisationskrankheit schlechthin. Er wertete die Sterberegister seiner Zeit aus und stellte fest, dass Krebserkrankungen in Städten wie Paris viel häufiger vorkamen als in ländlichen Gebieten und dass die Krankheit in Europa generell auf dem Vormarsch war. Bis zum Beginn des 20. Jahrhunderts hatte sich Tanchous Postulat weltweit herumgesprochen. Auch die Liste der sogenannten Zivilisationskrankheiten hatte sich beträchtlich verlängert. Das ist natürlich vor dem Epochenhintergrund des damaligen Zeitalters des Imperialismus zu sehen: Die Europäer verbreiteten »die Zivilisation« – oder das, was sie dafür hielten – über die ganze Welt. Durch ihr imperialistisches Ausgreifen entstand rund um den Globus ein Geflecht von »Zivilisationsgrenzen«. Die sich seinerzeit enorm entwickelnde Wissenschaft, vor allem die Medizin und die Ethnologie, war mit von der Partie. Man interessierte sich auch unter medizinischen Aspekten für die Menschen, die noch in vorgeschichtlichen Verhältnissen lebten, sprich auf der Stufe von Jägern und Sammlern. Die aus damaliger europäischer Sicht am Rande der Wildnis stationierten Kolonialdoktoren stellten nun an fast jeder dieser Zivilisationsgrenzen zur vermeintlichen Wildnis fest, dass diese sogenannten primitiven Völker in vieler Hinsicht gesünder und widerstandsfähiger waren als die Europäer. Krebserkrankungen kamen bei vielen dieser Stämme oder kleineren Völker praktisch gar nicht vor. Eine vom *National Museum of Natural History*, das Teil der renommierten Smithsonian Institution ist, in Auftrag gegebene umfassende Erhebung kam im Jahr 1908 zu dem Ergebnis, dass Krebs bei den amerikanischen Indianern »sehr selten« anzutreffen sei. Ein damit befasster Arzt verzeichnete lediglich einen einzigen Fall von Krebs unter zweitausend Indianern, die er über einen Zeitraum von fünfzehn Jahren untersuchte. Innerhalb einer Bevölkerung von 120 000 Menschen auf den Fidschi-Inseln wurden nur zwei Krebstote registriert. Ein Arzt praktizierte zehn Jahre lang auf Borneo, ohne je mit einem Krebspatienten zu tun gehabt zu haben. Zur gleichen Zeit war Krebs als Todesursache in Städten wie New York völlig selbstverständlich (bei 32 von 1000 Personen).

Im Anschluss an Tanchous Theorie beschäftigte man sich über 150 Jahre lang mit Untersuchungen auch noch in den entlegensten und unwirtlichsten Lebensräumen der Erde von den Inuit und den Bewohnern der Aleuten-Inseln vor Alaska über die Apachen Nordamerikas bis zu den Yanomami Südamerikas und zu verschiedenen Bevölkerungsgruppen der pazifischen Inselwelt, den Aborigines in Australien und den Khoisan-Buschleuten in Afrika. Außerdem fingen die Forscher an, diejenigen Krankheiten aufzuzeichnen, die bei all diesen eingeborenen Völkern gar nicht vorkamen, egal in welcher klimatischen Umgebung sie lebten. Dazu zählen insbesondere die Erkrankungen der Herzkranzgefäße, Bluthochdruck, Typ-2-Diabetes, Arthritis, Psoriasis, Karies und Akne. Auf dieser Liste erscheinen etliche von den Krankheiten, die uns heute am meisten zu schaffen machen.

Als die ersten Forschungsergebnisse im 19. Jahrhundert vorlagen, zog man die in jener Zeit naheliegenden Schlussfolgerungen. In der zweiten Hälfte jenes Jahrhunderts waren die Rassentheorien aufgekommen; man glaubte, deutliche Rassenunterschiede zwischen den Menschen zu erkennen. Wie nicht anders zu erwarten, wurden nun die medizinischen Befunde über Gesundheit und Krankheiten der eingeborenen Völker mit rassischen Argumenten erklärt: Man argumentierte, diese Völker seien von Natur aus gegen derartige Krankheiten gefeit; heutzutage würde man von einer genetischen Begründung oder genetischen Argumentation sprechen. Doch da ist nichts dran. Es gibt jede Menge Untersuchungen darüber, wie sich genau dieselben Bevölkerungsgruppen entwickelt haben, nachdem sie westliche Ess- und Lebensgewohnheiten angenommen haben. Je weiter die Verwestlichung ging, desto häufiger litten auch sie an Zivilisationskrankheiten. Schon den ersten Studien zu diesem Thema konnte man entnehmen, dass diejenigen Eingeborenen, die als erste oder am stärksten Opfer westlicher Zivilisationskrankheiten wurden, diejenigen waren, die mit Weißen zusammenlebten. In ganz ähnlicher Weise zeigen Immigrationsstatistiken bis auf den heutigen Tag, dass Menschen, die aus Gebieten ohne Zivilisationskrankheiten in solche mit Zivilisationskrankheiten auswandern, beispielsweise aus dem australischen Outback nach Europa, genauso schnell für dementsprechende Krankheiten anfällig werden wie die Menschen, die schon immer in den Zivilisationsgebieten leben. Mit anderen Worten: Zivilisationskrankheiten lassen sich nicht auf genetische Unterschiede zurückführen.

Ebenfalls zu einem noch recht frühen Zeitpunkt im 19. Jahrhundert kam eine weitere und zählebigere Erklärung auf, die man auch heute noch gelegentlich zu hören bekommt. Diese etwas ernster zu nehmende Idee knüpft an den Gedanken an, dass wir alle schließlich irgendwann einmal sterben müssen. Forscher, die in diese Richtung tendieren, ersetzen den Begriff »Zivilisationskrankheit« gerne durch den Begriff »Langlebigkeitskrankheit«. Ihr Argument lautet: Da die Menschen dank der fortgeschrittenen Medizin in der westlichen Welt, insbesondere der Erfolge bei der Bekämpfung von ansteckenden Krankheiten, heute länger leben, steht einfach mehr Zeit zur Verfügung, in der sich Krankheiten wie Herzleiden, Krebs und Typ-2-Diabetes entwickeln können. Diese Argumentation behauptet sich trotz eines zwingenden Gegenarguments nach wie vor: Typ-2-Diabetes finden wir heute schon oft bei Teenagern.

Wir sagen es völlig ohne Umschweife, denn es ist im Hinblick auf alles, was wir noch über Ernährung sagen werden, ganz besonders wichtig: Der dramatische Anstieg von Typ-2-Diabetes muss ein Alarmsignal für unsere Gesellschaft sein – so durchdringend wie eine heulende Sirene: Die Dinge verschlechtern sich rapide, und wir müssen dringend etwas dagegen tun. Typ-2-Diabetes ist eine Krankheit, die ihre Ursache im übermäßigen Konsum von Zucker und von reinen Kohlenhydraten hat. Sie gehört zu denjenigen Zivilisationskrankheiten, die man schon sehr früh registriert hat; ihr Auftreten fällt in so unterschiedlichen Gebieten wie Arizona oder Afrika mit der erstmaligen Verwendung von Zucker und Weißmehl zusammen, und sie grassiert nun schon über hundert Jahre. Dabei ist es nicht geblieben.

Noch vor ungefähr dreißig Jahren waren Ärzte in der Ausbildung in den Vereinigten Staaten froh, wenn sie mal einen Patienten mit Typ-2-Diabetes zu Gesicht bekamen, weil das so selten vorkam. Jeder dieser Fälle bot eine willkommene Gelegenheit, praktische Erfahrung aus erster Hand zu sammeln. Bei Kindern war Typ-2-Diabetes überhaupt nicht anzutreffen. Heutzutage jedoch ist diese

Krankheit bei übergewichtigen Teenagern, vor allem aus der amerikanischen Unterschicht, eine Epidemie. In einem Bericht aus dem Jahr 2012 heißt es:

> Der Prozentsatz von Teenagern mit »Vor-Diabetes« oder Typ-2-Diabetes-Vollbild hat sich in den vergangenen Jahren verdoppelt – obwohl der Anteil bei Fettleibigkeit und anderen Herzrisikofaktoren gleich geblieben ist. Das berichteten Forscher im Auftrag des Gesundheitsministeriums am Montag. Den Wissenschaftlern zufolge hat sich der Anteil der Fettleibigen unter den Teenagern zwischen 1999 und 2008 zwischen 18 und 20 Prozent stabilisiert.

Die Ausbreitung der Zivilisationskrankheiten ist eine bis in unsere Gegenwart reichende Geschichte. Sie begann bereits im Zeitalter des Imperialismus, ist aber erst in unserer Generation so richtig explodiert.

Wenn man diese lediglich als Langlebigkeitskrankheiten abtut, geht man am entscheidenden Problem vorbei, obwohl Langlebigkeit in diesem Zusammenhang in der Tat eine wichtige Rolle spielt. Um diesen Gedanken besser erfassen zu können, müssen wir uns ein genaueres Bild von Langlebigkeit in Jäger-/Sammler-Gesellschaften machen. Die Annahme, dass diese Menschen alle ziemlich jung starben, ist nichts anderes als eine gedankenlose Variante des Postulats des englischen Aufklärungsphilosophen Thomas Hobbes, wonach das Leben vor dem Aufkommen der Hochzivilisationen widerwärtig, gemein, roh und kurz gewesen sein soll. In der Tat dürfte die Lebenserwartung der meisten Jäger und Sammler kürzer gewesen sein als unsere eigene. Was andererseits wiederum nicht bedeutet, dass einige Individuen nicht ein hohes Alter erreichen konnten. In vielen Berichten von Anthropologen ist davon die Rede, dass alte Menschen als geschätzte Mitglieder aktiv am Stammesleben teilnahmen. Ein langes Leben bei guter Gesundheit war also durchaus möglich. Der rein mathematische Durchschnitt der Lebensdauer wird bei der Betrachtung historischer Epochen durch eine Reihe von Faktoren verzerrt, vor allem durch die hohe Sterblichkeit von Kindern und Jugendlichen. In der freien, ungezähmten Natur ist die Sterblichkeit bei allen Jungtieren hoch; die Menschen lebten damals wirklich in der Wildnis.

Was unsere wesentlichen Punkte: allgemeine Lebensqualität, Langlebigkeit und das Wohlbefinden unserer Vorfahren anbelangt, wollen wir den Betrachtungszeitraum beträchtlich ausdehnen. Unsere Untersuchung von Zivilisationskrankheiten beschränkt sich keineswegs auf die letzten paar Jahrhunderte. Das Kolonialzeitalter und der europäische Imperialismus des 19. Jahrhunderts waren nur der Höhepunkt einer historischen Entwicklung, die bereits am Vorabend des Einsetzens der Kulturgeschichte begonnen hatte. Der Anfang der Kulturgeschichte fällt nach allgemeiner Ansicht mit dem des Ackerbaus zusammen, also vor ungefähr 10 000 Jahren. Die Befunde aus dieser langen Zeit sind eindeutig genug. Die Geschichte Nordamerikas bietet dafür eines der besten Beispiele.

Das allgemeine Bild, man kann auch sagen, das allgemeine Vorurteil, über die amerikanischen Ureinwohner vor Kolumbus lautet, sie seien alle Jäger und Sammler gewesen: so wie der populäre Prototyp der Bisonjäger in den Prärien. Indessen waren solche Jäger und Sammler bereits zur Zeit von Kolumbus auch in Nordamerika schon so rar wie, sagen wir, Jäger und Sammler in Osteuropa zur gleichen Zeit in der Renaissance. Die amerikanischen Ureinwohner um 1492 waren größtenteils Ackerbauern in ortsfesten Siedlungen, selbst wenn es, quer über den Kontinent verstreut, da und dort noch Jäger-und-Sammler-Gemeinschaften gab. Paläoanthropologen haben Skelettreste beider Gruppen genau untersucht und dabei die allgemeinen Befunde, die man weltweit mit entsprechenden Untersuchungen gemacht hat, bestätigt gefunden: Die Mitglieder der Jäger-und-Sammler-Gruppen waren im Durchschnitt größer, weniger deformiert, hatten kaum Anzeichen von Zivilisationskrankheiten wie Karies und keine Verkrümmungen. Die Skelette ihrer jeweiligen Zeitgenossen unter den Ureinwohnern Nordamerikas zeigten aber alle derartige Symptome. Auch bei ihnen finden sich bereits Anzeichen für Zivilisationskrankheiten, lange bevor die ersten Vertreter westlicher Kulturen dort ankamen. Deshalb müssen wir den Beginn des Zivilisationsprozesses mit dem Beginn des Ackerbaus gleichsetzen. Wir sprechen hier schon über Krankheiten der Ackerbaugesellschaften nach dem Übergang zu einer sesshaften Lebensweise.

Damit ist in den Debatten zu diesem Thema der Punkt erreicht, bei dem man üblicherweise den Einwurf »Ja, aber …« zu hören bekommt. Dann wird jede weitere Diskussion normalerweise recht defensiv, als ob irgendjemand diese Gedanken in der Absicht vorgetragen hätte, einen Angriff auf die Grundlagen unserer Zivilisation zu starten und sich für eine Rückkehr zum Leben in den Höhlen stark zu machen. Niemand streitet ab, dass trotz der Kosten und Mühen, die die Aufrechterhaltung unserer Zivilisation verursacht, auch die Vorteile und Erträge ganz beträchtlich sind: Unsere Säuglinge und Kinder sterben nicht mehr so häufig, wir müssen uns nicht mehr (so stark) vor Krankheitskeimen oder dem Ansturm von Parasiten auf unseren Körper fürchten. Dieser Einwurf ist berechtigt, aber er geht am Kern des Problems vorbei. Die Kosten, welche durch den Zivilisationsprozess verursacht werden, sind nämlich nichts anderes als die Zivilisationskrankheiten, und diese sind bis zu einem gewissen Grad reversibel. Wir müssen uns nur deutlich genug klarmachen, wo die Ursachen dafür liegen. Von unseren Vorfahren können wir lernen, wie wir zu körperlichem Wohlergehen zurückfinden. Auch wenn es sich insgesamt um eine komplexe Problemlage mit vielen verschiedenen Faktoren auf vielen verschiedenen Ebenen handelt, so wie es beim Prozess der Zivilisation selbst der Fall ist, gelangen wir relativ leicht an die Wurzel von etwa achtzig Prozent jener Leiden, die uns heute zu schaffen machen. Es ist ganz einfach: Das Problem ist Glukose und nur Glukose in all ihren verschiedenen Ausprägungen. Im weiteren Verlauf dieses Buches werden wir in diesem Zusammenhang noch völlig verschiedene Stichwörter und Themen wie Gewalt, Kindesliebe, Gruppengemeinschaft, Meditation und Tanz nennen, aber beginnen müssen wir mit Glukose, denn mit Glukose beginnt die Zivilisation.

Alles dreht sich um Glukose

Hinter uns liegen rund zehntausend Jahre, in denen wir uns allmählich zu dem entwickelt haben, was wir heute sind. Heutzutage wird gerne die industrialisierte Landwirtschaft – mit all ihren Folgen und Begleiterscheinungen wie Überbevölkerung, die überindustrialisierte Nahrungsherstellung und die sesshafte und mittlerweile auch überwiegend sitzende Lebensweise – für den geradezu epidemischen Aufschwung der Zivilisationskrankheiten verantwortlich gemacht. Tatsache ist jedoch, dass all dies schon vor vielen Jahrtausenden begann, als die Menschen anfingen, Getreidepflanzen zu züchten und anzubauen. Das ist ein Glaubensgrundsatz der Anthropologen. Alle Umwälzungen und Auswirkungen der industriellen Revolution oder des gegenwärtigen Informationszeitalters verblassen in ihrer historischen Bedeutung gegenüber dem fundamentalen Wechsel in der menschlichen Lebensweise mit Beginn des Ackerbaus, dieses epochalen Einschnitts nach zwei Millionen Jahren Entwicklungsgeschichte der Hominiden und Menschen als Jäger und Sammler. Die Auswirkungen waren so grundlegend, dass man auch schon ironisch bemerkt hat, der Weizen habe uns Menschen domestiziert, also sesshaft gemacht und nicht umgekehrt.

Gleichwohl ist es falsch zu behaupten, die Menschen lebten seit 10 000 Jahren als sesshafte Ackerbauern und dass sich mit dem Beginn des Weizenanbaus alles verändert habe. Alles, was mit dem Weizen zusammenhängt, ist nur die abendländisch-westliche Variante der Geschichte. Auch wenn der früheste Ackerbau in der Tat mit dem Anbau von Weizen begann, koexistierten diese frühen Formen von Landwirtschaft noch viele Jahrtausende lang mit der traditionellen Lebensform des Jagens und Sammelns; das Leben wurde also keineswegs schlagartig neu strukturiert, sondern das änderte sich erst vor ungefähr sechstausend Jahren in jenen Gebieten, die heute zum Nord-Irak und zur Süd-Türkei gehören. Außerdem ist zu beachten, dass Sesshaftwerdung und Ackerbau nicht nur auf den Weizen zurückgehen, sondern auch auf andere Anbaupflanzen. In einem weltweiten Prozess, der ungefähr fünftausend Jahre weit zurückreicht, wurden ebenso der Reis in Asien, Mais in Mittelamerika und Knollen wie die Kartoffel in den Anden zu Anbaupflanzen umgewandelt. Auf dieser Grundlage entstanden in der Tat die ersten Kulturen und Hochkulturen. Ein Aspekt dabei ist besonders wichtig: Bis auf die Entwicklung in der Andenregion mit ihren Kartoffeln basieren alle Hochkulturen auf der Züchtung und dem Anbau von Wildgräsern (jawohl: Reis, Weizen und Mais sind alles Wildgräser und, um genauer zu sein: sogenannte Süßgräser). Allesamt, auch die Knollen, sind Pflanzen, in denen sich in konzentrierter, dauerhafter Form Kohlenhydrate einlagern: die Stärke. Das ist Zivilisation. Zivilisation ist nichts anderes als (Speise)Stärke in direkter oder indirekter Form; meistens sogar ganz direkt: Stärken sind komplexe Kohlenhydrate, die chemisch leicht zerfallen, manche sogar schon im Mund des Essers, und in diesem chemischen Zerfallsprozess entstehen dann einfache Kohlenhydrate – die verschiedenen Arten von Zucker. Zucker ist im Wesentlichen bereits Glukose oder einige andere Substanzen, die spätestens die Leber in Glukose verwandelt.

Der menschliche Körper ist mühelos imstande, Glukose zu verstoffwechseln, die wir schon seit Ewigkeiten zu uns nehmen, vor allem in Form von Früchten und Wurzelknollen. Wir wandeln Glukose in Glykogen um, und jeder Sportler kann Ihnen berichten, dass Glykogen unser Antriebsmittel ist. (Mittlerweile hat sich herausgestellt, dass dies doch nicht die ganze Wahrheit ist, aber im Augenblick können wir das so stehen lassen.) Daher ist es keineswegs so, dass Glukose oder gar Stärke etwas Neuartiges für den menschlichen Körper gewesen wäre. Auch Jäger und Sammler verfügen und verfügten schon über beides. Aber eben nicht in dieser Fülle, nicht als praktisch alleinige Nahrungsquelle, nicht aufgrund dieser hohen Anzahl von Stärketrägern, mit denen uns die Landwirtschaft vor zehntausend Jahren zu versorgen begonnen hat, und die in unserer Zeit in eklatantem Maß gewachsen ist.

Heutzutage bilden die drei ursprünglichen Wildgräser Reis, Weizen, Mais unsere überwiegende Ernährungsgrundlage, und die in den Anden domestizierten Kartoffeln kommen als vierter überwiegender Stärketräger hinzu. Über 75 Prozent unserer Nahrung stammt mittlerweile allein aus diesen vier Pflanzen. Ein wenig vereinfachend gesagt, sind sie es, worunter wir leiden. Wir werden diesen Gedanken im folgenden Kapitel näher beleuchten und analysieren; dort werden wir uns die Zivilisationskrankheiten vornehmen, die rund um das sogenannte Metabolische Syndrom entstanden sind – das wichtigste und verheerendste all dieser Leiden. Sobald wir anfangen, diese Tendenz zur Aufnahme von immer mehr Kohlenhydraten umzukehren, vermindern wir die schädlichsten Auswirkungen unserer Ernährungsweise und unseres Lebensstils. In gewissem Sinne führt das zu einer Rückabwicklung der Domestikation und damit zum ersten Schritt hin zu einer Ernährung wie früher in der Wildnis.

Erst das Aufbewahren hochkonzentrierter Stärke in Form von Getreidevorräten und Ähnlichem ermöglichte die sesshafte Lebensform. Fortan war es nicht mehr nötig, als nomadische Jäger und Sammler weit umherzuschweifen, um an Nahrungsressourcen zu gelangen, wie es ein paar Millionen Jahre lang unumgänglich gewesen war. Die Menschen konnten sich ihr Leben lang an einem einzigen Ort niederlassen oder sogar, um die Tendenz bis in die Gegenwart fortzuschreiben, in einem einzigen bequemen Sessel. Erst die

Landwirtschaft hat das Entstehen von Städten ermöglicht. Der mit der Landwirtschaft einhergehenden Domestikation der Haustiere verdanken wir neue Proteinquellen, aber auch neue Krankheiten, denn viele ansteckende Krankheiten sind von den Haus- und Nutztieren auf den Menschen übergesprungen, insbesondere von Hühnern und Schweinen. Das Lagern von Getreidevorräten führte erstmals zur Akkumulation von Reichtum, der von Anbeginn an nur einer begrenzten Zahl von Individuen zustand. Bereits aus den ersten größeren Siedlungen der Ackerbaukulturen kennt man eindeutige archäologische Beweise für unterschiedlichen Wohlstand der Menschen, wohingegen solche Hinweise in Jäger-Sammler-Gesellschaften gänzlich unbekannt sind – sowohl in der Vergangenheit wie in den noch verbliebenen Stammesgesellschaften von Jägern und Sammlern in der Gegenwart. Wo Reichtum entsteht oder ermöglicht oder erlaubt wird, da entsteht auf der anderen Seite auch Armut.

Aus Getreide lässt sich Breinahrung für Säuglinge herstellen. Das Leben in der Sesshaftigkeit ermöglichte den Frauen, schon in jüngeren Jahren und öfter als im nomadischen Leben Kinder zu bekommen. Dank des Getreides kam es zu einem signifikanten Bevölkerungswachstum.

Das sind die am häufigsten genannten und sichtbarsten Wirkungen von Ackerbau und Sesshaftigkeit auf das Leben der Menschen und die Struktur dieser Gesellschaften. Die eher unterschwelligen Auswirkungen sind aber ebenso interessant. Sie werden sich daran erinnern, wie wir eingangs über Krebserkrankungen gesprochen haben, die sich aus einem ganzen Ursachenkomplex über Generationen entwickeln. Die Geschichte des Zusammenhangs zwischen Zivilisationsentwicklung und Krebs lässt sich nicht in vereinfachter Form widergeben; doch ein kurzer Blick auf ein kleines Beispiel ist überaus erhellend und durchaus wichtig, vor allem für Frauen: Der enorme Anstieg von Brustkrebs und Eierstockkrebs in der Moderne. Was hat das mit Evolution und Ackerbau zu tun?

Die Evolution reagiert so empfindlich wie nachhaltig auf ganz bestimmte Reize. Zu diesen zählen in erster Linie Nahrung und Reproduktion – sie sind die Schlüsselreize, wie wir sowohl Tag für Tag als auch von Generation zu Generation überleben. Nichts kann für die Evolution wichtiger sein als ein Merkmal, das etwas über *beides* aussagt – sowohl über Nahrung als auch über Reproduktion.

Der menschliche Körper verfügt über viele Mechanismen, um das Wohlbefinden sicherzustellen, und das ist für nichts wichtiger als für die Reproduktionsvorgänge. Die Wissenschaft hat eindeutig herausgearbeitet, dass der menschliche Körper über ein hochentwickeltes Sensorium verfügt, welches dafür Sorge trägt, dass Babys in Zeiten der Fülle und des möglichst großen Wohlbefindens geboren werden. Bei jungen Frauen in Jäger-und-Sammler-Gesellschaften setzt die erste Menstruation normalerweise im siebzehnten Lebensjahr ein. Das ist einigermaßen überraschend, wenn man das mit den Mädchen oder jungen Frauen in den postindustriellen Gesellschaften der Moderne vergleicht. Hier findet die erste Menstruation schon im Alter von zwölf Jahren statt.

Es wird sehr viel darüber spekuliert, warum das so ist und ob es überhaupt stimmt. Könnte es auf genetischen Unterschieden beruhen? Ausgeschlossen. So gibt es beispielsweise eine ganze Anzahl von Studien, aus denen hervorgeht, dass Mädchen aus Bangladesh, die schon im Kindesalter nach England umgezogen sind, ihre erste Periode normalerweise zur gleichen Zeit bekommen wie englische Mädchen und nicht wie Mädchen in Bangladesh. Kann das Phänomen durch chemische Verschmutzung, Umwelthormone oder Nahrungszusätze erklärt werden? Solche Einflüsse sind denkbar, doch es gibt eine viel einfachere und wissenschaftlich sorgfältig belegte Erklärung: das Körpergewicht. Je fetter die Bevölkerung, desto größer die Wahrscheinlichkeit, dass die Mädchen früher menstruieren. Die jungen Frauen in Jäger-und-Sammler-Gesellschaften waren und sind schlank und aktiv und entwickeln deshalb ihre Geschlechtsreife im Übereinklang mit den langfristig angelegten Strukturen in der

Natur. Durch Kohlenhydrate und vergleichsweise wenig Bewegung in sesshaften Gesellschaften werden diese Strukturen unterlaufen; dadurch dass die Mädchen dicker sind, nimmt ihr Körper das Signal »Überfluss« auf. Und damit Zeit, sich zu reproduzieren.

Zu den unmittelbaren Nachteilen zählen eine rasche Zunahme von Teenagerschwangerschaften, und wir hoffen, dass Sie es nachvollziehen können, wenn wir meinen, dass das Zusammentreffen der galoppierenden Zunahme von Fettleibigkeit und Frühschwangerschaften bei Mädchen aus der Unterschicht keineswegs dem Zufall geschuldet ist. Die wirklich fatalen Konsequenzen all dessen zeigen sich erst am Ende des Lebens. Die frühe erstmalige Menstruation löst bei Frauen einen ganzen Hormonzyklus aus. Im Ergebnis sieht es so aus, dass alle Frauen, die früh mit den Menstruationszyklen anfangen und nur wenige Schwangerschaften austragen, zweimal so viele Perioden haben und daher zweimal so viele Hormonzyklen durchmachen wie Frauen in Jäger-und-Sammler-Gesellschaften; schlanke und athletische Frauen menstruieren nicht immer regelmäßig. Eines dieser Hormone, Progesteron, löst Zellteilungen aus. Und weil sowohl die Brüste wie die Eierstöcke zweimal so häufig starke Dosen davon erhalten, werden sie auch anfällig für Tumore. So erscheinen sowohl Brust- als auch Eierstockkrebs als Zivilisationskrankheiten. Die Wissenschaftler haben daher eine interessante Maßnahme gegen beide Formen von Krebs vorgeschlagen: ein sportliches Trainingsprogramm für junge Frauen. Dem können wir nur zustimmen.

Autoimmun

Das Volk der Tsimané hat als Stamm von Jägern und Sammlern im Regenwaldgebiet des Amazonas bis in die Gegenwart überdauert. Zwölftausend Tsimané wurden von Ärzten in insgesamt 37 000 Untersuchungen gründlich medizinisch begutachtet. Kein einziger Fall von Brust- oder Eierstockkrebs, aber auch kein Dickdarm- oder Hodenkrebs. Herz-Kreislauf-Erkrankungen? Nicht vorhanden. Kein Fall von Asthma. Kein einziger. Sind für Asthma auch schon wieder die Kohlenhydrate verantwortlich? Nicht ganz. Nicht direkt. Beim Stichwort Asthma schlagen wir ein neues, durchaus faszinierendes Kapitel auf. Damit gelangen wir auf ein ganz neues Problemfeld, wenn man es so nennen will, eine zweite Welle von Zivilisationskrankheiten. Erneut kann man bei diesem Thema die Raffinesse der Evolution bewundern, die einen vor Staunen stumm werden lässt.

Asthma ist eine Autoimmunkrankheit. Bei den Tsimané treten Autoimmunkrankheiten um ein Vierzigstel weniger häufig auf als bei den Bewohnern von New York.

Eine Autoimmunkrankheit, ist, vereinfacht gesagt, ein Angriff des Körpers auf sich selbst. Irgendein vergleichsweise harmloser Reiz, irgendein Fremdkörper, aber nichts wirklich Bedrohliches, löst eine Immunreaktion aus. Dabei kommt es zu einer Überreaktion dieses sehr effektiven Abwehrsystems – wie ein Atomkrieg bei einer kleinen Grenzverletzung oder ein um sich ballernder Amokläufer. Die Krankheitsfälle vermehren sich inzwischen wie eine Epidemie; der Wissenschaftsautor Moises Velasquez-Manoff hat sie schon ganz treffend in einem Buchtitel *Eine Epidemie der Abwesenheit* (*An Epidemic of Absence*) genannt.

Zunächst einmal muss man feststellen, dass es sich in der Tat um eine Art Epidemie handelt. Die üblichen ansteckenden Krankheiten wie Hepatitis A, Tuberkulose, Mumps und Masern, aber auch das Rheuma sind auf dem Rückzug; einige dieser Krankheiten, die um 1950 noch weltweit anzutreffen waren (damals hatte praktisch jeder irgendwann Mumps oder Masern), sind heute fast bei null. Im gleichen Zeitraum haben sich die Fälle von Autoimmunkrankheiten wie Multiple Sklerose, Morbus Crohn, Typ-1-Diabetes und Asthma mindestens verdoppelt, teils vervierfacht.

Der zweite wichtige Aspekt ist, dass es sich um eine ganz neue Art von Epidemie handelt, die erst in der letzten Generation aufgetreten ist und sich auf sehr viel subtilere Weise verbreitete, aber parallel zu den sonstigen Zivilisationskrankheiten. Alle diese Autoimmunkrankheiten traten zuerst und besonders signifikant in den Hochburgen der modernen Zivilisation auf, in den großen Städten und dort vor allem in den besten Gegenden. Bewohner von Luxusetagen nahe New Yorks Central Park bekommen Asthma, Schweinezüchter in Alabama nicht.

Die nähere Betrachtung dessen, was Velasquez-Manoff »Abwesenheit« genannt hat, ist besonders aufschlussreich. Die Standarderklärung für die Zunahme der Autoimmunkrankheiten stammt aus den 1980er Jahren. Danach seien diese ein Ergebnis nicht nur der Erfolge bei der Bekämpfung von Erregern ansteckender Krankheiten, sondern auch von Parasiten wie dem Hakenwurm.

Velasquez-Manoff fasst es folgendermaßen zusammen: »Das Auftreten von immunvermittelten Krankheiten steht in direktem Verhältnis zum Wohlstand und zur Verwestlichung einer Gesellschaft. Je mehr die Umgebung, in der sich ein Mensch aufhält, der Naturumgebung gleicht, aus der wir hervorgegangen sind – voller Keime und dem, was ein Wissenschaftler mal den Dreiklang Tiere, Fäkalien, Schmutz genannt hat –, desto seltener treten solche Krankheiten auf.«

An diesem Punkt helfen Erklärungen aus der Evolutionsgeschichte weiter, beziehungsweise, um genauer zu sein, aus der Koevolution. Dieser Begriff wurde von den amerikanischen Naturschutzbiologen Paul R. Ehrlich und Peter Raven geprägt. Die Theorie von der Koevolution besagt: Wenn sich zwei Arten über lange Zeiträume mit starkem Bezug zueinander entwickelt haben, dann kann die eine Art durchaus Schaden nehmen, wenn die andere Art nicht mehr da ist, selbst wenn sie einander »feindlich« sind wie etwa Wölfe und Elche oder Ansteckungskeime und Menschen. Es gibt eine Regel, wonach selbst gut gemeinte Eingriffe in natürliche

Systeme auch weitreichende nachteilige Folgen haben können. Diese Theorie gewinnt bei Wissenschaftlern immer mehr Anerkennung. Heutzutage ist die Erforschung des menschlichen Mikrobioms – die Gesamtheit aller Mikroben, die auf und im menschlichen Körper leben – eines der aufregendsten Forschungsgebiete in der Medizin. Das ist eine sehr begrüßenswerte Entwicklung.

Der Mechanismus, durch den die *Epidemie der Abwesenheit* im Zusammenhang mit Autoimmunkrankheiten entstanden ist, ist relativ simpel und ebenfalls evolutionsbedingt. Als gegen Ende der Altsteinzeit die Gletscher noch einmal vorrückten und die schon etwas angewachsene Zahl von Menschen in kleineren Gebieten zusammenpferchte, aber noch vor dem Beginn des Ackerbaus, kam es zu einem Anstieg von Infektionskrankheiten wie Malaria. Im Laufe der Zeit reagierte die Evolution durch Anpassung, indem sie diejenigen Menschen mit den besten Abwehrreaktionen des Immunsystems selektierte; hierfür haben wir mittlerweile ganz spezifische Gene. Die interessanteste Studie zu diesem Komplex wurde auf der Mittelmeerinsel Sardinien durchgeführt, die zu jener Zeit und bis weit in die Moderne besonders malariaverseucht war. Die Forscher fanden bei den Sarden bereits ausgeprägte genetische Schutzmechanismen. Durch den Selektionsdruck sind diese Menschen genetisch und über ihr Immunsystem sehr gut für die Abwehr von Malaria gerüstet. Die genetische Selektion ist sogar so spezifisch eingestellt, dass vor allem die Menschen in den hauptsächlich betroffenen Küstenregionen über diese spezielle Malariaresistenz verfügen, hingegen nicht die Sarden, die generationenlang weit entfernt in den Bergregionen der Insel lebten; dort gibt es auch keine Malaria. Doch wie in vielen anderen Ländern auch wurde die Malaria in Sardinien im 20. Jahrhundert ausgerottet. Nun suchte sich das hochgezüchtete, aggressive Immunsystem neue Feinde, wie ein übertrainierter Rabauke, der ständig auf Streit aus ist. Wie so oft war das neue Ziel der eigene Körper. In Sardinien grassiert heutzutage regelrecht die Autoimmunkrankheit Multiple Sklerose.

Diesen Mechanismus findet man auch bei allen anderen Auto-immunkrankheiten im Hintergrund, die uns heute mit ständig steigenden Fallzahlen zu schaffen machen.

Wir haben es nicht mit verirrten kleinen Keimen zu tun, die wir mit etwas Pech zufällig aufschnappen. Mikroben tauchen in unserem Leben nicht mal so eben zufällig auf; und wir hoffen sehr, dass dieser Gedanke Ihnen eine ganz neue Vorstellung von sich selbst vermittelt: denn Ihr Körper gehört keineswegs Ihnen allein. Wir tragen alle sehr viel mehr Kleinstlebewesen, überwiegend Bakterien, in uns als, es Menschen auf der Erde gibt. Die Zahl der Bakterienzellen übertrifft die Zahl Ihrer eigenen Körperzellen, und die genetischen Informationen all dieser Mikroben in Ihrem Körper übertrifft Ihr eigenes Genom um ein Vielfaches. Ihre eigene genetische Information ist so groß wie ein USB-Stick im Vergleich zu den Terabytes auf einer Festplatte.

Sie glauben doch wohl nicht, dass die Natur von diesen ungeheuren Datenmengen keinen Gebrauch macht oder dass deren Gebrauch nichts mit Ihrer Gesundheit und Ihrem körperlichen Wohlbefinden zu tun hat?

Betrachten wir nur einmal die elementare Bioenergetik. Wir erinnern uns: Wir Menschen benötigen jede denkbare Hilfe als Unterstützung für unser verkürztes Verdauungssystem, und ganz offensichtlich nutzen wir dafür Darmbakterien. Eine wichtige Erkenntnis in diesem Zusammenhang ist, dass die oft zitierte Aussage der traditionellen Ernährungstheorie, wonach Kalorie gleich Kalorie sei, purer Nonsense ist. Dazu kommen wir später noch. Untersuchungen haben gezeigt, dass die Kalorienmenge, die unserem Körper zur Verfügung gestellt wird, in mancherlei Hinsicht auch von der Art der Bakterien in unserer Darmflora abhängig ist und sich diese von Mensch zu Mensch verschieden darstellt. Aber in einer wunderbaren Symbiose leben all diese Bakterien im Verdauungstrakt von der Nahrung, die Sie aufnehmen – das heißt, sie nehmen sich die Energie, die sie brauchen, und gleichzeitig stellen sie

Ihnen weitere Energie zur Verfügung, nämlich eine zusätzliche Energiemenge von durchschnittlich zehn Prozent. Man hat in fettleibigen Mäusen eine spezielle Bakterienart gefunden, die, wenn sie auf andere Mäuse übertragen wird, diese ebenfalls fett macht, obwohl sie weiterhin die gleiche Nahrung zu sich nehmen. Auch gibt es Hinweise darauf, dass wir dank bestimmter Bakterien bestimmte Vitamine aus der Nahrung aufnehmen können. Doch selbst solch »gute« Bakterien können auf überraschende Weise schädlich sein.

Bei einem Experiment gaben Forscher schlanken Menschen hauptsächlich Junk Food zu essen und stellten eine auffällige Vermehrung einer gewissen Bakterienart fest, durch die die Probanden noch mehr Kalorien aus dem Essen generierten und infolgedessen noch dicker wurden. Weil es sich um Bakterien handelt, interessiert sich auch unser Immunsystem dafür; auf das Eindringen fremder Zellen von außen reagiert das Immunsystem manchmal mit Entzündungen. Wir werden später noch eine Menge über Entzündungen sagen; hier stellen wir schon einmal fest, dass die Ärzte sich viel mehr Sorgen über Entzündungen machen als beispielsweise über Cholesterin als Auslöser von Herzkrankheiten, ganz zu schweigen von Krebs. In dem Experiment mit dem Junk Food verursachten die speziellen Bakterien einen signifikanten Anstieg sowohl von Entzündungen wie von Insulinresistenz; beides sind Indikatoren im Kernbereich der Zivilisationskrankheiten.

All diese Erkenntnisse sind nichts als kleine Kratzer an der Oberfläche eines noch weitgehend unerforschten Kontinents. In unseren Körpern hausen Tausende verschiedenartigster Bakterienarten, und jede einzelne hat das Potenzial, einen direkten Einfluss auf unser Wohlergehen auszuüben. Die Wissenschaft weiß noch so gut wie nichts über sie, und trotzdem zögern wir bereits seit Generationen kaum noch, unser inneres Biom mit Springfluten von Antibiotika zu überschwemmen.

Und nachdem dieses komplexe System auf diese Weise einmal kräftig durcheinandergewirbelt wurde – zweifellos ist das so gut wie jedem von uns schon passiert –, haben wir nicht den blassesten Schimmer, wie es wieder in Ordnung gebracht werden kann.

Vor ungefähr dreißig Jahren sahen sich Wissenschaftler in einem ganz anderen Gebiet (im wörtlichen Sinn) mit einem ähnlichen Problem konfrontiert, und das eröffnet eine interessante Analogie, wenn nicht eine genaue Parallele. Es ging einigen Biologen im Naturschutz darum, etwas zu verwirklichen, was man eine umfassende Renaturierung nennen könnte – die Wiederherstellung eines intakten Ökosystems. Ausgangspunkt der Analogie, die wir meinen, ist zunächst einmal die Einsicht, dass jeder einzelne Mensch ein spezielles Ökosystem ist, genauso wie wir Individuen sind. Ihre Gesundheit und Ihr Wohlbefinden hängen von der Gesundheit Ihres Ökosystems ab. Genau wie für die Renaturierungsbiologen mit ihrem Ökosystem besteht das Problem darin, das innere Biom wiederherzustellen.

Bei der Renaturierung der amerikanischen Prärien, die damals wie heute noch im amerikanischen Mittelwesten ein großes Thema ist, hatten die Biologen es mit immer wieder umgepflügter, gedüngter, insektizid-verseuchter landwirtschaftlicher Nutzfläche zu tun. Sie fragten, wie sie jemals das komplexe Spektrum von Pflanzen, Tieren und Bakterien wiederherstellen sollten, das einst die so wunderbar blühende und funktionierende Ökosphäre Prärie ausgemacht hatte mit ihren Hunderten von Pflanzen, die sich teilweise gegenseitig ergänzten.

Sie begannen damit, die Pflanzenarten aufzulisten, von denen man wusste, dass sie dazugehören. Dann besorgten sie Samen und fingen an, die bezeichneten Arten anzupflanzen mit dem Ergebnis, dass die gewünschten Spezies nicht gediehen. Eine Prärie ist eben ein komplexes Ökosystem und kann nicht so einfach mit Pflanzeningenieursmaßnahmen ins Leben zurückgerufen werden. Immerhin erkannten sie nach den ersten Versuchen, dass sehr vieles von den Ausgangsbedingungen abhing, die die Pflanzen antrafen, und von dem unvorstellbar komplexen Zusammenspiel aller in Frage kommenden Spezies. Nach und nach fanden sie beispielsweise heraus, dass Brände, richtiggehend krachende Feuersbrünste notwendig waren, um zu dem gewünschten Ergebnis zu gelangen, oder dass man manchmal gar keine Samen ausstreuen sollte. Sobald die richtigen Bedingungen vorlagen, sprossen und blühten schlafende Saaten, die bisweilen seit Jahrhunderten im Boden schlummerten, ganz von selbst.

Mit etwas Ähnlichem haben wir es zu tun, wenn wir unser eigenes inneres Ökosystem »renaturieren« wollen. Jedes Reformhaus wird Ihnen nur allzu gern »probiotische« Nahrungsergänzungsprodukte verkaufen, mit denen Sie das eine oder andere Bakterium wiederherstellen können. Es gibt keinerlei Beweis dafür, dass das klappt, weil Ihnen gerade diese Bakterienspezies fehlt oder weil diese Spezies gerade in Ihrem individuellen inneren Ökosystem, in Ihrem Mikrobiom, gedeiht. Die Sache ist doch etwas komplizierter. Wie in der Prärie löst man die Probleme nicht, indem man einfach ein paar Saaten ausbringt.

Trotzdem wollen wir die Komplexität dieser Aufgabe als Herausforderung annehmen und wissen das insofern durchaus zu schätzen, denn sie wird uns mit neuen Erkenntnissen weiterbringen. Es geht nicht nur um Bakterien und Autoimmunkrankheiten, sondern um eine Gesamtüberholung von Körper und Geist. Schließlich sind wir alle sehr komplexe Wesen – zu komplex, als dass wir den Zumutungen entgehen könnten, welche die Zivilisation unseren Körpern auferlegt hat. Das bildet den Rahmen der vor uns liegenden Aufgabe.

Kapitel 3

ERNÄHRUNG

Die Wirkung von Kohlenhydraten

Mit etwas Glück traf man George Armelagos bis vor Kurzem noch in seinem Büro im ersten Stock des Anthropology Building der Emory Universität in Atlanta, Georgia, an. In seinem Arbeitszimmer herrschte immer ein charmantes Chaos, um es freundlich zu formulieren; jedenfalls keine penibel-bürokratische Ordnung. Der Raum war von einer Wand zur anderen übersät mit Bücherstapeln und Manuskripten von solch gewaltigen Ausmaßen, als hätten Generationen von Akademikern sie gesammelt. Auf seinem Schreibtisch thronte unübersehbar eine große Standuhr in einem Plastikgehäuse mit Coca-Cola-Reklame drauf. Das ist kein Wunder, denn in Atlanta befindet sich der Hauptsitz der Zuckerwasserfirma. Allerdings ist die Uhr stehen geblieben.

Armelagos' Rollator stand seitlich an der Wand; er selbst hat es sich in einem Wohnzimmersessel hinter dem Schreibtisch bequem gemacht. Er trug ein vom vielen Waschen ausgeblichenes, früher einmal violettes Polohemd, das ihm zwei Nummern zu groß war; die richtige Reihenfolge beim Zuknöpfen schien ihm nicht besonders wichtig zu sein. Ziemlich lange schwarze Haare umgaben nur noch am Hinterkopf den überwiegend kahlen Schädel. Er ist im Mai 2014 im Alter von siebenundachtzig Jahren gestorben. Zuletzt konnte er sich nur noch schwerfällig bewegen, aber er hielt nach wie vor Vorlesungen und verfügte über einen sehr weitreichenden Überblick zu den anstehenden Themen. In seinen wissenschaftlichen

Arbeiten hatte Armelagos schon seit den 1970er Jahren sehr intensiv darüber nachgedacht, was wir am besten essen sollten. Also bereits zu einer Zeit, als sich sonst noch niemand Gedanken darüber machte und niemand unsere tiefsitzende Überzeugung von den Wohltaten der menschlichen Zivilisation in Frage stellte. Damals dachte auch Armelagos, dass die Zivilisation nur ein Segen sein könnte.

Armelagos war Anthropologe, aber er gelangte auf dieses Forschungsgebiet erst, nachdem er an der Universität von Michigan ein Medizinstudium absolviert hatte, was für ein griechisches Einwandererkind in den 1950er Jahren zweifellos eine solide Berufswahl darstellte. Im Zuge dessen begann er, sich insbesondere für Knochen zu interessieren, und das ist für ihn zeit seines Lebens ein zentraler Gegenstand seiner Forschungen geblieben. Als er schließlich bei der Anthropologie gelandet war, verschaffte ihm sein medizinisches Wissen einen erheblichen Vorteil, denn auch dort muss viel Knochenarbeit im wörtlichen Sinn geleistet werden. Seine neuen Kollegen, die Anthropologen, befassen sich beispielsweise mit den faszinierenden Fragen der Bestattungssitten, also etwa mit der Frage, wie und warum der Kopf eines Toten in einem bestimmten Winkel zum Körper lag oder hinsichtlich der sogenannten Hockerlage mit angezogenen Beinen. Armelagos war damals schon auf den Gedanken gekommen, dass solche Knochen auch Hinweise auf den Gesundheitszustand und die Lebensweise der damaligen Menschen liefern könnten, ein Thema, das die Wissenschaftler seinerzeit wenig interessierte.

In den späteren 1970er Jahren befasste er sich vor allem mit den Dickson Mounds, den archäologischen Überresten einer indigenen nordamerikanischen Kultur, die einst am Spoon River in Illinois anzutreffen war. Diese Grabhügel sind Zeugen einer Indianer-Kultur, die dort zwischen 800 und 1200 n.Chr. bestand. Dies war dort eine Zeit des Übergangs zur sesshaften, Ackerbau treibenden Lebensweise bei den damaligen Indianern. Der Anbau von Mais und Bohnen wurde zur Hauptstütze der Ernährung im vorkolumbianischen

Nordamerika. Diese damals neue agrikulturelle Zone erstreckte sich von Mexiko aus in nordöstlicher Richtung in einem breiten Streifen bis zur Atlantikküste und nach Norden bis ins heutige Ontario in Kanada. Die Dickson Mounds, die Grabhügel, enthielten Knochen von Mitgliedern jener indianischen Bauernkultur, aber in der Nähe finden sich auch Knochenreste von nomadischen Jägern, die vorher in dieser Gegend umherstreiften. Im Hinblick auf den Übergang von Jägern zu Bauern lautete eine wichtige wissenschaftliche Theorie in den Siebzigerjahren, dass die menschliche Bevölkerung weltweit, nicht nur in Nordamerika, damals deutlich zugenommen hatte; durch zu starke Bejagung sei das Wild so sehr dezimiert worden, dass die Menschen dauerhaft Hunger litten. Und es sei der Hunger gewesen, weswegen die Menschen auf die ganz andere Ernährungsweise mittels Pflanzenanbau mit seiner größeren Zuverlässigkeit und Produktivität umgestellt hätten. Damit hätten sie sich wieder ausreichend und gesünder ernähren können. Das war die allgemeine Ansicht, der Armelagos genauso folgte wie die meisten anderen Wissenschaftler. Diese Annahme konnte man nun durch Vergleich der verschiedenen Knochenfunde überprüfen, also machte sich Armelagos an diese Überprüfung.

Zunächst suchte er in den Knochen nach Anzeichen für ansteckende Krankheiten, da diese immer als negative Folge des Zivilisationsprozesses gelten. Je enger Menschen beisammen leben, desto leichter infizieren sie sich mit Krankheiten. »Wir hatten erwartet, einen Anstieg von Ansteckungskrankheiten festzustellen, aber wir haben nicht damit gerechnet, deutlich vermehrt Ernährungsmängel festzustellen. Das kam uns zuerst einmal unlogisch vor«, erklärte Armelagos. Die archäologisch-medizinischen Befunde indes waren eindeutig: Diese indianischen Bauern waren weniger gut ernährt, ihre Knochen häufiger deformiert, und sie waren auch nicht so groß wie ihre jägerisch-nomadischen Vorläufer.

Der Fairness halber muss gesagt werden, dass es sich bei Dickson möglicherweise um einen extremen Fall handelt. Vielleicht bauten die ersten Generationen von Ackerbauern dort nur Mais an, und der Bohnenanbau kam erst später hinzu, was erst dann zu einer gewissen Ausgewogenheit in der Ernährung führte. Andererseits hat man bei Untersuchungen an ähnlichen Fundplätzen immer wieder das gleiche Muster aufgedeckt. Sogar weltweit kann man an solchen Stellen beim Übergang zur Landwirtschaft stets den gleichen Ablauf wie in Dickson erkennen. Die Untersuchungsergebnisse zeigen immer wieder, dass es gelegentlich Jäger-und-Sammler-Gruppen gab, die Probleme wegen Unterernährung hatten. Aber dabei handelt es sich um Ausnahmen. Im Großen und Ganzen gesehen zeigen die Untersuchungsergebnisse, dass der Beginn der sesshaften Zivilisationen eine zwiespältige Angelegenheit war. Die Menschen erlitten deutliche gesundheitliche Einbußen, und vor allem am Anfang verschlechterte sich ihr Zustand wegen der mangelhaften und einseitigen Ernährung. Der Ackerbau begann mit Unterernährung.

Armelagos publizierte seine Forschungsergebnisse seit den späten Siebzigerjahren; daraus entstanden grundlegende Bücher zu diesem Thema, darunter auch *Paleopathology at the Origins of Agriculture* (gemeinsam mit Mark Nathan Coen); nachdem das Buch lange vergriffen war, ist es 2013 aufgrund der Nachfrage wiederaufgelegt worden. Einige seiner Kollegen an der Emory Universität, unter ihnen Melvin Konner, Marjorie Shostak und S. Boyd Eaton, zitierten Armelagos' Forschungsergebnisse in ihrem Buch *The Paleolithic Prescription* (1988). Dieses Buch war der Anfang des gegenwärtigen Trends »Steinzeiternährung« beziehungsweise »Paläo-Diät«; von hier aus führt eine direkte Linie zu populären Diät-Büchern von Autoren und Autorinnen wie Loren Cordain (*Das Paläo-Prinzip der gesunden Ernährung im Ausdauersport*). Mittlerweile ist das Ganze beinahe zu einer Glaubensbewegung geworden, komplett mit Aposteln, wahren Gläubigen und dem einen oder anderen Schisma. Inzwischen gibt es sogar schon in manchen Supermärkten »Paläo«-Abteilungen und eine Zeitschrift, die sich nur mit diesem Thema befasst.

Und um die Sache noch komplizierter zu machen, steht nicht nur »Paläo« für diese Art von Diäten. Ein zweites Prinzip in diesem Zusammenhang ist das Low-Carb-Postulat, an dessen Beginn die Atkins-Diät steht, gefolgt von Diäten wie »Zone« oder »Fat Flushing«. Der diesen beiden Diät-Philosophien gemeinsame Gedanke ist das Verbannen von Kohlenhydraten aus der Ernährung, insbesondere als reine Kohlenhydrate, wie sie als Getreidemehl und dergleichen seit dem Beginn der Landwirtschaft zur Verfügung stehen.

Armelagos hat teils mit Verwunderung, teils amüsiert sehr wohl wahrgenommen, wie seine Forschungsergebnisse allmählich auf die eine oder andere Art in den populären Bereich durchsickerten. Das kommentierte er einmal folgendermaßen: »Viele von diesen wissenschaftlichen Untersuchungen halten sich streng an wissenschaftliche Methoden und haben unser Wissen über das Spektrum vorgeschichtlicher Ernährung, die Art wie sie sich verändert hat, mit welchen Vor- und Nachteilen das jeweils verbunden war, sehr bereichert. Leider bilden diese akademischen Veröffentlichungen inzwischen die Grundlage für eine Flut von Populär-Publikationen, die sich dadurch bis zu einem gewissen Grad mit der Seriosität von Wissenschaftlichkeit schmücken.«

Dabei kommt ihm in diesem Zusammenhang sogar eine Wendung ins Groteske in den Sinn – eine dieser populären Publikationen mit dem Titel *Was würde Jesus essen?*

Was schlägt Armelagos vor, was und wie wir essen sollten? Darauf hat er durchaus Antworten parat, Antworten, die auf jeden Fall auf seinen ursprünglichen Erkenntnissen beruhen, aber auch das reflektieren, was wir inzwischen dazugelernt haben. Sein Rat ist sehr viel einfacher, als man erwarten würde; er beschränkt sich auf zwei wesentliche Punkte. Da wir derselben Meinung sind, zitieren wir sie gerne: Der erste Ratschlag liegt nach allem bisher Gesagten auf der Hand: kohlenhydratarme Kost. Von dem zweiten Punkt ist weniger die Rede, doch nach Armelagos und auch nach unserer Ansicht ist der zweite sogar der wichtigere: abwechslungsreiche Kost. Aber wir sollten nicht davon ausgehen, dass unsere Probleme mit den Erkenntnissen über die Ernährungsdefizite der indianischen Ackerbauern von Dickson Mounds schon gelöst wären.

Fallstudie

Durch eine Reihe von unglaublichen Zufällen führten uns unsere Recherchen, das Jagen und Sammeln von Fakten für dieses Buch, auf die Spur einer jungen Frau in Alpena in Michigan, die mit einem ganz bemerkenswerten Komplex von Gesundheitsproblemen zu kämpfen hatte. Andererseits ist ihr Fall insofern nicht besonders außergewöhnlich, da Mary Beth Stutzman mit sehr vielen von uns sehr viel gemeinsam hat. Nicht nur wegen ihrer Gesundheitsprobleme, sondern auch wegen der Art und Weise, wie unser Gesundheitssystem damit umgeht. Jedenfalls haben wir uns mit ihr in Verbindung gesetzt, damit sie uns ihre Geschichte in ihren eigenen Worten erzählt. Was nun folgt, ist die Zusammenfassung dieses Interviews, das am 29. Mai 2013 aufgezeichnet wurde. Es ist aus Umfanggründen nur ein wenig gekürzt worden. Wir legen Wert darauf, dass Sie ihre Krankengeschichte in ihren eigenen Worten kennenlernen, weil auch das für unser gegenwärtiges Thema sehr relevant ist.

Mary Beth Stutzman

Ich bin jetzt vierunddreißig; wenn ich an die Zeit zurückdenke, als bei mir alles angefangen hat, da muss ich so neunzehn oder zwanzig gewesen sein. Als Kind bin ich immer dünn gewesen. Ich musste mir nie Gedanken um mein Gewicht machen. Ich konnte eine ganze Schachtel Pralinen essen und habe kein Gramm zugenommen.

Aufgewachsen bin ich auf einer Farm; wir hatten also immer gutes und recht gesundes Essen.

In der Zeit, als ich zum Studium an der Michigan State-Universität von zu Hause wegziehen sollte, bekam ich immer wieder starke Bauchschmerzen.

Ich spürte, wie sich mein Magen zusammenkrampfte. Das dauerte wochenlang. Es war wirklich sehr schmerzvoll, so als ob in meinem Innern etwas zusammengezogen würde. Ich ging zu verschiedenen Ärzten; sie sagten alle, dass sie nicht genau wüssten, was da vor sich geht. Sie meinten, dass ich vielleicht ein Geschwür hätte.

Dann konnte ich nachts nicht mehr schlafen. Ich bekam eine wirklich üble Akne. Also, da waren einige Sachen, die waren nicht normal, aber wenn man jedes für sich betrachtete, ich war eben eine Studentin am College. Ich war ehrgeizig, und ich machte mir selbst viel Druck, außerdem arbeitete ich noch nebenbei. Es ist nichts Ungewöhnliches, wenn junge Collegestudenten manchmal Schlafstörungen haben, also dachte ich mir nicht viel dabei.

Dann bekam ich andere Probleme mit dem Bauch. Ich konnte überhaupt kein Essen mehr verdauen. Sobald ich etwas zu mir nehmen wollte, wurde mir schlecht. Das hatte nichts mit den früheren Bauchschmerzen zu tun. Manchmal fühlte ich mich plötzlich so aufgeblasen, dass ich es kaum ertragen konnte, und ich gab einfach wieder alles von mir, was ich im Lauf des Tages zu mir genommen hatte, und es war völlig unverdaut.

Nachts konnte ich wirklich nur noch schwer Schlaf finden, und an manchen Tagen konnte ich überhaupt nicht einschlafen. Ich musste am nächsten Tag zur Arbeit; da fühlte ich mich den ganzen Tag über, als hätte ich eine Grippe. Das ging fünf Tage lang so, bis ich an dem Punkt angelangt war, wo ich mir einen Tag frei nehmen musste, um zu Hause zu bleiben und mich auszuruhen und darauf zu hoffen, dass ich einschlafen konnte. Eines Abends sahen mein Ehemann Casey und ich zufällig im Fernsehen eine Dokumentarsendung über Schlaflosigkeit. Ich fing an zu heulen, denn ich war so frustriert, dass ich selbst nicht schlafen konnte.

Ich hatte natürlich sämtliche Hausmittel durchprobiert und alle Medikamente, die man rezeptfrei bekommen kann. Dann bin ich zu einem Therapeuten gegangen. Die meisten meiner Freunde und Bekannten waren der Meinung, ich hätte eine starke Depression. Das glaubte ich selbst zwar nicht, aber alle sagten das. Also dachte ich, na gut, da musst du was dagegen tun, und fing mit Meditation an. Außerdem habe ich regelmäßig Sport getrieben. Fast jeden Tag bin ich fünf oder sechs Kilometer gelaufen, außerdem habe ich Hanteltraining gemacht, ich hatte also bestimmt eine gute Kondition. Trotzdem konnte ich nicht schlafen. Also ging ich in ein Schlaflabor und ließ mich ausgiebig untersuchen. Sie sagten mir, ich hätte keine Schlaf-Apnoe oder sowas. Mein Hirn sei darauf programmiert, immer aktiv zu sein.

Danach probierte ich ein halbes Dutzend verschiedener Schlaftabletten aus sowie ein Antidepressivum, in der Hoffnung, ein Mittel zu finden, das mir beim Schlafen helfen würde, aber nichts hat funktioniert. Das zog sich nun schon fünf Jahre lang so hin. Ich habe alle diese verschiedenen Sachen ausprobiert. Ich habe es mit jedem Medikament ungefähr ein halbes Jahr lang probiert. Hat alles nicht geholfen. Ich bekam Schleimbeutelentzündungen an beiden Hüften. Ich war fünfundzwanzig, als ich deswegen zum Arzt ging. Das ist eine Art arthritischer Erkrankung. Welcher fünfundzwanzig Jahre alte Mensch bekommt Arthritis?

Jetzt kommen wir zu dem Punkt, als ich schwanger wurde. Ich nahm ungefähr 35 Kilo zu. Das war das erste Mal in meinem Leben, dass ich wirklich drastisch zugenommen habe, weit über eine leichte Erhöhung über ein paar wenige Kilos hinaus. Ich hatte Wochenbettdepressionen. Weitere Probleme mit dem Bauch und mit der Verdauung. Ich ging ins Krankenhaus und ließ eine Computertomographie machen. Man sagte mir, dass mein Verdauungstrakt teilweise gelähmt sei. Sie verordneten mir eine flüssige Diät, die ich drei

Tage lang befolgte; danach konnte ich wieder weiche Nahrung wie beispielsweise Kartoffelbrei zu mir nehmen.

Ich habe sehr darum gekämpft, mein Gewicht zu reduzieren. Ich habe wirklich hartes Fitness-Bootcamp-Training gemacht, aber ich habe nur ein Kilo verloren. Ich habe sämtlichen Müll in der Ernährung weggelassen. Es ist ewig her, seit ich Chips gegessen habe. Limonade habe ich auch kaum mehr getrunken. Praktisch zu jeder Mahlzeit gibt es nur noch Vollkornprodukte. Ich habe viel Gemüse gegessen und nehme zwischen den Mahlzeiten kleine Snacks zu mir, um den Stoffwechsel am Laufen zu halten. Außerdem habe ich viel Sport getrieben, mindestens eine Stunde am Tag und fünf Tage in der Woche, aber ich habe nicht ein einziges Pfund verloren.

Ah ja – und dann kam noch das Asthma hinzu. Auf einmal bekam ich Probleme mit Asthma, sodass ich immer ein Inhalationsgerät bei mir tragen musste, und das mit der Schleimbeutelentzündung an den Hüften war auch noch nicht vorbei.

Niemand kam auf den Gedanken, dass alle diese Dinge miteinander zu tun haben, und niemand sagte mir, ich solle mal auf meine Ernährung achten. Kein Mensch hat das jemals erwähnt. Ich konsultierte unseren Hausarzt, der mich von Kindesbeinen an kannte. Ich hatte eine ganze Liste vorbereitet, und außerdem hatte ich handschriftliche Notizen auf beidseitig beschriebenen Blättern dabei. Ich sagte, ich müsste mich mit einer Menge Problemen herumschlagen und dass ich sie bis jetzt jeweils einzeln hätte behandeln lassen, aber nichts davon würde wirklich besser. Alles bleibe so, wie es ist, und ich würde bloß lernen, irgendwie damit zu leben.

Außerdem hatte ich zwei Fotos von mir dabei. Ich sagte zu ihm, sehen Sie sich die beiden Fotos mal an. Auf beiden sehe ich zwar ähnlich aus, aber wenn Sie sich mein Gesicht anschauen, dann hat sich mein Gesicht inzwischen irgendwie vergrößert, und es kommt mir so vor, als ob es sich verändert. Natürlich weiß ich, dass sich das Gesicht verändert, wenn man älter wird, aber meins wirkt irgendwie länger, meinen Sie nicht? Er schaute mich nur an und meinte:

»Haben Sie schon mal mit einem Psychotherapeuten über Ihre Probleme gesprochen?« Er sagte das in einem Ton, dass ich mich im Nachhinein wundere, dass ich nicht auf der Stelle zu heulen anfing. Aber was sollte ich denn machen, meine Güte, ich wusste doch nicht mehr, an wen ich mich sonst noch wenden könnte.

Er ging nach nebenan, damit seine Arzthelferin einen Termin für einen Kernspin machte; dabei hatte er die Tür nicht ganz zugemacht, und ich hörte, wie die Arzthelferin sagte: »Wie bitte? Was wollen Sie? Um Himmels willen. Haben Sie die Liste gesehen, die die Patientin dabeihatte? Das sind zwei Seiten. Da sitzen wir heute Abend noch hier. Für sowas hab' ich keine Zeit.«

Ich bekam Schuldgefühle, als würde ich aus einer Mücke einen Elefanten machen. Vielleicht war ich auch vom Typ her ein Jammerlappen. Vielleicht geht es allen Menschen so, und ich kann nur nicht damit umgehen. Es war einfach frustrierend; daher ließ ich es eine Weile einfach laufen.

Ich war einfach nie richtig ausgeruht. Ich fing wieder an, nachts wach zu werden, im Durchschnitt dreimal pro Nacht; da bekam ich immer Krämpfe, wobei sich mein ganzer Körper verkrampfte. Davon wachte ich selbstverständlich auf. Nach ein paar Minuten war der Anfall vorbei, aber ich war natürlich hellwach. Das war schon sehr merkwürdig. Ich bin deswegen aber nicht zum Arzt gegangen, weil ich so viel zu tun hatte und alle möglichen anderen Sachen passiert sind und ich sowieso so müde war, weil mir der Schlaf fehlte. Ich versuchte nur irgendwie, jeden Tag einigermaßen zu überstehen. Ich hatte kaum noch Kraft für irgendwas, aber ich zwang mich dazu, wenigstens Sport zu treiben. Ich dachte immer: Vielleicht sollte ich noch mehr trainieren. Ich tue immer noch nicht genug. Das sollte einen doch mit Energie aufladen. Vielleicht mache ich irgendwas falsch. Mein Mann arbeitet als Personal Trainer, und er half mir natürlich.

Ich kann mich erinnern, wie ich eines Tages auf der Toilette saß – und nichts passierte. Seit fünf Tagen hatte ich keinen Stuhlgang mehr gehabt. Aber das war bei mir durchaus normal. Manchmal musste ich siebenmal am Tag, und dann passierte wieder eine Woche lang nichts. Allerdings hatte ich nun das Gefühl, dass es schlimmer würde. Ich habe nicht gleich irgendwie deutlich was gemerkt, aber allmählich wurde mir klar, dass etwas Neues im Gange war.

Ich hatte einen Termin bei einer anderen Ärztin. Ich sagte ihr, dass irgendetwas mit mir nicht in Ordnung sei, ich könne aber nicht sagen, was und warum. Ich schilderte ihr ein bisschen meine Symptome. Außerdem sagte ich ihr, ich würde gerne nun alle Möglichkeiten ausschöpfen. Ich wäre bereit, jede erdenkliche Untersuchung und jeden Test über mich ergehen zu lassen, denn irgendwas war im Busch, ich weiß nicht was, aber ich kann so auch nicht weitermachen. Sie antwortete: »Okay.«

Während dieses Termins bekam ich einen Migräneanfall, und nach zehn Minuten konnte ich einfach nicht mehr weitersprechen, so stark waren die Kopfschmerzen. Wie sich herausstellte, handelte es sich um eine ganz normale Migräne, und sie schickte mich mit einem Schmerzmittel nach Hause. Nach ein oder zwei Tagen hatte ich mich erholt und konnte wieder meine Alltagsroutine bewältigen.

Einige Tage später spürte ich, wie wieder ein Migräneanfall heranzieht. Ich musste meine Tochter mit dem Wagen irgendwo hinbringen; der Anfall verschlimmert sich von einer Sekunde zur nächsten. So schnell ist es bisher noch nie gegangen. Ich bekomme es ein bisschen mit der Angst zu tun. Wir nähern uns der am meisten befahrenen Straßenkreuzung in der Stadt. Die Ampel ist auf Grün, und ich spüre, dass ich mich übergeben muss. Ich konnte nicht anhalten. Ich wollte keinen Unfall verursachen, daher öffnete ich die Fahrertür und übergab mich auf die Straße. Nachdem wir über die Kreuzung sind, muss ich anhalten, weil es mir wieder hochkommt. Ich übergebe mich direkt auf das Lenkrad, den Sitz, meine Kleidung, den Wagenboden, das Radio.

Ein paar Tage später geht es mir wieder etwas besser. Wir hatten vor, zum Skilanglauf zu fahren. Das hatte ich seit meiner Kindheit nicht mehr gemacht, und ich freute mich sehr darauf. Nachdem wir auf den Skiern losgefahren waren, hatten mich alle sehr schnell abgehängt. Ich war bei weitem die langsamste in der Gruppe, obwohl ich regelmäßig zum Sport gehe und trainiere. Ich war weit hinter allen zurück.

In dieser Nacht tat mir der Bauch weh wie nie zuvor. Ich konnte es fast nicht aushalten, ich musste aufstehen. Da ich sowieso nicht mehr schlafen konnte, stand ich auf; ich wollte einen Spaziergang machen. Ich erinnerte mich an meine Jugend auf der Farm und wie es war, wenn die Pferde eine Kolik hatten. Ich presste die ganze Zeit meine Finger an die Stelle, wo sich mein Dickdarm befindet, es tat so weh.

Schließlich ging es nicht anders, und gegen zwei oder drei Uhr morgens weckte ich Casey und sagte: »Ich habe keine Ahnung, was mit mir los ist, aber es hat noch nie so weh getan. Wir müssen in die Notaufnahme.« Als wir dort waren, haben sie mir eine Flüssigkeit zu trinken gegeben, dann haben sie ein CT gemacht und geröntgt. Dann sagten sie: »Ihr Verdauungstrakt ist an drei Stellen völlig gelähmt«, und sie zeigten es mir: Da, da und da. »Ihr Dickdarm funktioniert überhaupt nicht. Wir wissen zwar noch nicht, was die Ursache dafür ist, aber Ihr Stuhl staut sich weit in den Dünndarm hinein.« Dann sagte der Arzt: »Wenn Sie jetzt noch eine Kleinigkeit essen, besteht ein immenses Risiko für einen Darmriss; das endet meistens tödlich. Wir müssen dieses Zeug jetzt sofort aus Ihrem Körper entfernen.« Auf dem Röntgenbild hatte sich der Dünndarm in der Bauchhöhle bis zu den Rippen und unters Herz hochgedrückt.

In jener Nacht musste ich fünf Einläufe über mich ergehen lassen, um meinen Verdauungstrakt zu reinigen. So etwas hatte ich noch nie zuvor erlebt. Es war alles so peinlich. Ich fühlte mich vollkommen gedemütigt. Gleichwohl war ich bereit, alles über mich ergehen zu lassen, um möglichst schnell wieder nach Hause zu kommen.

Nun wurde mir eine Flüssigkeitsdiät verordnet. Zwei oder drei Wochen lang konnte ich nichts anderes zu mir nehmen als Suppenbrühe und *Ensure Shakes*, was normalerweise nur alte Leute trinken. Richtiges Essen ging gar nicht. Das hätte zu sehr wehgetan. Mir fiel ein, dass ich mal einen Krebspatienten interviewt hatte, als ich Marketing für ein Krankenhaus gemacht habe. Der Mann hatte Kehlkopfkrebs und konnte überhaupt keine feste Nahrung zu sich nehmen. Seine Frau erzählte mir, dass sie genau ermittelt hat, wie viele *Ensure Shakes* er jeden Tag trinken muss, damit er ausreichend Kalorien und Nährstoffe bekommt. Dieser Mann hat noch ein ganzes Jahr mit *Ensure* überlebt. Da dachte ich mir auch, was soll's. Dann kann ich auch mit *Ensure* weiterleben.

Dann bin ich zu einem Gastroenterologen in Behandlung gegangen, der weitere Tests mit mir durchführte, die im Grunde alle auf das Gleiche hinausliefen. Nun waren sich alle sicher, dass ich am Morbus Crohn litt, und bei allen Gesprächen und allen Maßnahmen ging es nur darum nachzuweisen, dass es wirklich Morbus Crohn war. Er führte eine Darmspiegelung durch, fand aber keinen Nachweis für Morbus Crohn. Es gab keine Läsionen. Es gab keine Narben. Nichts. Alles, was sie fanden, waren schwere Entzündungen, aber das war angeblich nicht das Problem.

Mein Vater hatte mich zu dem Termin beim Gastroenterologen gefahren, und als ich aus der Narkose aufwachte, kam der Doktor herein und sagte: »Ich habe gute Neuigkeiten für Sie. Sie haben kein Morbus Crohn« – als ob das schon die Rettung wäre. Zu dem Zeitpunkt war ich schon seit zwei Monaten auf *Ensure*-Diät und nahm ansonsten jede Menge Milchshakes und weiche Nahrung wie Kartoffelbrei, Nudeln und Reis zu mir. Mein Vater sagte zu dem Arzt: »Sie kann aber immer noch nicht richtig essen.« Darauf erwiderte der: »Ist doch prima. Wenn sie das verträgt, dann ist es auch gut für sie. Das muss sie dann weiter so machen.« Darauf sagte mein Vater: »Sie verstehen nicht, was ich meine. Sie kann immer noch kein normales, festes Essen zu sich nehmen. Das tut ihr weh.« Daraufhin er: »Na ja, wenn sie Kartoffeln essen kann, dann kann sie eben nur Kartoffeln essen.« Damit machte er kehrt und verließ den Raum.

Ich kann mich an einen Morgen erinnern, da wachte ich auf und zitterte fast unkontrollierbar, weil ich dringend etwas zu essen brauchte. Ich griff wahllos nach gekochtem Hühnchenfleisch aus einer Tupperdose, das vom Vortag übrig geblieben war. Ich ließ mich direkt vor dem Kühlschrank auf dem Küchenboden nieder, weil ich nicht mehr weiter gekommen wäre, und meine Tochter setzte sich neben mich. Das war unser Frühstück. Wir teilten uns ein Stück Hühnerfleisch, das wir mit den Fingern direkt aus der Tupperdose aßen. Ich blieb sitzen, bis ich ein wenig davon verdaut und das Zittern aufgehört hatte. Dann dachte ich, das ist doch alles völlig absurd. Ich schaffe es nicht einmal mehr, meiner Tochter ein anständiges Frühstück zuzubereiten, ganz zu schweigen für mich selbst. Was ist denn nur mit mir los?

Ich weiß gar nicht mehr genau, was der Wendepunkt war. Vielleicht war es der Umstand, dass ich zwei Wochen lang fast ununterbrochen nur auf der Couch lag und kein normales Essen mehr essen konnte, fast nur noch Brühe trank und mich nicht mehr um meine Tochter kümmern konnte. Schließlich gab ich mir einen Ruck: Ich bin keine fünfundneunzig. So etwas passiert nur Menschen am Ende ihres Lebens. Was ist nur mit mir los? Sterbe ich schon? Ich erinnerte mich, dass wir in meiner Jugend auf der Farm ein Pony hatten. Sein Name war Peanut, und es war schon recht alt. Ponys leben in der Regel länger als Pferde. Wenn sie ein Alter von dreißig Jahren erreichen, dann haben sie ein gutes Leben gehabt. Unser Pony war schon sechsunddreißig Jahre alt, und mittlerweile ging es ihm nicht mehr gut. Ich erinnere mich, dass der Tierarzt öfter vorbeischaute. Das Pony hatte mal da was, mal dort was. Eins kam zum andern. Da sagte der Tierarzt: »Na ja, es ist eben doch recht betagt, und jetzt versagen nach und nach die Organe. So ist das eben, wenn man alt wird.«

Ich dachte, auch meine Organe fangen an zu versagen.

Mary Beth Stutzmans Organe versagten keineswegs. Sie litt an etwas viel Grundlegenderem, an einer »Krankheit«, an der wir alle in der einen oder anderen Form leiden. Was ihr zu schaffen machte, war die Art und Weise, wie wir essen und leben. Wenn wir uns die Grundzüge dessen klargemacht haben, was insbesondere bei Ernährung und Verdauung vor sich geht, werden wir besser verstehen, wie sie sich erholte (sie erholte sich ganz beträchtlich) und was ihre Geschichte uns lehren kann. Wir werden wieder auf sie zurückkommen.

Kohlenhydrate zu Zucker

Wenn man an all diese Leiden und Gesundheitsbeeinträchtigungen denkt und an die Liste mit den wichtigsten Ursachen für vorzeitigen Tod und körperliche Schwäche, kommt einem das sehr verworren und komplex vor. Doch wenn man sich die zwei entscheidenden Tatsachen ins Gedächtnis ruft – nämlich dass es sich um Zivilisationskrankheiten handelt und dass Zivilisationen definitionsgemäß auf Getreideanbau beruhen –, dann entpuppt sich dieses verworrene Knäuel als ein gordischer Knoten, der nur darauf wartet, mit einem Befreiungsschlag gelöst zu werden. Für diesen gordischen Knoten in unserem thematischen Zusammenhang gibt es eine treffendere Bezeichnung, nämlich das Metabolische Syndrom. Das ist der medizinische Fachausdruck für eine ganze Anzahl von Beschwerden, die gleichzeitig auftreten wie Typ-2-Diabetes, koronare Herzkrankheiten und abdominelle Fettleibigkeit, die alle mit dem Stoffwechsel von Zucker zusammenhängen.

Wenn man sich die schier unübersehbare Anzahl von Diät-Büchern ansieht, könnte man den – falschen – Eindruck gewinnen, dieses Problem sei immer noch ungelöst. Die Vorstellungen der Wissenschaft über die Ernährung der frühen Menschen, die der Grund für ihren bemerkenswert guten Gesundheitszustand zu sein schien, haben sich im Lauf der Forschungsgeschichte verändert, und diese Veränderung ist ebenfalls ganz bemerkenswert. Beim Blick in die Vergangenheit tragen wir kulturelle Scheuklappen, weswegen wir oftmals nur das sehen, was wir sehen wollen. Das ist einfach so, und es lässt sich nur teilweise korrigieren, und wenn, dann nur über lange Zeiträume: Man muss sich durch eine Menge von Knochen wühlen und sehr viel DNA und Speerspitzen sortieren. Leider werden wir viele Dinge über die ferne Vergangenheit niemals erfahren. Es wird immer Leerstellen geben, und wir versuchen, diese Leerstellen mit unseren Theorien, Vorurteilen und Vorstellungen zu füllen.

Bei all diesen ohnehin verschiedenartigen Deutungen und Herangehensweisen muss man noch einen weiteren, beunruhigenden Faktor im Auge behalten. Das schmutzige kleine Geheimnis in diesem Geschäft ist, dass sich all diese Diät-Bücher gut verkaufen, und daher wird im wohlverstandenen Eigeninteresse der Autoren und Verlage stets argumentiert, ihr jeweiliger Ansatz sei ganz anders als alles bisher Dagewesene – neu und wesentlich verbessert, um sich des einschlägigen Marketingvokabulars zu bedienen. Wegen der hierbei ausschlaggebenden Vermarktungsinteressen wird größter Wert auf Einmaligkeit, Besonderheit, Verschiedenartigkeit gelegt. Unserer Meinung nach wäre es jedoch besser, sich auf das Grundlegende zu besinnen sowie auf ein paar allgemein anerkannte Tatsachen. Und zu diesen unstrittigen Tatsachen gehört, dass hohe Konzentrationen von Kohlenhydraten über Millionen von Jahren nicht auf der Speisekarte unserer Vorfahren standen. Ihre kohlenhydratarme und damit im wahrsten Sinne magere Kost ergab sich aufgrund der einfachen und ebenfalls unbestrittenen Tatsache, dass hochkonzentrierte Kohlenhydratnahrung gar nicht im Angebot war. Wenn man sich gleichzeitig vor Augen hält, dass aber genau diese Kohlenhydrat-Lebensmittel heutzutage 80 Prozent der Ernährung der modernen Menschen ausmachen, bekommt man eine Vorstellung davon, wie tiefgreifend diese Ernährungsrevolution war. Das ist der Zusammenhang, auf den es ankommt: hoher Kohlenhydratverbrauch mit verbreitetem Auftreten von Krankheiten, die wiederum mit Kohlenhydraten zusammenhängen. Das ist natürlich mehr als ein zufälliger Zusammenhang. Wir werden die dahinter stehenden Mechanismen erklären.

Die Welt der Kohlenhydrate lässt sich in schier endlos viele Gruppen unterteilen, wobei die erste Unterteilung in zwei Gruppen geschieht: komplexe und einfache Kohlenhydrate. Die komplexen Kohlenhydrate bestehen aus kompliziert aufgebauten Molekülen, besser bekannt als Stärken, und diese stecken in unseren wichtigsten landwirtschaftlichen Erzeugnissen: in Mais, Reis, Weizen und allen anderen Getreidearten sowie in Kartoffeln. In Obst und Gemüse stecken ebenfalls Kohlenhydrate, allerdings in viel geringerer Konzentration. Stärke aus Getreide und Kartoffeln verhält sich zu Spinat wie ein Glas 80-prozentiger Rum zu Bier. Das ist nicht bloß ein willkürlich gewähltes, anschauliches Beispiel. Alkohol selbst entsteht aus vergorenen, heruntergebrochenen Kohlenhydraten.

Wo taucht in diesem System nun der Zucker auf? Ganz einfach. Zucker sind die einfachen Kohlenhydrate. Wir nehmen sowohl einfache als auch komplexe Kohlenhydrate zu uns, aber unser Verdauungssystem bricht sie in einfachere und noch einfachere Strukturen auf. Die Verdauung von Kohlenhydraten ist ein Zerlegen der größeren komplexen Stärkemoleküle zu einfacheren Zuckern; dieser elementare, strukturell überschaubare Prozess beginnt bereits im Mund. Der Prozess ist teilweise so einfach, dass einige Stärken allein durch Kauen und Speichel in Einfachzucker zerlegt werden, noch bevor wir sie verschlucken. Daraus können eine ganze Reihe von Zuckern entstehen, die sich wiederum hauptsächlich in zwei Formen von Zucker einteilen lassen: Glukose und Fruktose; Letztere heißt so, weil es sich um die in Früchten vorkommende Zuckerart handelt. Und sie kommt in den allermeisten Früchten vor, allerdings in lächerlich geringen Mengen verglichen mit den Zuckermengen, sagen wir, in einem Glas Cola oder selbst in Apfelsaft. Genau das ist der Punkt. Der bei der Lebensmittelherstellung heutzutage dominierende Vorgang ist eine Nachbildung dieser Reduktion, indem zum Beispiel Maisstärke in den Zucker von hochfruktosem Maissirup heruntergebrochen wird. Selbst *High Fructose Corn Sirup* (HFCS) ist, wie Saccharose, eine Kombination aus Glukose und Fruktose: Der Fruktose-Anteil liegt bei etwa 55 Prozent, was die Hersteller als »hohen Anteil« (*high*) bezeichnen. Wenn Sie das nächste Mal ein Streitgespräch hören, bei dem behauptet wird, dass Rohrzucker irgendwie besser sei als HFCS, dann denken Sie daran, dass man sich hier über einen Fruktoseanteil von 50 Prozent gegenüber 55 Prozent streitet.

Aber wie bei einem großen, langen Trichter sind sämtliche Prozesse, sowohl die natürliche Verdauung als auch die industrielle Herstellung, nur auf ein einziges Ziel gerichtet, nämlich Glukose zu erzeugen. Glukose ist unser Brennstoff, *der* wesentliche Energiespender für die Muskeln und insbesondere für unser Hirn und ganz besonders in unserer zuckergesättigten modernen Welt. Die Glukose, die man als Glukose zu sich nimmt, geht direkt ins Blut über und macht sich, jedenfalls theoretisch, sofort ans Werk. Fruktose geht erst einmal in unser Verdauungssystem; dort wird sie von Enzymen in Glukose umgewandelt und gelangt erst nach einigen Stunden ins Blut.

Hier liegt nun das kleine dunkle Geheimnis versteckt, und es klingt zunächst befremdlich: Glukose ist ein Gift. Und der Körper reagiert darauf dementsprechend. Seit Generationen suchen die Wissenschaftler schon nach Giftstoffen, die die Ursache für all unsere Zivilisationsleiden sein sollen wie Industriechemikalien, Pestizide, Schadstoffe in der Luft. Jawohl, manche davon könnten tödlich sein. Doch die grausamste Ironie liegt darin, dass wir den verbreitetsten Giftstoff gar nicht wahrnehmen, weil er so offen überall zutage liegt. Es ist nämlich nicht so leicht, ausgerechnet der Substanz die Schuld zuzuschreiben, an der die ganze Zivilisation hängt. Wissenschaftler und Autoren, die sich intensiver mit diesem Thema beschäftigen, sprechen vom »Allesfresser-Dilemma«; inzwischen ist es aber gar nicht mehr selbstverständlich, dass wir Menschen uns als Allesfresser bezeichnen, also als solche, die sich sowohl von Pflanzen als auch von Tieren ernähren. Viel offensichtlicher hingegen ist, dass wir Zuckerfresser geworden sind; genau das ist das Endergebnis des Getreideanbaus. Und das ist das Zuckerfresser-Dilemma: Wir ernähren uns ganz überwiegend von einer Substanz, die unser Körper wie einen Giftstoff behandelt. Einen Moment mal! Kohlenhydrate in der Nahrung sind nun wirklich nichts Neues, und die Jäger und Sammler haben sie auch zu sich genommen, bisweilen sogar relativ hoch dosiert, wenn man an die Wurzelknollen denkt, die die Vorläufer der Kartoffeln waren, oder an Wildgrassamen, die die Vorläufer unseres Getreides sind. Haben wir nicht außerdem festgestellt, dass sich gerade die menschliche Spezies durch ihre erstaunliche Anpassungsfähigkeit vor allen anderen auszeichnet, durch unsere ausgeprägte Fähigkeit, immer wieder durch Selbstregulierung mit veränderten Umweltbedingungen zurechtzukommen? Was hat sich also dadurch verändert, dass wir mehr Kohlenhydrate in konzentrierter Form zu uns nehmen? Wie kann es sein, einen Teil unserer Ernährung, den wir schon seit Millionen von Jahren zu uns nehmen – und nicht nur wir, sondern auch die Tierwelt –, auf einmal als »Gift« zu denunzieren? Warum kann sich der menschliche Körper nicht einfach anpassen und auf die schönen Selbstregulierungsmechanismen der Natur zurückgreifen? Die Antwort lautet: Genau das tut er doch.

Glukose ist ein sehr speziell wirkendes Gift; in größeren Mengen *im Blut* wirkt sie schädlich. Deshalb machen die besonders gierigen Zuckerfresser unter uns so viel Gedöns um den Blutzuckerspiegel, um erhöhte Werte und zu niedrige Werte, die mit den Regulierungsmechanismen des Körpers einhergehen – denn in der Tat geht es um Regulierung und Ausgleich. Der menschliche Körper ist sehr gut daran angepasst, diesen Ausgleich durch ganz bestimmte Reaktionen, die von dem Hormon Insulin gesteuert werden, vorzunehmen. Wenn Glukose im Blut ankommt, wird die Bauchspeicheldrüse sofort und zuverlässig dazu angeregt, Insulin zu produzieren (das ist bei allen Menschen so, außer bei Typ-1-Diabetikern). Insulin wiederum gibt Signale im ganzen Körper ab; deren Hauptziel ist es, den Glukoseanteil in unserem Blut zu vermindern. Und zwar schnell. Das Insulin wacht über die Reaktion des Körpers auf die »giftige« Überdosis. Glukose wirkt wie ein Brandbeschleuniger, deshalb muss sofort höchste Alarmstufe ausgelöst werden. Das ist der Grund, warum unser Gehirn dem so viel Aufmerksamkeit zukommen lässt.

Unser Körper hat im Prinzip zwei Optionen, um Glukose aus dem Blut zu entfernen. Die erste und beste Möglichkeit besteht darin, die Glukose in die Muskelzellen und inneren Organe zu schicken, wo sie in ein Derivat namens Glykogen umgewandelt werden. das dann als kurzfristig aktivierbarer Energieträger vor allem in den Muskeln bereitsteht. Der Nachteil dabei ist, dass in den Muskelzellen nur sehr geringe Speicherkapazität für das Einlagern von Glykogen vorhanden ist – vielleicht genug, um einen Marathonläufer für circa eine Stunde am Laufen zu halten; das entspricht der Glykogenmenge, die man aus ein paar Teelöffeln Zucker gewinnen kann. Falls Sie also kein Marathonläufer sind, ist die Speicherkapazität in den Muskeln bereits ziemlich gut ausgelastet. Deswegen schaltet der Körper ziemlich rasch auf seinen Plan B um, der darin besteht, die Glukose in Fett umzuwandeln und sie in breiteren Streifen einzulagern, die sich in der Gegend von Bauch, Po und Oberschenkeln befinden, was geschlechtsabhängig ist. (Geschlechtsabhängig ist ebenfalls, welche weiteren Hormone noch beteiligt sind und wo im Körper sie mit dem Insulin interagieren, um die Fettspeicherung zu steuern.)

Zu beachten ist noch ein weiterer Vorgang im Zusammenhang mit der Fettumwandlung, der ebenfalls damit zu tun hat, dass der Körper eine Überdosis von Glukose im Blut als schädlich registriert und demzufolge der Absenkung des Blutzuckers Priorität einräumt. Wenn Muskeln arbeiten, verbrennen sie dabei Glykogen, aber sie sind auch in der Lage, parallel dazu Fett zu verbrennen, und zwar sowohl dasjenige, das wir gegessen haben, als auch dasjenige, was im

Körper eingelagert ist. Dabei ist es nicht nötig, dieses Fett in Glukose zurückzuverwandeln. Fett kann von den Muskeln ebenfalls reibungslos verbrannt werden. Immer wieder und wieder ist davon die Rede, dass die Kohlenhydrate der Muskelbrennstoff seien, vor allem im Zusammenhang mit Sport. Aber wenn man genauer hinschaut, und so stellen es auch differenziertere und wohlinformierte Erklärungen im populären Bereich dar, wird Fett ebenfalls verbrannt. Insbesondere für Ausdauersportler, aber auch bei normaler Bewegung im Alltag, ist Fett der bei weitem wichtigste Energiespender, es sei denn, man verfügt über eine Überdosis Glukose, weil man gerade zu viel Kohlenhydrate gegessen hat. Zurück zum Insulin: Wir erinnern uns, dass es sich dabei um ein Hormon handelt, das eine ganze Anzahl von Signalen aussendet mit dem Ziel, den Glukoseanteil im Blut zu vermindern. Eines der stärksten und deutlichsten von diesen Signalen an den Körper lautet, die Fettverbrennung zu stoppen und stattdessen prioritär Glukose zu verbrennen. Gleichzeitig wird das Signal gegeben, die Übertragung von Fett aus dem Speicher anzuhalten. Die Entfernung der Glukose aus dem Blut hat Vorrang.

Das ist alles überhaupt kein Problem, solange man Kohlenhydrate in den Formen und Mengen zu sich nimmt, wie es von der Evolution vorgesehen ist: also wenig und gemischt mit abwechslungsreicher anderer Kost. Daran sind wir angepasst: Das ganze System ist so eingerichtet, dass unser Körper sich selbst in der Weise reguliert, dass so viel Glukose da ist, wie gebraucht wird, und schädliche Übermengen aus dem Blut entfernt werden. Die Probleme entstehen dann, wenn wir dieses System überfordern, wenn wir sehr viel mehr Glukose als nötig einliefern.

Die Art der Aufnahme der Glukose spielt ebenso eine Rolle wie die Menge selbst. Während der allerlängsten Zeit der Evolution nahmen wir den Großteil der Kohlenhydrate in vielerlei Formen und überwiegend eingebettet in Zellfasern pflanzlichen und tierischen Ursprungs auf, sprich als unterschiedliche Nahrungsmittel. Die Verdauung dieser Nahrung nahm Zeit in Anspruch, sodass der

Körper im Lauf des Tages Zeit hatte, die Glukose tröpfchenweise zu regulieren. Heutzutage hingegen schütten wir Kohlenhydrate meist in der einfachen Form der Glukose direkt in uns hinein, nicht einmal so sehr mit Essen, sondern aufgelöst in Flüssigkeit. Dadurch wird der selbstregulierende Effekt unseres Verdauungssystems komplett umgangen. In Wasser oder sonstiger Flüssigkeit aufgelöster Zucker ist das schlimmste Szenario, das man sich denken kann. Deswegen ist Limonadenkonsum so heimtückisch und spielt als Ursache für die Fettleibigkeit bei Kindern rund um den Globus eine überragende Rolle. Das gilt allerdings in gleicher Weise für andere, weniger anstößige Formen von in Flüssigkeit aufgelöstem Zucker wie Fruchtsäfte. All die aus organischem Anbau stammenden, naturreinen Bio-Fruchtsäfte aus dem Reformhaus oder aus dem Biosupermarkt (kein HFCS-Zusatz, nur mit natürlichem Rohrzucker) sind, zumindest was die darin enthaltene Glukose anbelangt, haargenauso schädlich wie Cola. Wenn Sie nach der Lektüre dieses Buches nur einen einzigen Rat und eine Regel beherzigen wollen, dann diese: Trinken Sie kein Zuckerwasser. In keiner einzigen Darreichungsform. Weder als Cola-Familienflasche noch als 100-Prozent naturreiner Fruchtsaft aus kontrolliert-organischem Anbau.

Aber auch bei anderen Nahrungsmitteln und selbst bei hochkomplexen Kohlenhydraten, wie Sie sie vielleicht heute früh in Form eines Bagels bei Starbucks zu sich genommen haben, sind die Folgen kaum weniger abträglich. Damit steuern Sie unaufhaltsam auf jenes Unglück zu, das die Bezeichnung Insulinresistenz trägt. Das bedeutet nichts anderes, als dass der Körper allmählich gegenüber dem ständigen Insulin-Alarm (höchste Alarmstufe!) abstumpft. So wie Leute, die auf falsche Alarmrufe »Es brennt! Es brennt!« nicht mehr reagieren, weil es Dumme-Jungen-Streiche sind. Bis es dann einmal wirklich brennt. Genauso werden die Insulin-Alarmsignale ignoriert, was schlussendlich in die große Krise namens Metabolisches Syndrom führt. Und das ist der gordische Knoten, all jene lästigen kleinen Leiden, die miteinander verbunden sind: Fettleibigkeit, Typ-2-Diabetes, Schlaganfall – und, wenn auch nicht so direkt, Krebs. Sie alle haben ihren Ursprung im Metabolischen Syndrom. Das entspricht unserer Kernthese, wonach Zucker ein Gift und die Ursache für all diese Leiden ist, die uns heute derart zu schaffen machen. Auch kohlenhydrathaltige Speisen sind dafür verantwortlich, denn – wie wir gerade gesehen haben – Kohlenhydrate werden in Zucker umgewandelt.

Die Auseinandersetzung bleibt kontrovers, vor allem unter Ernährungsfachleuten, auf jeden Fall aber in ihren offiziellen Verlautbarungen. Hierin steckt ein Problem, das mehr mit Wissenschaftssoziologie zu tun hat als mit der Wissenschaft selbst. Wir haben es erlebt, dass Ernährungswissenschaftler unter vier Augen zugegeben haben, dass Fett gar nicht das eigentliche Problem ist, aber dann drehen sie sich um und verkünden öffentlich, Fett sei ein Problem, weil sie sich nicht dazu durchringen können, ein fünfzig Jahre altes Dogma aufzugeben. Als Entschuldigung bringen sie vor, man solle die Leute lieber nicht durcheinanderbringen. Was dabei am Ende herauskommt, sind aber ziemlich gemischte, wenn nicht verworrene oder widersprüchliche Aussagen – und das Ganze wird noch verworrener, wenn sich die Großkonzerne aus der Lebensmittelindustrie, Zuckerindustrie und die Agroindustrie einmischen; manches, was aus dieser Ecke kommt, ist zumindest irreführend, anderes ist bürokratischer Trägheit oder menschlicher Unzulänglichkeit geschuldet. Das Problem besteht darin, dass uns mittlerweile seit Generationen weisgemacht wird, wir seien zu dick, weil wir zu viele fette Sachen essen; dass lässt sich viel einfacher und direkter rüberbringen und wirkt einleuchtender, als wenn man – so wie wir – sagt, wir sind deswegen dick, weil wir zu viel Zucker und zu viele Kohlenhydrate zu uns nehmen. Manche Menschen essen in der Tat zu viel fettes Zeug, und wir werden uns gleich anschließend damit befassen. Aber als Erstes wollen wir die Fettphobiker provozieren, indem wir behaupten: Fett ist gut und wichtig, und wir sollten uns nicht das Gegenteil weismachen lassen.

Wie die Fettphobie entstand

Eine Zeitlang stand Fettkonsum als Ursache für den ganzen Komplex rund um die mit dem Metabolischen Syndrom verbundenen Krankheiten im Fokus. In der Wissenschaft hat man sich über Dickleibigkeit schon seit Jahrhunderten Gedanken gemacht, aber erst vor rund fünfzig Jahren nahm man als Ursache Fett ins Visier. Die Urheber dafür kann man benennen; es sind der Ernährungswissenschaftler Ancel Keys und der amerikanische Präsident Dwight D. Eisenhower. Keys führte gegen Ende des Zweiten Weltkrieges an der Universität von Minnesota eine Ernährungsstudie mit Probanden über die Auswirkungen von massiver Unterernährung durch. Die für dieses Experiment herangezogenen Freiwilligen wurden aus internierten Kriegsdienstverweigerern ausgesucht. Eine wichtige Erkenntnis war unter anderem, dass die bewusst nahe an das Verhungern herangeführte Unterernährung lebenslang negative psychologische Auswirkungen hatte, auch nachdem die Probanden wieder zur normalen Vollernährung zurückgekehrt waren. Noch bekannter ist Keys jedoch für seine Forschungen zu Fett im Allgemeinen und zu Cholesterin im Besonderen. Die Tatsache, dass sehr viele Menschen heutzutage wissen, wie hoch ihr Cholesterinspiegel ist, geht auf die Forschungen und das Wirken von Keys zurück.

Eisenhowers Beitrag zu dem Thema steht im Zusammenhang mit dem Herzinfarkt, den er während seiner Amtszeit als amerikanischer Präsident erlitt. Dadurch erhielt dieses Problem in Amerika viel öffentliche Aufmerksamkeit, denn es handelte sich damals wie heute um ein weit verbreitetes Problem. Es stimmt zwar, dass Eisenhower zu dem Zeitpunkt bereits damit aufgehört hatte, vier Packungen Camel am Tag zu rauchen, aber er hatte immer noch sehr hohe Cholesterinwerte. Das war die Zeit, in der der hochintelligente, charismatische Ancel Keys, der es 1961 bis auf die Titelseite von *Time* schaffte, ausgesprochen medienwirksam vor den schlimmen Auswirkungen von zu viel Cholesterin warnte.

Dieser Fall wird mit all seinen spannenden Einzelheiten auch in dem Buch *Good Calories, Bad Calories* des auf Medizingeschichte spezialisierten Wissenschaftsjournalisten Gary Taubes wieder aufgerollt. Das Werk können wir dringend empfehlen, denn es ist sehr viel umfassender und tiefschürfender, als der Titel suggeriert, der nach einem banalen Diät-Buch klingt. Taubes trägt viele Fakten zusammen, doch die beste Zusammenfassung des Inhalts findet sich in einem gelungenen Scherz in einer der Buchkritiken, den der Autor sich selbst zu eigen gemacht hat und den wir hier gerne wiedergeben:

Eines Nachts bemerkt ein Passant einen betrunkenen Mann unter einer Straßenlaterne. Offensichtlich sucht der Betrunkene wie besessen nach etwas. »Was suchen Sie denn?«, fragt der Passant. »Ich habe meine Autoschlüssel verloren«, antwortet der Betrunkene. »Ich kann Ihnen gerne bei der Suche helfen. Sind Sie denn sicher, dass Sie sie gerade hier verloren haben?« »Ach was. Die hab ich schon vorher unterwegs verloren, aber hier ist das Licht einfach besser.«

Das Licht, das unser medizinisches Problem erhellen soll, ist seit einigen Jahrzehnten die Tatsache, dass die Ärzte den Cholesterinspiegel ziemlich einfach messen können. Cholesterin ist eine von jenen Hunderten von biochemischen Verbindungen, ein Sterol, die unser Körper zum Funktionieren braucht. Irgendwie ist es dazu gekommen, dass man glaubt, alles, was mit Herzkrankheiten zu tun hat, hänge nur vom Cholesterin ab.

Mediziner bezeichnen Cholesterin als »Lipid«. Zu den sieben Gruppen dieser Naturstoffe gehören auch die Fette, aber Cholesterin ist kein Fett, sondern ein Steroid. Auf jeden Fall handelt es sich um einen essentiellen Stoff, der in jeder einzelnen Körperzelle enthalten sein muss: eine chemische Verbindung, die für den Organismus lebensnotwendig ist und nicht vom Körper selbst synthetisiert werden kann. Cholesterin gehört zu den sogenannten Lipoproteinen. Das sind spezielle Stoffe, die der Körper synthetisiert, um Lipide (auch Cholesterin selbst) und Proteine durch die Zellmembran in das Blut transportieren zu können. Cholesterin ist in den Lipoproteinen enthalten oder wird für den Transport an sie angehängt. Es gibt keinen wirklich praktikablen Weg, um das Cholesterin selbst zu messen, stattdessen messen wir Lipoproteine.

Eine erste Unterteilung der Lipoproteine erfolgt in LDL-Partikel (Low Density Lipoprotein), im Volksmund auch das »schlechte« oder »böse« Cholesterin genannt, und in HDL-Partikel (High Density Lipoprotein), gemeinhin das »gute« Cholesterin genannt. Diese beiden sowie eine dritte Substanz, die Triglyceride, bilden die Hauptbestandteile der Lipoproteine. Die Diskussion dreht sich meist um die LDL-Partikel. Diese werden ihrerseits in zwei Strukturen unterschiedlicher Dichte (»density«) unterteilt, und nur von der wesentlich kleineren nimmt man an, dass sie für die unerwünschten Folgen verantwortlich sind. Wenn Ihr Arzt Ihnen aufgrund Ihres Lipidprofils für den Rest Ihres Lebens Lipidsenker verschreibt und Ihnen damit aller Voraussicht nach für den Rest Ihres Lebens Anfälle von Muskelkrämpfen beschert, die eine Nebenwirkung davon sind, dann hat er oft gar keine Ahnung, welcher Typ von LDL-Partikeln in Ihrem Lipidprofil überwiegt, obwohl man mit hoher Wahrscheinlichkeit davon ausgehen muss, dass nur einer der beiden als Ursache für Herzprobleme in Frage kommt. Die unterschiedliche Dichte dieser beiden Partikel und ihre Bedeutung und Funktion sind seit Anfang des 20. Jahrhunderts bekannt, werden aber im Allgemeinen einfach ignoriert.

Davon abgesehen gibt es sehr überzeugende Hinweise darauf, dass das Risiko von Herzerkrankungen über die Triglyceridwerte viel zuverlässiger vorhergesagt werden kann; doch dieser Wert erhöht sich entsprechend der Zuckermenge, die man zu sich nimmt, nicht in Abhängigkeit vom Fettkonsum. Außerdem kann man beim Lipidprofil bei einer Kombination aus hohen Triglyceridwerten bei gleichzeitig niedrigem HDL praktisch unweigerlich schließen, dass der LDL-Anteil hoch sein muss. Allein dieses Profil und nicht ein hoher Cholesterinwert und noch nicht einmal ein hoher LDL-Anteil spricht am meisten für eine Herzkrankheit.

Das ganze Thema ist umwabert von Fehlinformation und Legendenbildung. So entspricht es mittlerweile geradezu dem Volksglauben, dass Nahrungsmittel mit hohem Cholesterinanteil quasi direkt zu hohen Cholesterinwerten im Blut führen. Das ist eine zu einfache, höchstwahrscheinlich falsche Sichtweise. Taubes unterzog die relevanten Studien aus vielen Jahren einer kritischen Sichtung und kam zu dem Schluss: »Über Nahrung aufgenommenes Cholesterin hat kaum merkliche Auswirkungen auf den Cholesterinspiegel im Blut. Bei sehr empfindlichen Menschen kann dieses Cholesterin aus der Nahrung in niedrigen Prozentsätzen zu einer Erhöhung des Blutcholesterins führen, aber für die meisten Menschen ist die Cholesterinaufnahme klinisch bedeutungslos.«

Hingegen führt starker Kohlenhydratkonsum zu hohen Triglyceridwerten, niedrigem HDL-Anteil und schädlichem LDL-Anteil. All diese Schlussfolgerungen sind nicht neu, und sie wurden in neueren Studien erhärtet. Schon bevor Keys mit seiner Kampagne begann, gab es genügend Hinweise, wenn nicht gar Beweise, die im Widerspruch zu seinen Ansichten standen. Eine ganze Generation von Ernährungsberatern hat sich im Wesentlichen auf Keys berühmte Sieben-Länder-Studie gestützt, die er als Beweis für seine Theorie ansah, wonach es einen Zusammenhang zwischen den mit der Nahrung aufgenommenen Fetten und Herzkrankheiten gebe. Das Problem und Keys' Trick besteht darin, dass dieser Zahlen und Daten aus 22 verschiedenen Ländern analysiert, aber nur die sieben Länder in seine Ergebnisliste aufgenommen hat, die seine Hypothese stützten, und die übrigen, die im Widerspruch dazu standen, schlicht ignoriert hat.

Eine weitere Ironie liegt darin, dass diese ganze fehlgeleitete Attacke gegen alle Arten von Fett und Cholesterin, vor allem in Eiern und Butter, vorschlägt, wir sollten ersatzweise künstlich hergestellte und stark verarbeitete Lebensmittel wie Margarine und *Egg Beaters* zu uns nehmen, das amerikanische Äquivalent zu »Du darfst«. Die Fette dieser Ersatzstoffe haben kein Äquivalent in der Natur und spielten demzufolge in der Evolutionsgeschichte keine Rolle. Sie werden »Transfette« genannt, das ist eine Wortverkürzung des chemischen Fachbegriffs *trans*-Fettsäuren, oder auch »ungesättigte Fette«. Bei Letzterem sollte man lieber im Hinterkopf behalten, dass sie in der Natur nicht vorkommen. Dies sind die Fette, die wirklich krank machen; in Verbindung mit Zucker bilden sie die Grundlage der industriellen Lebensmittelherstellung.

Die fatale Geschichte begann mit dem Brat- und Backfett Crisco in den Vereinigten Staaten. Der damalige Hersteller Procter & Gamble verwendete ein Hydrierung genanntes Verfahren, durch welches Pflanzenöle in gehärtete Fette umgewandelt werden. Das schmierige Ergebnis dieser chemischen Verwandlung wurde mangels anderweitiger Vermarktungsmöglichkeiten unter dem Markennamen Crisco seit 1911 als angeblich gesünderer Schmalz- und Butterersatz angepriesen. Bei Crisco war Baumwollsaatöl die Hauptgrundlage. Nach dem gleichen chemischen Verfahren kamen seitdem eine ganze Reihe solcher Tierfettersatzprodukte auf Pflanzenölbasis auf den Markt; die meisten durch die Verarbeitung von Mais- und Sojaöl. Für die Lebensmittelindustrie war dies eine willkommene Methode, aus Abfallprodukten der Agrarüberproduktion weitere neue Produkte für die Supermärkte zu verkaufen, und geschicktes Marketing war in der Tat der Schlüssel zum Erfolg. Die Werbekampagnen der Zwanziger- und Dreißigerjahre, mit denen die Verbraucher dazu gebracht wurden, sogenanntes Pflanzenfett und Margarine zu kaufen, waren die Prototypen für die heutige Flut von zynischem Werbehype, mit dem die großen Lebensmittelkonzerne auf die Verbraucher eintrommeln. In dieser frühen Fettumwandlungsindustrie liegen die Wurzeln für das gesamte heutige Fast-Food-System.

Das Problem bei Transfetten besteht darin, dass Fettsäuremoleküle entstehen, auf die unser Verdauungssystem nicht vorbereitet ist. Wir sind durch die Evolution nicht so entwickelt, dass wir damit umgehen könnten. Also wird unser Immunsystem andauernd durch von außen eindringende, körperfremde Moleküle herausgefordert. Entzündungen sind die Folge; sie spielen als Vorerkrankungen eine bedeutende, wenn nicht sogar eine noch wichtigere Rolle als Cholesterin für die Entstehung von Arteriosklerose und in der Folge Herzkrankheiten. Es besteht also eine direkte, logische Verknüpfung zwischen Herzkrankheiten und jener Margarine, die einmal als angeblich gesunder, für das Herz besonders bekömmlicher Butterersatz angepriesen wurde. Anfang der 1950er Jahre kamen den Ernährungswissenschaftlern erste Zweifel. Heute schätzen Epidemiologen, dass schon eine zweiprozentige Erhöhung des Konsums von Transfetten zu einem um 23 Prozent gestiegenen Risiko führt. Wie die National Academy of Sciences, die amerikanische Akademie der Naturwissenschaften, verlautbart, kann man keinen noch so geringen Anteil von Transfetten in unseren Lebensmitteln als sicher bezeichnen. Nicht den geringsten. Da die Transfette so eng mit der Entstehung von Herzkrankheiten verbunden sind, führt uns das direkt in den Kernbereich der wichtigsten Zivilisationskrankheiten – es gibt aber auch noch weitere Auswirkungen, die man nicht erwartet hätte. So ging aus einer Studie aus dem Jahr 2011 hervor, dass durch den Verzehr von Transfetten das Risiko für klinische Depression erheblich ansteigt. Wie wir uns erinnern, gelten schwere Depressionen ebenfalls als weltweit schnell wachsendes Problem, das wir für eine Zivilisationskrankheit halten.

Was diese Transfette anbelangt, ist eine gesunde Portion Fettphobie durchaus angebracht; man sollte sie in der Tat meiden wie die Pest. Leider wurden im Anschluss an das Cholesterin-Verdikt von Ancel Keys auch alle übrigen Fettarten über den gleichen Kamm geschoren und damit einige unserer gesündesten Nahrungsmittel. Hier müsste dringend ein Umdenken einsetzen, vor allem hinsichtlich der Omega-3-Fettsäuren. Diesen Begriff kennen Sie sicher schon, weil Sie ihn im Zusammenhang mit Ernährungsratschlägen wie diesen schon einmal gehört haben. Erster Schritt: Essen Sie wenig Fett. Zweiter Schritt: Achten Sie aber darauf, dass sie ausreichend Omega-3-Fettsäuren zu sich nehmen. Das ist aber weniger ein Rat als vielmehr ein Überbleibsel der Fettphobie. Bei Omega-3-Fettsäuren handelt es sich tatsächlich um Fette, die in unserer Nahrung im Allgemeinen in nicht wirklich ausreichender Menge vorhanden sind. Dieser Mangel könnte durchaus mitverantwortlich sein für die weitverbreiteten Depressionen, aber auch für hohe Cholesterinwerte, Herzerkrankungen, Entzündungen und eingeschränkte Hirnentwicklung.

Auf die überragende Bedeutung dieser Substanzen deutet die Bezeichnung »essenzielle Stoffe«, zu denen auch die Omega-3-Fettsäuren gezählt werden. Sie werden »essenziell« genannt, weil wir ohne sie nicht überleben könnten. Der Körper kann Omega-3-Fettsäuren aus verschiedenen Quellen beziehen, hauptsächlich aus dem Fleisch von Wildfischen, an erster Stelle wären da Hering, Sardinen, Lachs und Makrele zu nennen. Vegetarier können sie durch einige Pflanzen zu sich nehmen, etwa durch Walnüsse oder Leinöl.

Ergänzt werden sie durch Omega-6-Fettsäuren, die sich ebenfalls in Fleisch finden. Auch wenn diese in letzter Zeit eher eine schlechte Presse hatten, zählen sie doch ebenfalls zu den für den Menschen unverzichtbaren essenziellen Fettsäuren. Das Ganze ist ein Problem des richtigen Gleichgewichts – und das Problem hat seine Ursache wiederum in unserer industrialisierten Landwirtschaft. Durch die Evolution sind Kühe eigentlich Grasfresser. Aber heutzutage bekommen sie kaum mehr Gras zu fressen, sondern sie werden mit Mais und Soja gefüttert, die wiederum die Hauptanbauprodukte der Agrarindustrie sind. Das Ergebnis ist Rindfleisch, welches einen hohen Anteil von Omega-6-Fettsäuren aufweist, aber nur einen geringen Anteil von Omega-3-Fettsäuren. Die ganze Abfolge dieser Art von Rindermast zusammen mit der überwiegenden Verwendung solchen Fabrik-Rindfleisches in den Fast-Food-Ketten führt zu einem Mangel an Omega-3-Fettsäuren im menschlichen Körper in den hochzivilisierten Gesellschaften.

Das ist ein Grund, weshalb der Verzehr von Fleisch dermaßen

in Verruf geraten ist – davon zeugt eine kaum mehr überschaubare Anzahl von Studien, in denen Herzkrankheiten und andere gesundheitliche Probleme mit Fleischverzehr in Verbindung gebracht werden. Das ist auch kein Wunder, denn bei dem Fleisch, das hier sozusagen die Grundlage bildet, handelt es sich um derartiges Fabrik-Fleisch.

Die Folgen des Mangels an Omega-3-Fettsäuren zeigen sich auch in Bereichen, wo man es gar nicht vermuten würde. Ein Beispiel aus der wissenschaftlichen Literatur führt vor Augen, wie weitreichend die Folgen dieses Mangels sein können. Ein Bildungswissenschaftler – kein Ernährungswissenschaftler – hat eine Metaanalyse aller anerkannten Studien über Maßnahmen zur Steigerung der Intelligenz von Kindern durchgeführt. (Mit Intelligenz war hier die Verbesserung der schulischen Leistungen gemeint.) Das Ergebnis lautete: »Wenn man Kinder mit langkettigen mehrfach ungesättigten Fettsäuren (besonders Omega-3-Fettsäuren) versorgt, sie frühzeitig in vorschulische Einrichtungen schickt und ihnen in anregender, interaktiver Weise vorliest, führt das zu verbesserter Intelligenz bei kleinen Kindern.«

(Unserer Ansicht nach gehört außerdem noch sportliche Betätigung auf diese Empfehlungsliste; es gibt genügend Hinweise dafür.)

Das Problem lässt sich relativ leicht lösen durch den Verzehr von Fleisch aus ökologischer Tierhaltung, wo die Tiere mit Gras und Heu gefüttert werden, von Wildfisch, Eiern von freilaufenden Hühnern und von Walnüssen. Das ist dank eines verbesserten Ernährungsbewusstseins inzwischen leichter möglich. So lassen sich die schiefen Annahmen der etwas älteren Generationen über Fett korrigieren. Es stimmt, dass in unserem Blut sehr viel Fett als Folge des Verzehrs industriell hergestellter und verarbeiteter Lebensmittel zirkuliert, aber daran sind nicht die Fette schuld. Denken wir an die Insulinreaktion und die Insulinresistenz bei übermäßigem Kohlenhydrat-Konsum. Erinnern wir uns daran, dass durch das Insulin der körpereigene Verbrauch von Fett sofort gehemmt wird: Dieses

Hormon sendet Signale aus, das Körperfett in den Fettzellen weiterhin zu speichern, und es bringt die Muskeln dazu, die Fettverbrennung zu beenden und stattdessen Glukose zu verbrennen. Allein das ist bereits eine weitreichende Erklärung dafür, warum Fettsäuren unser Blut überschwemmen, besonders als Bestandteil von Triglyceriden. Der Grund dafür ist nicht, dass wir Fett essen; das haben die Menschen immer schon getan. Der Grund liegt vielmehr darin, dass das Fett wegen unseres exzessiven Kohlenhydrat-Konsums, besonders Zucker, nicht verbrannt werden kann. Wenn man die Kohlenhydrate weglässt, löst sich das Fettproblem fast wie von selbst, jedenfalls solange man die richtigen Arten von Fett zu sich nimmt.

In seinem Buch packt Taubes das Thema aber noch von einer ganz anderen Seite an und kommt zu überzeugenden Schlussfolgerungen. Zweifellos steigt in einer ganzen Reihe von Ländern rund um den Globus die Zahl der Fettleibigen deutlich an. Für die Vereinigten Staaten können wir diesen Anstieg in einer Grafik für die vergangenen fünfzig Jahre sehr gut darstellen. In die gleiche Grafik können wir drei weitere Linien zeichnen, nämlich den Pro-Kopf-Konsum von Proteinen, Fetten und Kohlenhydraten (einschließlich Zucker). Die beiden erstgenannten sind relativ flache Linien, zeigen also keinen nennenswerten Anstieg von Protein- oder Fettkonsum über diesen Zeitraum. In deutlichem Unterschied dazu ist der Pro-Kopf-Verbrauch von Kohlenhydraten in den Vereinigten Staaten stetig angestiegen, und zwar deutlich parallel zur Zunahme der Fettleibigkeit.

Das ist kein neuer Trend. Der jährliche Zuckerkonsum pro Kopf betrug in den Vereinigten Staaten im Jahr 1700 rund fünf Pfund, 23 Pfund um 1800, 70 Pfund um 1900 und heute liegt die Pro-Kopf-Menge bei 152 Pfund. Aus diesem Grund müssen wir beim Zucker anfangen, wenn wir uns darüber klar werden wollen, woran wir leiden. Sie wollen sich also wieder so gesund ernähren wie die Menschen früher in der Wildnis? Das ist ganz einfach. Essen Sie keinen Zucker mehr. Verzichten Sie darauf in jedweder Form.

Keinen Weißzucker aus Zuckerrüben, keinen braunen Rohrzucker, keinen Maissirup, keinen Honig und keines der anderen Produkte mit mehrsilbigen Wörtern, die aus Mais gewonnen werden, wie Maltodextrin, Dextrose, Sorbit, Mannitol. Kein Apfelsaft. John ist der Meinung, dass der Konsum von Apfelsaft einer der allzu leicht übersehenen Gründe für Kinderfettleibigkeit ist, auch in Haushalten mit sehr ernährungsbewussten und wachsamen Eltern.

Essen Sie keine Kohlenhydrate in konzentrierter Form, besonders nichts, was aus Weißmehl hergestellt wird. Kein Brot, keine Nudeln, selbstverständlich keinen Kuchen und kein sonstiges Gebäck. Nichts, was aus Getreide gemacht ist, basta, auch nicht aus Vollwertgetreide. Essen Sie niemals Transfette. Diese und die verschiedenen Zuckerarten sind in beträchtlichen Mengen in allen vorverarbeiteten, industriell hergestellten Lebensmitteln enthalten, vor allem in Tiefkühlpizza. Finger weg davon. Es wird Ihnen aufgefallen sein, dass wir bei dieser Empfehlung noch gar keine Molkereierzeugnisse erwähnt haben. Aber nicht, weil sie irrelevant wären. Milch und alles, was daraus gemacht wird, ist in der Tat interessant – sowohl im Hinblick darauf, was wir daraus über die Evolution lernen, als auch im Hinblick darauf, welche Auswirkungen Milchprodukte auf unsere Gesundheit und unser Wohlbefinden haben.

Um es gleich vorweg zu sagen, Milch und Molkereiprodukte zählen zu den herausragendsten Ausnahmen von der Regel, dass sich das menschliche Genom in den vergangenen 50 000 Jahren kaum verändert hat – vermutlich handelt es sich sogar um *die* signifikanteste Ausnahme. Tatsache ist, dass etwa ein Drittel der Menschheit die Fähigkeit erworben hat, auch als Erwachsene Milchzucker, Laktose, zu verdauen. Bei allen Kindern dieser Welt produziert ihr Körper das Enzym Lactase (mit dessen Hilfe Laktose verdaut wird); der Grund liegt auf der Hand: Säugetier-Babys müssen die Muttermilch verdauen können, wenn sie überleben wollen. Aber in einer lange zurückliegenden Phase der Evolution verloren alle Menschen diese Fähigkeit wieder, sobald sie heranwuchsen. In der Urheimat des Menschen, in Afrika, am Äquator, ist das auch kein Problem, weil dort ausreichend lange und oft die Sonne scheint. Doch nachdem die Menschen in viel weiter nördlich gelegene Gefilde ausgewandert waren, wo die Sonne weniger scheint und die Tage im Winter viel kürzer sind, entstand ein Vitamin-D-Defizit – ein durchaus ernstzunehmendes Problem. (Und, wie wir gleich sehen werden, stellt es nach wie vor ein ernstes Problem dar.) Der menschliche Körper kann Vitamin D mit Hilfe der Sonne synthetisieren, aber auch aus Milch.

In der Evolution ergibt sich durch Zufall, manchmal aber auch aus einer Notwendigkeit heraus eine Neuerfindung. In Eurasien kam es zu einer Mutation, dank der auch Erwachsene Laktose verdauen können. Bis zum heutigen Tag ist diese Fähigkeit bei Menschen vorhanden, die ihre Wurzeln in Eurasien haben – eben jenes Drittel der Menschheit, das die Laktosetoleranz auch im Erwachsenenalter beibehält.

Interessanterweise gab es eine Parallelentwicklung in der kulturellen – nicht in der biologischen – Evolution, durch die das gleiche Problem gelöst wurde. Auch die Bevölkerung rund um das Mittelmeer und in den südeurasischen Steppen ist mehr oder weniger laktoseintolerant, doch bei all diesen Völkern ist der Verzehr von Milchprodukten wie Käse und Joghurt gang und gäbe und dies schon seit vorgeschichtlicher Zeit. Dafür greifen sie auf eine Kulturtechnik zurück, welche die Laktoseverdauung gewissermaßen outsourct, außerhalb des eigenen Körpers verlagert. Es handelt sich um die Fermentierung (Gärung). Bei diesem Vorgang werden Bakterien dazu verwendet, Laktose zu verdauen. Das bedeutet, dass auch Menschen mit Laktoseintoleranz sich von diesen Molkereiprodukten ernähren und Vitamin D bilden können. Sie verwenden also ein körperfremdes Mikrobiom, was eine sehr pfiffige Art von Outsourcing darstellt.

Warum Abwechslung in der Ernährung so wichtig ist

Aufmerksamen Lesern wird es nicht entgangen sein, dass wir uns mit unserem Ansatz zur richtigen Ernährung anscheinend selbst in eine Zwickmühle manövriert haben. Es ist das gleiche Dilemma wie bei Diät-Ratgebern, die einfach konstatieren, dass wir dick und krank werden, weil wir dies oder das essen. Unser Dilemma scheint darin zu bestehen, dass wir ganze Gattungen von Lebensmitteln komplett aus der menschlichen Ernährung verbannen wollen, und zwar die derzeit wichtigsten weltweit. Wir sprechen ja nicht von einer Mengenreduzierung, sondern wir empfehlen den totalen Verzicht – auf Zucker und Getreideprodukte (und Transfette). Die immer weiter zunehmende Konzentration auf Kohlenhydrat-Nahrung, die heute stärker und rasanter ist denn je, läuft konträr zur evolutionären Entwicklung der Menschen, wie wir es bereits am Anfang dargelegt haben: Unsere Spezies ist ein wahrhafter Allesfresser und Allesverdauer. Die Grundlage für den evolutionären Erfolg unserer Spezies ist die Fähigkeit des Menschen, sich an ein breites Spektrum unterschiedlicher Lebensbedingungen anpassen zu können – ganz verschiedene Umwelten, Klimata, Ernährungsgrundlagen. Genau dieser Fähigkeit verdanken wir es, dass wir in der Lage waren, den gesamten Planeten zu besiedeln, so wie es keiner anderen Spezies sonst gelungen ist. Wir verdanken der Evolution nicht nur, eine große Bandbreite ganz unterschiedlicher Nahrungsangebote nutzen zu können, sondern wir sind geradezu darauf geprägt, diese Nahrungsvielfalt zu verwenden; sie ist eine wesentliche Voraussetzung für unser Wohlbefinden. Wir brauchen Nahrungsvielfalt, um gesund zu sein. Erinnern wir uns an George Armelagos' zweite und bedeutendere Regel nach seiner Empfehlung von kohlenhydratarmer Kost: »Ich bin der Überzeugung, dass Ernährungsvielfalt der Schlüssel zu allem ist.« Dieser Aspekt wird auch in Büchern, die ein evolutionäres Verständnis von Ernährungsregeln propagieren, oft vernachlässigt. Unser dringender Rat, auf Zuckerkonsum zu verzichten, widerspricht Armelagos' Regel nicht. Wenn man den Zuckerkonsum einschränkt, reagiert der Körper besser auf Ernährungsvielfalt. Denken wir nur an die bereits erwähnten Vorgänge der Selbstregulierung, jenes komplexe Zusammenspiel von Regelungsmechanismen, dank derer der menschliche Körper so gut auf Veränderungen reagieren kann. Dieses Phänomen ist der beste Beweis für das, was wir herausarbeiten wollen. Dank dieser Regelungsmechanismen kann der Körper jede Veränderung abfangen und zum stabilen Grundzustand zurückkehren. Die Insulinreaktion auf Zucker im Blut ist das beste Beispiel für solch ein Selbstregulierungssystem. Insulinresistenz hingegen ist ein Warnsignal, das uns anzeigt, dass wir dieses System so sehr ausgereizt und überfordert haben, dass unsere inneren »Fühler« ihren Geist aufgegeben haben. Damit können sie uns nicht mehr unfehlbar durch die vielfältigen Nahrungsangebote steuern und damit unser Wohlbefinden sichern.

Das ist die negative Seite der Insulinreaktion, aber die positiven Aspekte sind bei Weitem faszinierender. Wie wir gesehen haben, macht es der enorme Energiebedarf unseres Gehirns erforderlich, dass wir hinsichtlich unserer Ernährung keineswegs leichtfertig sein dürfen. Der Bedarf an hochenergetischer Nahrung machte Fleischverzehr unausweichlich. Dies konnte nur durch die Jagd gewonnen werden, die wiederum ein hohes Maß an Intelligenz erforderte. Das gilt gleichermaßen für das Sammeln von Pflanzen, denn dafür braucht man umfangreiches Pflanzenwissen, zum Beispiel über die jahreszeitlichen Anzeichen von Wachstum und Reife; erfahrenen Sammlern liefert der Verwelkungsgrad von Pflanzenblättern den Hinweis auf eine in der Erde verborgene Wurzelknolle, die reif zur Ernte ist. Unser Unterscheidungsvermögen im Hinblick auf Farben, unsere Empathie für Tiere, unsere Fähigkeit zur Mustererkennung, ja letztlich sogar unsere Fähigkeit, uns verbal miteinander verständigen zu können, all dies hat seinen Ursprung in dem Grundbedürfnis, das Gehirn zu füttern. Gleichzeitig reagiert es darauf, indem es all dies zulässt; das wirkt wie ein positiver Verstärker, eine Art Aufwärtsspirale, durch die Weiterentwicklung überhaupt erst ermöglicht wird. Auf all das reagieren wir mit geradezu schwelgerischer Freude und genießen es unmittelbar, an einem sonnigen Nachmittag über einen farbenfrohen Bauernmarkt mit prallen Früchten zu spazieren.

Dieses ganze Spektrum von Verlangen verstärkt sich noch mit Blick auf das sogenannte Allesfresser-Dilemma; damit sind einander widersprechende Interessen bei der Ernährung gemeint. Weil wir Allesfresser und als Spezies auf dem gesamten Planeten vertreten sind, liegt es im menschlichen Interesse, so viele Nahrungsquellen wie nur möglich anzuzapfen und auszubeuten. Ein typisches Merkmal aller Allesfresser steckt auch den Menschen unweigerlich in den Knochen: Wir sind versessen auf Neues. Das muss so sein. Wir haben sozusagen einen angeborenen Drang zu Neuem. Etliche dieser Verlockungen, einiges von dem, was sich da draußen in der Wildnis so anbietet, erweist sich allerdings als giftig – sogar mehr als man sich vorstellt. Und mit giftig ist nicht einfach nur unbekömmlich oder schädlich gemeint, sondern tödlich giftig, sodass man auf der Stelle tot umfällt, wenn man davon gegessen hat. Deswegen ist es gleichermaßen menschliches Interesse, neophob zu sein, also Neuem abgeneigt, sich vor neuen, unbekannten Dingen zu fürchten. Daraus entsteht jener Konflikt in einem Kernbereich menschlicher Existenz, eben das Allesfresser-Dilemma.

Während unserer gesamten Evolutionsgeschichte haben wir dieses Dilemma durch Kochkunst gelöst: Kochkunst als Küchenwissen im ursprünglichen Sinn bedeutet nichts anderes als den Austausch von Wissen und Informationen darüber, was man essen kann und essen sollte und was nicht. In dieser Hinsicht sind wir stark von Älteren und Erfahreneren, Müttern, Vätern abhängig, die diese meist spezifischen Informationen jederzeit parat haben. Hierin zeigt sich übrigens ein Inbegriff von Kultur: Wie Menschen in dieser Weise aufeinander angewiesen sind, um zu überleben, ist ein Grundtypus gesellschaftlich-kulturellen Zusammenlebens. Daran ist nichts in sich Abgeschlossenes oder Perfektes. Wenn es so wäre, wenn alles perfekt wäre, dann würde eine beliebige Kultur, die sich seit Langem vollkommen an ihren Kulturraum angepasst hat, alle essbaren Pflanzen und Tiere heranziehen und alles Giftige ignorieren. Aber dem ist nicht so. Beispielsweise berichtet Armelagos in einem seiner Aufsätze, dass das Volk der Khoisan in der Kalahari sich aus einem Spektrum von 105 Pflanzenarten und 260 Tierarten ernährt, die in jener Wüstensavanne vorkommen. Das sind 365 verschiedene Arten. Biologen haben indes festgestellt, dass es in diesem Habitat mindestens 500 essbare Arten gibt.

Diese Differenz kann man als Maßstab dafür verstehen, wie sehr Menschen Acht geben, im Hinblick auf das Allesfresser-Dilemma auf Nummer sicher zu gehen. Gleichwohl geht der Trend bei den Menschen eindeutig hin zu möglichst großer Abwechslung.

Tyler Graham und Drew Ramsey sind von Haus aus keine Evolutionsbiologen, sondern der eine ist Wissenschaftsjournalist, der andere ist Arzt. Ihre These, die sie in dem Buch *The Happiness Diet* zusammengefasst haben, leitet sich jedoch nicht von den Ernährungspraktiken der Khoisan ab, sondern von denen moderner Menschen. Genau wie wir vertreten sie den Standpunkt, dass unser Glücksgefühl und unser gesundes geistiges Befinden zu einem Großteil auf unserer Ernährung beruhen, und damit ist etwas anderes gemeint als die Abwesenheit von Depression. Sehen wir uns beispielsweise den Wachstumsfaktor BDNF an (*Brain-derived neurotrophic factor*), ein Protein aus der Gruppe der Neurotrophine, also der Signalstoffe zwischen Nervenzellen. In seinem früheren Buch *Spark* nannte John dieses Protein einen »Dünger fürs Gehirn«. Jedenfalls ist das ein wichtiger Aspekt, der uns erklärt, warum einfache körperliche Übungen so grundlegende Auswirkungen auf unser Bewusstsein und Wohlbefinden ausüben können; darüber wird es im folgenden Kapitel noch mehr zu sagen geben, wo wir uns mit Bewegung beschäftigen. Die Ernährung hat aber eben auch Auswirkungen auf den BDNF. Wenn wir beispielsweise Nahrung mit

Folsäure, Vitamin B12 und Omega-3-Fetten zu uns nehmen, nimmt auch das BDNF im Gehirn zu – wie bei körperlichem Training auch.

Graham und Ramsey behandeln in ihrem Buch zwölf Spurenelemente und Vitamine: Vitamin B12, Iod, Magnesium, Cholesterin, Vitamin D, Kalzium, Folsäure, Vitamin A, Omega-3-Fettsäuren, Vitamin E und Eisen. Sie sind alle in natürlichen, frischen Lebensmitteln wie Früchten und Gemüsen reichlich vorhanden. Jede dieser Substanzen ist auf ihre Weise für die Gehirnfunktionen, die geistige Gesundheit und das Wohlbefinden essenziell. Wer allerdings überwiegend industriell vorverarbeitete Nahrung zu sich nimmt, hat nichts davon, weil diese Stoffe bei der Verarbeitung eliminiert werden. Was das Verständnis der Bioverfügbarkeit anbelangt, steht die Wissenschaft indessen erst am Anfang. Wenn uns eines dieser Vitamine oder Spurenelemente fehlt, lässt es sich gar nicht so ohne Weiteres durch entsprechende medikamentöse Gaben ersetzen. Die Fähigkeit des Körpers zur Aufnahme dieser Nährstoffe wird nämlich sehr stark vom gleichzeitigen Vorhandensein oder Fehlen anderer Nährstoffe beeinflusst. Wenn man beispielsweise Spinat mit etwas Zitronensaft zu sich nimmt, kann der Körper das im Spinat enthaltene Eisen viel leichter aufnehmen. Der Verzehr von Eiern zusammen mit Käse ermöglicht eine viel höhere Aufnahme von Vitamin D und Kalzium.

Daraus ergibt sich natürlich ein Gesamtbild unserer Ernährung, das viel zu komplex ist, um in spezifische, »einfache« Ernährungshinweise und Diät-Vorgaben umgegossen werden zu können. Und das ist es, worauf wir letztlich hinauswollen. Wir können uns gerade noch an das überlieferte Ernährungs-Kulturwissen, die elementare »Kochkunst« halten, welche sich über Jahrtausende angesammelt hat. Aber der einzelne Verbraucher ist völlig überfordert, wenn er auf alle Ernährungsdetails achten, Kalorien zählen, Verpackungsetiketten studieren und womöglich noch Tag für Tag eine lange Liste notwendiger Nährstoffe aufstellen und abarbeiten soll. Die Konsequenz, die sich für uns daraus ergibt, entspricht genau dem, worauf uns die Evolution ohnehin vorbereitet hat. Die komplexen und hochspeziellen Erfordernisse, die der Körper und vor allem das Gehirn an unsere Ernährung stellen, können wir nur durch möglichst abwechslungsreiche Kost befriedigen. Die Evolution hat uns quasi darauf getrimmt, die gesamte Bandbreite der Ernährungsmöglichkeiten in Anspruch zu nehmen.

Niemand versteht dieses grundlegende menschliche Bedürfnis nach abwechslungsreichem Essen übrigens besser als die Großkonzerne der Lebensmittelindustrie. Sie brauchen nur durch die Gänge jedes beliebigen Supermarktes zu schlendern oder in den Anzeigen für Fast-Food-Ketten, von Erfrischungsgetränke- oder Cerealienherstellern zu blättern. Die Fülle exotischer und fantasievoller Produktbezeichnungen, von Verpackungsgrößen und Verpackungsarten, Farben und sonstigem Schnickschnack wird Ihnen kaum entgehen. Das ist es, wonach wir Menschen verlangen. Dann lesen Sie die Etiketten und dort die vielen Inhaltsstoffe, die auf die Silben »-trose« und »-crose« enden, was nichts anderes meint als Zucker, Mais, Maisprodukte, Sojaverarbeitung, Transfette und Mehl. Diese Art von Ernährungsvielfalt und Abwechslungsreichtum ist der reine Hohn, eine vollkommene Illusion. Hinter den bunten Verpackungen und allerlei chemischen Zusätzen und Aromen verbirgt sich die immer gleiche großindustriell verarbeitete Rezeptur.

Daraus ergibt sich unsere Empfehlung, deren ersten Teil wir bereits ausgesprochen haben und den man negativ formulieren musste: Finger weg von Zucker, konzentrierten Kohlenhydraten in Getreideprodukten und Transfetten, sprich Industrie-Lebensmitteln. Im Kern bedeutet dieser Ratschlag, sich von der Einförmigkeit moderner Supermarkt-Ernährung fernzuhalten. Wir empfehlen keine besondere Diät, nicht einmal eine bewusste Reduzierung von Kalorien. Wir wollen nur den Weg weisen zu einem nachhaltigen Lebensstil und darauf, sich auf wirklich abwechslungsreiches Essen zu verlassen und sich daran zu erfreuen: an dieser explosiven Fülle von Farben und natürlichen Aromen und ganz verschiedenen Konsistenzen von Nahrungsmitteln, welche uns dank der unendlichen Vielfalt der Evolution zur Verfügung stehen und die wir mit allen Sinnen aufnehmen können. Nüsse, Wurzelgemüse, alle möglichen Arten von Grünzeug, Obst, Fisch, Wildfleisch, kühles klares Wasser. Sehen Sie sich überall um. Guten Appetit.

Zurück zu Mary Beth Stutzman

Wir haben uns mit Mary Beth Stutzman an einem friedlichen Sommerabend im Jahr 2013 in einem netten kleinen Restaurant am Huronsee, nahe der Grenze zu Kanada erneut zum Abendessen getroffen. Ihr geht es gut. Sie bestellte für sich Filet von frisch gefangenem Fisch. Doch die Filets wurden in dem Restaurant auf Toast serviert, was sie ablehnte. Sie weigert sich konsequent, Brot zu essen. Das ist die Grundregel, an die sie sich gehalten hat, und wodurch sie wieder gesund geworden ist. Dies war der Schlüssel, nach dem sie jahrelang gesucht hatte; all jene Jahre, in denen sie von einem Spezialisten zum anderen ging und vor lauter Schmerzen oft genug in der Notaufnahme landete. Die Lösung ihres Problems ergab sich nicht aufgrund des Rates eines Arztes, sondern durch einen Zufall. In einer Zeit, als sie sich schon mit einem Bein im Grab stehen sah, bekam sie Besuch von einem Freund, der ein paar Muffins mitbrachte, um sie aufzumuntern. Ironischerweise war jener Freund schlau genug, die Muffins gar nicht anzurühren, aber er dachte, er macht Beth damit eine Freude. Außerdem hatte er ein Buch über Paläo-Diät mitgebracht, die er für sich selbst entdeckt hatte; da er sich daran hielt, verzichtete er gerne auf Muffins. Beth las dieses Buch, insbesondere das Kapitel, in dem das Syndrom der durchlässigen Darmwand behandelt wird – ein Problem, das ihr nur allzu vertraut vorkam. Ursache für dieses Syndrom ist der Konsum von hochkonzentrierten, reinen Kohlenhydraten und Zucker. In all den

Jahren, in denen sie den Ärzten lange Listen mit ihren Symptomen vorhielt, fragte sie niemand nach ihren Essgewohnheiten. Sie hielt sich an die Diätvorschläge in dem Buch, woraufhin sich ihr Gesundheitszustand fast umgehend und deutlich sichtbar besserte. Und weiter verbesserte und weiter verbesserte. Durch das richtige Essen wurde sie geheilt. So einfach ist das.

Jetzt sprüht sie vor Leben und Energie, sie ist aktive Fitness-Sportlerin und versucht, alle Leute in ihrem Umfeld ebenfalls davon zu begeistern. Sie kümmert sich um ihre Familie und ist glücklich.

»Mir fehlen einfach die Worte, um zu beschreiben, wie großartig ich mich fühle. Ich fühle mich wie neugeboren. Man spürt, wie großartig es ist, wirklich am Leben zu sein. Das ist so umwerfend«, erzählte sie uns.

Dabei ist sie weder eine Ernährungsfanatikerin noch ein Diätapostel. Sie kann den Ausdruck »Paläo« gar nicht hören. Wenn man bei ihr nachhakt, gibt sie allenfalls zu, dass ihre Ernährungsweise jetzt »in diese Richtung tendiert«. Gelegentlich erlaubt sie sich sogar ein bisschen Vollwertkost und hin und wieder etwas Eiscreme, die unausweichlich Zucker enthält. Auch etwas Laktose macht ihr nichts aus. Ein bisschen Mut zum Variieren und Experimentieren in der alltäglichen Ernährung gehört eben dazu. Es liegt uns viel daran, Ihnen mehr noch diese Lektion, die auch Beth gelernt hat, mitzugeben, und gar nicht so sehr auf ihre Diät zu schauen, mit der sie ihre Gesundheit wiederhergestellt hat. Gleichwohl kann man hier schon ein paar Hauptpunkte nennen: Zunächst begann der Weg zu Beths Gesundung mit einer konsequenten Diät, nachdem sie verstanden und akzeptiert hatte, dass die in den zivilisierten Ländern weitverbreiteten Getreideprodukte und der Zucker sie krank gemacht und – schon als junge Frau – an den Rand des Todes gebracht hatten. Alles, was sie tun musste, war eine vernünftige Ernährungsumstellung – gar nichts Extremes, sondern sie musste sich lediglich an das halten, was Menschen entsprechend ihrer evolutionären Entwicklung am bekömmlichsten ist. Zum Zweiten hat sie sich mit dieser Erkenntnis ihren eigenen Plan zurechtgelegt, um nicht wieder rückfällig zu werden. Das Wichtigste war, dass ihr Weg zur Besserung noch weit über den reinen Ernährungsplan hinaus geführt hat, nachdem sie erst mal angefangen hatte, den erfolgreich umzusetzen. Andere Faktoren wie Fitness-Sport, Familie und Gemeinschaftsaktivitäten kamen hinzu. Wir werden später sehen, wie es anderen Menschen ähnlich erging. Nicht jede dieser Entwicklungen zum Besseren beginnt mit Diät oder gesunder Ernährung, auch wenn man sich nur schwer vorstellen kann, wie sich der Gesundheitszustand eines Menschen bei falscher Nahrung bessern soll. Wir glauben, dass auf die eine oder andere Weise jeder Weg zur Besserung mit einer Rückbesinnung auf die Evolution beginnt.

Aber Vorsicht: Auch die Evolution kann eine zweischneidige Sache sein

Eine verkürzte, jedoch weit verbreitete Ansicht sieht die Evolution als eine ständig weiterführende Einbahnstraße, wobei alles immer nur größer, besser, raffinierter und komplexer wird. Das kann so sein, weil sich größere Komplexität erst im Laufe längerer Zeit entwickeln kann; also erscheint Komplexität immer zeitlich später. Das gilt aber auch für Reduktion und Vereinfachung. Der Koala-Bär, dieser Inbegriff des Niedlichen, ist dafür unser liebstes und bestes Beispiel. Koala-Bären sind für Biologen interessant, weil sie nur von einer einzigen Nahrung leben, nämlich Eukalyptusblättern. Daher leben sie auf diesen in Australien weit verbreiteten Bäumen. Am Ende ist es sogar so, dass sie von diesen Bäumen nie herunterklettern; sie sitzen einfach dort und schauen zu, wie ein Tag nach dem anderen vorbeigeht.

Das war keineswegs immer so. Im Laufe ihrer Entwicklung ernährten sich die Koalas auch von anderen Pflanzen. Die Ursache dafür befindet sich in ihrem Kopf. Ihr Gehirn füllt nämlich nicht die gesamte Schädelhöhle aus. Evolutionär ging das Schrumpfen des Koala-Hirns mit der einseitigen Diät Hand in Hand, und die Koala-Evolution hat die Schädelhöhle noch nicht an das geschrumpfte Gehirn angepasst. Daher wackelt es in seinem überdimensionierten Behälter ein wenig herum. Sie leben also nur von einem einzigen Nahrungsmittel, und sie sind sehr sesshaft. Wenn Koala-Bären auf die Idee kämen, wieder ein größeres Gehirn haben zu wollen, dann müssten sie sich mehr bewegen. Bewegung ist der große Topos, dem wir uns als Nächstes zuwenden.

Kapitel 4

DER KÖRPER IN BEWEGUNG

Gehirnaufbau durch Bewegung

Beim Thema Bewegung und Beweglichkeit herrscht große Konfusion. Daher kann man niemandem einen Vorwurf machen, wenn die Leute irritiert sind, am wenigsten denjenigen, die die einschlägigen Gesundheitstipps in der Presse verfolgen. Fast täglich kann man in den Zeitungen und Zeitschriften widersprüchliche Überschriften über Artikeln lesen, welche die angeblich neuesten Erkenntnisse wiedergeben, oder forsche Verlautbarungen wie jene, die kürzlich auf der Gesundheitsseite der *New York Times* erschien: »Wenn es auf der Welt gerecht zuginge, dann sollten wir dank regelmäßiger körperlicher Betätigung schlank und fit sein. Doch in der letzten Zeit haben mehrere Studien ergeben, dass viele Menschen nur wenig oder gar kein Gewicht verlieren, wenn sie anfangen, Sport zu treiben. Manche nehmen sogar zu.«

Was uns angeht, so pfeifen wir drauf, ob solche Studien, von denen hier die Rede ist, der Weisheit letzter Schluss darstellen oder nicht. (Vermutlich eher nicht.) Viel wichtiger sind die größeren Zusammenhänge. Beim Thema körperliche Betätigung geht es überhaupt nicht um Gewichtsreduzierung, sondern um unser Wohlbefinden.

Wenn sich der britische Wissenschaftler David Wolpert dazu äußert, stellt er als Erstes eine unerwartete, verblüffende Eingangsfrage: Wozu haben wir überhaupt ein Gehirn? Die übliche Antwort auf diese Frage lautet: zum Denken.

»Falsch gedacht«, sagt er. »Unser Gehirn ist so, wie es ist, nur aus einem einzigen Grund: Damit wir in der Lage sind, vielseitige und komplexe Bewegungen auszuführen.« Wolpert behauptet sogar, das Gehirn sei buchstäblich auf Bewegung aufgebaut und mit den Bewegungen des Körpers untrennbar verbunden. Die Bewegung des Körpers baut unser Hirn auf, weil Bewegung ohne Gehirn nicht möglich wäre.

Einen Großteil seines Forscherlebens hat Wolpert jener Fragestellung gewidmet, die auch im Zusammenhang mit dem, was Intelligenz eigentlich ausmacht, immer wieder gestellt wird: dass Computer sehr vieles nicht können, was wir können. Obwohl mittlerweile schon Generationen von Elektronikspezialisten daran arbeiten, sind auch die leistungsfähigsten Computer nicht in der Lage, auch nur annähernd so etwas wie künstliche Intelligenz hervorzubringen. Man kann Computern nicht beibringen, ein Musikinstrument zu spielen, ein ausgewogenes Urteil zu fällen oder ein Buch zu schreiben. Das ist unbestritten, doch Wolpert weist darauf hin, dass in diesem Zusammenhang ein Punkt leicht übersehen wird: »Inzwischen können Computer zwar Großmeister im Schach schlagen, aber bis jetzt ist kein computergesteuerter Roboter in der Lage, eine Schachfigur mit der gleichen Geschicklichkeit zu verschieben wie ein sechsjähriges Kind.«

Selbst einfachste Bewegungen wie ein Fingerschnippen oder das Ergreifen eines Schreibstifts mit der Hand sind so wahnsinnig komplex und benötigen so viel Koordination, dass es die Rechenkapazitäten der gängigen Computer bei Weitem übersteigt. Für solche Dinge benötigt man eben ein Hirn. Eines unserer Lieblingszitate in diesem Zusammenhang stammt von dem Neurowissenschaftler Rodolfo Llinás: »Was wir als das Denken bezeichnen, ist nichts anderes als die Internalisierung von Bewegung im Lauf der Evolution.«

Ein schlagender Beweis für diese These sind Seescheiden. Das sind sehr urtümliche Meerestiere, die nur über ein sehr rudimentäres Nervensystem verfügen. Zu Beginn ihres Lebens verbringen Seescheiden einige Zeit damit, sich im Wasser fortzubewegen und sich zu orientieren, bis sie eine Stelle in einer möglichst nährstoffreichen Umgebung gefunden haben, an der sie sich für den Rest ihres Lebens als Nahrungsstrudler verankern. Sobald sie diesen Platz gefunden haben, verspeisen und verdauen sie als Erstes ihr Gehirn. Es wird nicht mehr benötigt, weil sie sich nicht mehr von der Stelle bewegen werden.

Diese Verknüpfung zwischen Gehirn und Bewegung besteht also von den primitiven Seescheiden entlang der gesamten evolutionären Kette bis zum Menschen. Der Zusammenhang scheint klar zu sein: Je mehr sich eine bestimmte Tierart bewegt, desto größer ist das Gehirn – dieses Verhältnis tritt bei Säugetieren besonders deutlich zutage. Auch wenn wir es üblicherweise nicht auf diese Weise zu sehen gewöhnt sind, sind wir großen Affen selbst der schlagende Beweis: Denn wir haben a) das größte Gehirn aller Säugetiere, und wir sind b) die Weltmeister der Bewegung. Meinen Sie, das wäre ein Zufall? Eines der Dinge, das die Menschen am meisten und seit uralter Zeit fasziniert, ist Bewegung. Auch wenn wir mittlerweile sesshaft geworden sind, geben wir immer noch sehr viel Geld dafür aus, zuzusehen, wie sich Menschen bewegen, und wir betreiben dafür auch einen enormen zivilisatorisch-kulturellen Aufwand. Bei Sportveranstaltungen ist das offensichtlich, aber man denke auch an Kunstformen wie Ballett. Welche andere Spezies wäre in der Lage, eine derartige Variationsbreite reiner und unter Umständen perfekt kontrollierter Bewegung hervorzubringen? Dass wir Ballett und Tanz so faszinierend finden, ist bestimmt kein Zufall, genauso wie wir auch den nackten Körper desjenigen Geschlechts attraktiv finden, zu dem wir uns hingezogen fühlen. Durch diese Attraktivität bringt die Evolution zum Ausdruck, auf das zu achten, was wirklich zählt. Ein Ergebnis der Evolution ist, dass wir anmutige Bewegung schön finden.

Der Aufbau des Gehirns

In den 1990er Jahren gelangen in den Neurowissenschaften eine ganze Reihe bahnbrechender Erkenntnisse, die ein neues Licht auf Bereiche wie Neuroplastizität und Neurogenese warfen. Der erste Begriff deutet an, dass das Hirn plastisch ist, also formbar und veränderbar. Es handelt sich keineswegs um ein starres, in Kästchen eingeteiltes Organ, wie man früher dachte. Es ist also keineswegs so, dass bestimmte Zellen oder Zellhaufen in bestimmten Regionen oder über definierte Nervenverbindungen für bestimmte Funktionen und Aufgaben »zuständig« sind und andere dann für andere Funktionen. Sind eine Reihe von Zellen beispielsweise durch einen Schlaganfall geschädigt, dann können einige Funktionen oder Aufgaben nicht mehr durchgeführt werden. Oder, vielleicht noch etwas anschaulicher, wenn man durch das Spiel des genetischen Schicksals nicht besonders gut für Sprachen begabt ist, dann wird man zeit seines Lebens mit Fremdsprachen Probleme haben. Andererseits ist das Gehirn durchaus in der Lage, sich zu regenerieren und neu zu vernetzen oder Teile umzunutzen. Es kann sich anpassen. Es kann wachsen. Das alles ist mit Neuroplastizität gemeint.

Bei Neurogenese geht es um etwas Ähnliches, aber das ist noch umwerfender. Sozusagen auf Anforderung bilden sich im Hirn neue Zellen und Nervenbahnen, ganz ähnlich, wie Muskeln bei stärkerer Beanspruchung wachsen. Neueste Tendenzen in der Neurowissenschaft behaupten sogar, das Gehirn sei so etwas wie ein Muskel. Das ist nicht nur als anschaulicher Vergleich, als Analogie gemeint. In dem Maße, wie die Wissenschaftler begannen, diese Zusammenhänge zu verstehen, fingen sie auch an, einzelne Mechanismen zu beobachten, jene Kaskaden von Signalen und biochemischen Reaktionen, die diese Reize auslösen. Was Evolutionsbiologen sozusagen im Dämmerlicht schon erkannt hatten, wurde durch diese Forschungen mit einem Mal hell erleuchtet: dass die Entwicklung von großen Gehirnen und die Bewältigung komplizierter Bewegungsabläufe gewissermaßen Hand in Hand gehen. Evolutionär sind die Vorgänge so entwickelt, dass sich der Körper in der Tat bei den Signalen für Hirnwachstum der gleichen Prinzipien bedient wie bei den Signalen für Muskelwachstum. Über sehr lange Zeiträume entwickelte die Evolution eine Biochemie, die Muskeln, Bewegung und das Gehirn zu größeren Leistungen befähigt.

Bisher haben wir in unserem Buch schon öfter auf die Selbstregulierungsmechanismen des Körpers hingewiesen: Wie durch Wächter werden im Körper Alarmmechanismen und Botenstoffe ausgelöst, wenn schockhafte oder umweltbedingte Veränderungen auftreten, um das Gesamtsystem wieder in den Normalzustand zurückzuführen. Wir werden immer wieder darauf zurückkommen. Doch jetzt ist es erst einmal an der Zeit, ein anderes Phänomen zu erläutern, das damit eng in Zusammenhang steht, die Hormesis. Sogenannte hormetische Effekte sind biochemische Reaktionen auf Stressfaktoren, die auf den Organismus einwirken, wie etwa Giftstoffe; sie aktivieren das Immunsystem, sodass der Körper mit dem Fremdstoff besser umgehen kann. Im Sport spielt Hormesis eine große Rolle. Anders als bei der Selbstregulierung, der Homöostase, kehrt der Körper bei der Hormesis nicht zu dem vorherigen Gleichgewichtszustand zurück, sondern der Organismus pendelt sich auf einem höheren Niveau wieder ein. Wenn ein Bodybuilder schwere Gewichte stemmt, dann setzt er bestimmte Muskeln und Muskelgruppen starkem Stress aus; durch das Übergewicht werden sie beschädigt. Der Körper reagiert darauf mit einer Immunreaktion und einer Entzündung. Wir weisen ausdrücklich darauf hin, dass wir an dieser Stelle zwei beunruhigende Wörter in die Erörterung haben einfließen lassen, jedenfalls wirken sie im Allgemeinverständnis zunächst immer beunruhigend: Entzündung und Stress. Tatsache ist jedoch, dass der Körper sich beider Faktoren bedient, um sich zu regenerieren; wir werden später diese Vorgänge genauer betrachten.

Im Moment genügt es festzuhalten – und das ist wichtig –, dass der Körper bei dieser Art von »Reparatur« nicht einfach nur den vorherigen Zustand wiederherstellt, sondern alles stärker und besser macht. Es handelt sich also um eine Anpassung. Die Bodybuildermuskeln werden durch schwerere Gewichte herausgefordert, also sorgt der Körper durch die Verstärkung seiner Infrastruktur dafür, dass sie diese Herausforderung im wahrsten Sinne des Wortes stemmen können. Die Muskeln wachsen und machen den Körper dadurch widerstandsfähiger. Fällt diese Herausforderung weg, wird mit weniger Gewicht oder gar nicht trainiert, reagiert der Körper mit der umgekehrten Entwicklung und baut Muskeln ab. Mit anderen Worten: Wer rastet, der rostet.

Und jetzt kommt jener bereits erwähnte Wachstumsfaktor BDNF ins Spiel (*Brain-derived neurotrophic factor*), dieser »Dünger fürs Gehirn«. Jede Art von Bewegung stellt eine Herausforderung fürs Gehirn dar, genauso wie für die Muskeln. Das Gehirn veranlasst daher die Ausschüttung von BDNF, welches das Zellwachstum anregt, damit die von der Bewegung verursachte geistige Herausforderung gemeistert werden kann. Indessen strömt BDNF durch das gesamte Gehirn, nicht nur durch die Bereiche, die gerade mit Bewegung befasst sind. Ausgelöst durch die Bewegung wird also gleich das ganze Gehirn »gedüngt«. So wird ein Milieu geschaffen, das die Hirnzellen benötigen, um wachsen und gedeihen zu können.

Was die reine Chemie dieser Vorgänge anbelangt, wäre in diesem Zusammenhang noch mehr zu sagen – sehr viel mehr. Beispielsweise werden durch körperliches Training auch die wichtigen Neurotransmitter ausgeschüttet. Diese Vorgänge sind im Zusammenhang mit (Drogen)Abhängigkeit und Depression schon seit langer Zeit Gegenstand der Forschung und mittlerweile gut bekannt. Es geht dabei um auch den Laien wenigstens dem Namen nach bekannte Substanzen wie Serotonin, Dopamin und Noradrenalin. Das alles passiert gleichzeitig. Es hängt alles mit allem zusammen. Aber schlussendlich sind Körperzellen eben Körperzellen. Das Gehirn ist ein Netzwerk hochspezialisierter Zellen wie jedes andere Organ auch, und es hat einen hohen Energieverschleiß. Sein Zustand hängt vom Gesundheitszustand des gesamten Körpers ab. Das folgt ganz logisch aus der engen Verknüpfung zwischen Gehirn und Bewegung: Wenn der Körper eine bestimmte Bewegung durchführen soll, die körperlich anstrengend oder besonders kompliziert ist, dann wird auch eine komplexere Verschaltung im Gehirn benötigt, um die Aufgabe meistern zu können. Im Sinne der Anpassung würde es keinen Sinn ergeben, das eine ohne das andere regelrecht aufzubauen; daher benötigen wir die biochemischen Voraussetzungen für beides.

Wir sprechen hier nicht von Mutmaßungen oder theoretischen Annahmen. Unsere Zivilisation ist zwar schon seit Langem von der Sesshaftigkeit geprägt, aber deswegen lümmeln noch lange nicht alle immer nur mit Videospielen und vor Computerbildschirmen auf der Couch herum. Forscher waren längst und sind nach wie vor eifrig damit beschäftigt, Berge von Beweismaterial anzuhäufen, das nur einen Schluss zulässt: Der schnellste und sicherste Weg zu nachhaltiger Gesundheit und Wohlbefinden für Körper und Geist ist regelmäßige Bewegung, am besten in Form von anstrengendem aerobischem Training.

Fangen wir mit einer Übersicht der Fachliteratur an, die bereits vor zehn Jahren erschienen ist, deren Schlussfolgerungen heute aber noch mehr Zustimmung und Unterstützung finden. Im *Journal of Applied Physiology* haben mehrere Forscher, unter anderem Frank W. Booth, ausführlich dargelegt, dass Bewegungsarmut bei mindestens zwanzig der »verbreitetsten chronischen Krankheiten« stets im Spiel ist. Selbstverständlich trifft das auf Fettleibigkeit zu, aber das gilt genauso für andere Zivilisationsleiden wie Herzinsuffizienz, Herzgefäßerkrankungen, Angina und Herzinfarkt, Bluthochdruck, Schlaganfall, Typ-2-Diabetes, Fettstoffwechselstörung, Gallensteine, Brustkrebs, Dickdarmkrebs, Prostatakrebs, Bauchspeicheldrüsenkrebs, Asthma, chronisch obstruktive Lungenerkrankung, Immunschwäche, Arthrose, rheumatische Arthritis, Osteoporose sowie eine Reihe neurologischer Störungen, die in sich wieder einen eigenen Unterbereich bilden, der für uns von besonderem Interesse ist und dem wir uns sogleich widmen werden.

Bei den meisten dieser Krankheitsbilder besteht ein direkter Zusammenhang mit Bewegungsarmut, aber nicht bei allen. Beispielsweise stellt Booth ausdrücklich fest, dass es bisher keinen Beweis dafür gibt, dass die chronisch obstruktive Lungenerkrankung tatsächlich durch Bewegungsarmut *verursacht* wird. Das bedeutet, sie kann durch körperliche Betätigung zwar nicht verhindert, aber immerhin geheilt werden – ein wichtiger Unterschied. Diese Erkenntnis müsste eigentlich wie eine dröhnende Glocke über der gesamten öffentlichen Gesundheitsdebatte läuten. Einerseits kann man davon ausgehen, dass die Behandlung all der vorhin aufgezählten Krankheiten für den Löwenanteil der mittlerweile erdrückenden Kosten im Gesundheitswesen verantwortlich ist. Andererseits taucht nirgendwo in dieser breit geführten Debatte um Kostenreduzierungen ein Hinweis auf, in welch erheblichem Ausmaß diese Kosten von unserer sehr sesshaft gewordenen Zivilisation mit ihren überwiegend sitzenden Tätigkeiten und ihrer Bequemlichkeit verursacht wird.

In Booths Veröffentlichungen findet sich auch ein unscheinbarer Satz, der deutlich macht, wie dringlich diese Probleme sind. Es geht bei alledem nicht nur um Krankheiten und körperliche Beeinträchtigungen. Er schreibt: »Eine überwiegend sitzende Lebensweise geht Hand in Hand mit der Verminderung kognitiver Fähigkeiten.« Im Klartext bedeutet das, dass wir aufgrund unserer Bequemlichkeit verdummen. Gerade diese bereits ein Jahrzehnt alte Schlussfolgerung von Booth kann mittlerweile dank reichhaltiger einschlägiger Forschung noch besser untermauert werden. Sowohl die Epidemiologie wie die Neurowissenschaften haben die dafür verantwortlichen biochemischen Vorgänge untersucht und beschrieben.

Eine abschließende Aussage zu diesem Punkt stammt von einer Forschungsgruppe um J. Eric Ahlskog vom *Department of Neuro-*

logy an der Mayo-Klinik in Rochester, Minnesota. Aufgrund von wenig überzeugenden Ergebnissen und Aussagen seitens des amerikanischen *National Institutes of Health* starteten Ahlskog und seine Mitstreiter eine umfassende Bestandsaufnahme sämtlicher erreichbarer Forschungsarbeiten, die sich mit dem Zusammenhang zwischen kognitiven Fähigkeiten und körperlicher beziehungsweise sportlicher Betätigung befasst hatten. Die Recherche ergab 1603 wissenschaftliche Publikationen; allein diese eindrucksvolle Zahl zeigt, wie gründlich auf diesem Feld bereits geforscht wurde. Ahlskogs Mitarbeiter haben jede dieser Publikationen gelesen und im Jahr 2011 ihre Zusammenfassung und Schlussfolgerung vorgelegt.

Bei dieser Forschungsgruppe lag das Hauptaugenmerk auf Demenz, vor allem in ihrer gravierendsten Ausprägung als Alzheimer, sowie in weiteren Ausprägungen wie Vergesslichkeit und mangelnde Geistesgegenwart, die wir für typische Alterserscheinungen halten. Die Ergebnisse der Untersuchungen sind überwältigend und gehen alle Menschen etwas an, nicht nur die älteren unter uns. Die weit überwiegende Mehrzahl der 1603 Studien hat erwiesen, dass regelmäßige, anstrengende körperliche Betätigungen messbare Verbesserungen für Menschen mit Gedächtnisproblemen auf der ganzen Bandbreite von geringfügiger Vergesslichkeit bis zum Vollbild Alzheimer bringen. Bei Menschen im mittleren Alter, die regelmäßig Sport treiben, stellte sich durch die Studien eine deutliche vorbeugende Wirkung heraus; sie waren weniger anfällig für Gedächtnisverschlechterungen im Alter. Bewegung in Form von regelmäßigem Training und Sport verbessert also den Zustand und wirkt vorbeugend. Kognitive Beeinträchtigungen sind damit weniger eine Folge des Alters als vielmehr Folge eines trägen Lebensstils.

Demenz hat mittlerweile enorme Auswirkungen in unseren Gesellschaften, und die Lage verschlimmert sich rapide. Laut einer Studie der Rand Corporation aus dem Jahr 2013 leiden 15 Prozent aller Amerikaner unter 71 Jahren an Demenz – das sind in den USA 3,8 Millionen Menschen. Wenn diese Rate anhält und die Babyboomer-Generation in dieses Alter kommt, wird sich die Zahl bis 2040 auf 9,1 Millionen Menschen verdreifachen. Außerdem leiden weitere 5,4 Millionen der unter 71-Jährigen unter geringfügigeren geistigen Beeinträchtigungen, also nicht unter Vollbild-Demenz. Im Moment belaufen sich die gesamten Kosten für die Behandlung von Demenz allein in den Vereinigten Staaten auf 109 Milliarden Dollar, das ist mehr, als wir für die Behandlung von Herzkrankheiten oder Krebs ausgeben.

Man könnte meinen, die Gründe für den Verfall der geistigen Kräfte im Alter lägen auf der Hand. Lange Zeit hat man vermutet, dass viele der neurologischen Probleme in direktem Zusammenhang mit dem schwächer werdenden Herzkreislaufsystem stünden, weil durch die schwächere Blutzirkulation einfach nicht mehr genug Sauerstoff ins Gehirn gelange. In der Mayo-Klinik ist die Forschergruppe um J. Eric Ahlskog auch diesem Verdacht nachgegangen und hat tatsächlich den von ihr sogenannten vasculären Effekt bestätigt gefunden. Doch interessanterweise fiel dieser Aspekt nicht so sehr ins Gewicht. Der wichtigste Nutzen von Sport und Training, so schrieben sie, besteht in der verbesserten Neuroplastizität und Neurogenese. Sie führten dies insbesondere auf die neurothropischen Kernfaktoren körperlicher Betätigung zurück, den »Dünger«-Effekt des Wachstumsfaktors BDNF, über den wir bereits gesprochen haben, sowie auf eine Gruppe ähnlicher biochemischer Substanzen, darunter vor allem der insulinähnliche Wachstumsfaktor IGF-1.

Die Forscher konnten nach Auswertung all dieser Studien sogar noch weitergehende Aussagen machen: Sofern Gehirnwachstum in die Untersuchungen miteinbezogen wurde – jawohl: tatsächliches, körperliches, messbares Gehirnwachstum –, kann man eine solche Zunahme von Gehirn aufgrund regelmäßigen Sports eindeutig feststellen; man konnte außerdem nachweisen, dass Sport treibende

Senioren über »ein deutlich vergrößertes Hippocampus-Volumen« verfügen. Da der Hippocampus bei Gedächtnisleistungen eine zentrale Rolle spielt, ist folglich auch ihr Erinnerungsvermögen besser. Darüber hinaus erkannten sie, dass sportliches Training auch ganz allgemein dem Verlust grauer Gehirnmasse vorbeugt (eine typische Alterserscheinung); die Hirnfunktionen, wie sie in der bildgebenden Kernspintomografie gemessen werden können, zeigen sich ebenfalls überall im Gehirn durch stabilere Verbindungen.

Aber der Begriff »altern« bezieht sich nicht nur auf alte Leute. Alle Menschen altern schon von Jugend an, und so wie die Schwerkraft immerfort an uns zerrt, setzt auch der Abbau unseres Gehirns bereits früh ein und dauert das ganze Leben hindurch an. Diese Untersuchungen gehen daher Menschen jeden Alters an. Es mag durchaus sein, dass wir erst mit 71 Jahren bemerken, dass unser Gedächtnis nachlässt, aber dieser Prozess hat bereits sehr viel früher begonnen. Wir haben also allen Grund, uns näher damit zu befassen, was am Anfang unserer Lebensbahn passiert.

Erziehung ist in erster Linie Körperertüchtigung

In jüngerer Zeit erscheinen mehrere zuverlässige Untersuchungen über die Wirkungen von Sport und Training auf die Gehirne von Jugendlichen und Kindern. Das beste Beispiel hierfür ist möglicherweise gar kein Forschungsaufsatz, sondern ein Langzeit-Experiment, um das es in John Rateys Buch *Spark* hauptsächlich ging. Falls Sie die Details dazu noch nicht kennen oder mit den übrigen Ergebnissen, die in *Spark* präsentiert werden, noch nicht vertraut sind, lohnt sich die Lektüre auf jeden Fall, um nachvollziehen zu können, wie sich dieses Thema entfaltet. Aber wir können dieses Experiment, das im Schuldistrikt von Naperville durchgeführt wurde, auch so berücksichtigen. Durch das Experiment ließ sich eindeutig nachweisen, wie sich das Hirn am Beginn des Lebens durch gezieltes Training bildet und fortbildet. Der Schuldistrikt von Naperville wurde in Amerika bei der Integration von umfassenden Aerobic-Workout-Programmen in den ganz normalen Stundenplan führend. Diese Programme haben sich durch erstaunliche Optimierungen der schulischen Leistungen mehr als bezahlt gemacht. Die Verbesserungen haben ein Niveau erreicht, das Maßstäbe setzen müsste für eine derartige Reform des Erziehungswesens, wie sie ganz Amerika dringend nötig hätte. Aber anscheinend bleibt das eine Utopie.

Seit dem Naperville-Experiment hat sich die Forschungslage auch im Hinblick auf die mentalen Auswirkungen von Sporttraining deutlich verbessert. Unseres Wissens hat jedoch bis jetzt niemand eine mit der Mayo-Klinik-Studie vergleichbare Metaanalyse aller Forschungsarbeiten über den Zusammenhang zwischen sportlichem Training und der Entwicklung junger Menschen zusammengestellt. Dennoch gibt es einige umfangreiche und überzeugende Erhebungen, um Aussagen mit der gewünschten Eindeutigkeit machen zu können. Sehr gerne verweisen wir auf eine Datensammlung aus Kalifornien. Dort haben die Behörden bei 800 000 Schülern der fünften, siebten und neunten Klasse anhand von sechs Vorgaben für sportliche Leistungen den Grad ihrer körperlichen Fitness erfasst und mit deren Abschneiden bei standardisierten Tests in Mathematik und Sprachen verglichen. Das Ergebnis zeigte einen eindeutigen Zusammenhang. Die Schüler, die die meisten sportlichen Vorgaben erreichten, schnitten auch bei den Tests am besten ab.

In Schweden wurden über einen sehr langen Zeitraum von über 1,2 Millionen jungen Männern, die zwischen 1950 und 1976 ihren Militärdienst absolvierten, umfangreiche Daten erhoben. Dabei maß man den Zustand des Herz-Kreislauf-Systems und die Muskelkraft und verglich sie mit dem IQ und den kognitiven Fähigkeiten, und zwar sowohl bei den Fünfzehnjährigen als auch noch einmal im Alter von neunzehn. Waren die Werte für das Herz-Kreislauf-System in Ordnung, zeigte sich auch hier ein positiver

Zusammenhang mit den geistigen Leistungen. Diese Erhebung wurde bis ins Erwachsenenleben fortgeführt, und wieder zeigte sich der eindeutige Zusammenhang zwischen körperlicher Fitness, höherem Bildungsniveau, größerer allgemeiner Zufriedenheit und sozialer und wirtschaftlicher Besserstellung.

Aus dem umfangreichen Material aus Schweden kann man noch eine weitere interessante Schlussfolgerung ableiten. Unter der gewaltigen Menge der Probanden befanden sich 270 000 Brüder und 1300 eineiige Zwillinge. Es zeigte sich, dass eher der gemessene Gesundheitszustand als der enge Verwandtschaftsgrad eine gute Vorhersage bezüglich geistiger Fähigkeiten und IQ ermöglichten. Entgegen der landläufigen Annahme, der Intelligenzquotient sei hauptsächlich genetisch bedingt, zeigt sich hier, dass die geistigen Fähigkeiten eher von körperlicher Fitness und weniger von Erbanlagen bestimmt sind.

All das steht in Übereinklang mit einer Theorie, die John schon in den 1970er Jahren aufstellte, als ihm zum ersten Mal aufgefallen war, dass Marathonläufer in eine Depression verfallen, wenn sie mit dem Laufen aufhören. Das Ende ihres Lauftrainings wirkte wie der Abbruch einer Einnahme von Medikamenten. Dieses Phänomen verbindet sich mit der Vorstellung von geistiger Gesundheit.

Seit John in seinem Buch *Spark* über diese Beobachtungen und Erkenntnisse ausführlich berichtet hat, kann man eine zunehmende Tendenz beobachten, mentale Probleme auch mit sportlichem Training zu behandeln. In der Fachpresse erscheint ein Aufsatz nach dem anderen, in denen von positiven Ergebnissen berichtet wird, wenn es um die Behandlung von Angstzuständen, Drogenabhängigkeit, Aufmerksamkeitsdefizitsyndrom ADS, Zwangsstörungen, Schizophrenie, neuerdings auch manisch-depressiven Erkrankungen geht. Aber nirgendwo ist in dieser Hinsicht mehr passiert als im Zusammenhang mit Depressionen. Im Jahr 2010 brachte die *American Psychiatric Association* (APA) neue Richtlinien für die Behandlung von Depressionen heraus, und darin wurde erstmals sportliches Training als anerkannte Behandlungsmethode aufgelistet. Damit war die APA endlich auf dem Wissensstand des antiken griechischen Arztes Hippokrates, der schon im 4. Jahrhundert vor Christus allen Menschen, die in schlechter Stimmung sind, empfohlen hatte, einen langen Spaziergang zu machen. Und falls das nichts half, dann eben noch einen.

Dies ist in erster Linie das Verdienst des Psychologen James Blumenthal von der Duke-Universität in North Carolina. Er untersuchte die Wirkungen von körperlichen Übungen und Betätigungen bei eher trägen Patienten, die unter Angstzuständen und Depression litten. Die Ergebnisse veröffentlichte er 1999 in einem bahnbrechenden Bericht. Für seine Untersuchungen waren 156 solcher eher passiven Patienten in drei Gruppen eingeteilt worden. Die eine erhielt immer stärkere Gaben des weit verbreiteten Antidepressivums Sertralin (Handelsname Zoloft). Die zweite Gruppe trieb dreimal pro Woche vierzig Minuten lang Ausdauersport, und bei der dritten Gruppe wurde beides gemacht, Medikamentengabe und Sport. Nach sechzehn Wochen konnte kein Unterschied hinsichtlich des Depressionsgrades der Patienten festgestellt werden, aber zehn Monate später erkannte man, dass es den Patienten, die immer noch ihr Sporttraining absolvierten, besser ging als denjenigen, die nur Medikamente nahmen.

Blumenthal wurde von prominenten Psychopharmakologen kritisiert, keine Kontrollgruppe mit Placebo-Verabreichung verwendet zu haben. Daher führte er eine weitere Untersuchung mit 202 Patienten und Placebo-Gruppe durch, die 2007 zu ähnlichen Ergebnissen für die »Sportler« unter den Patienten kam. Seither hat es weitere Untersuchungen gegeben, die die Zusammenhänge bei Aerobic-Übungen einerseits und bei reinem Krafttraining andererseits genauer unter die Lupe nehmen sollten. Bei beiden Maßnahmen ließen sich positive Wirkungen nachweisen. Bewegungsprogramme, die auf Yoga oder Tai Chi beruhen, sind ebenfalls hilfreich, aber nicht im gleichen Ausmaß.

Trotz solcher überzeugenden Hinweise wird der springende

Punkt leicht übersehen. (Übrigens spielt dieser Kenntnisstand weder in der öffentlichen Debatte über das Bildungssystem noch über das Gesundheitssystem eine Rolle.) Ausgangspunkt für die Gesamtheit der untersuchten Daten ist das, was wir die epidemiologische Dimension nennen wollen; damit meinen wir die statistisch nachweisbaren Wirkungen auf Menschen, die Sport treiben. Doch das bringt uns nur bis zu einem bestimmten Punkt; es führt uns zu der Denkfalle, vor der Wissenschaftler regelmäßig warnen, wenn sie darauf aufmerksam machen, dass solche statistischen Zusammenhänge nicht das Gleiche seien wie Ursache und Wirkung. Wegen des gleichen Denkfehlers konnten sich die Tabakkonzerne aus der Verantwortung herauswinden, als die ersten epidemiologischen Untersuchungen den eindeutigen Zusammenhang zwischen Rauchen und Lungenkrebs aufzeigten. Erst Jahre später war die Wissenschaft in der Lage, die biochemischen Vorgänge nachzuweisen, die zu Lungenkrebs bei Rauchern führen. Sie konnten genau beschreiben, *wie* das geschah, und mittlerweile zweifelt niemand mehr daran. Es ist eindeutig. Eine passive, träge Lebensweise führt zu mentalen Beeinträchtigungen, und wir wissen auch wie: Durch Passivität wird unserem Gehirn der Zustrom neurochemischer Substanzen vorenthalten, welche von der Evolution bereitgestellt wurden, damit unser Gehirn wachsen und gesund bleiben kann.

Ein Lauf im Freien

Damit haben wir Ihnen also die besten Gründe geliefert, Mitglied in einem Fitness-Studio zu werden, sich in den Trainingsanzug zu werfen und sich an sechs Tagen in der Woche aufs Spinning-Bike zu setzen oder aufs Laufband zu hieven. Stellen Sie eine Mindestlaufzeit von einer halben Stunde ein, holen Sie sich ein paar heiße Rhythmen auf Ihren iPod und prügeln Sie sich selbst auf den dornenreichen Pfad des gesundheitlichen Heils. Sie wissen ja, was von Ihnen erwartet wird und was Sie von sich selbst erwarten, aber wenn Sie meinen, damit wäre es getan, dann haben Sie bisher nicht richtig aufgepasst. Dieser Fitness-Studio-Trainingsdrill ist in puncto Bewegung das, was ein Fast-Food-Essen im Vergleich zu einem Schlemmermenü ist. Mit diesem Studio-Drill kann man sich behelfen – und wir haben nichts dagegen –, aber uns geht es um das »going wild«, darum, sich frei in der möglichst ungezähmten Natur zu bewegen, damit es uns rundum besser geht.

Deshalb hoffen wir vielmehr, Sie aus dem Fitness-Studio hinauslocken zu können. Und dazu möchten wir Sie zu einem kleinen gemeinsamen Dauerlauf einladen. Es ist ein sonniger Tag im Spätfrühling, einer jener Tage, an denen es einen mächtig nach draußen zieht, der erste Tag im Jahr, an dem man ohne Handschuhe und ohne dicke Trainingsjacke laufen kann. Anfangs ist es noch ein bisschen frisch, aber nach ein paar hundert Metern Warmlaufen in der Sonne merkt man, dass die leichtere Sportbekleidung heute genau richtig ist. Wir befinden uns in den Rocky Mountains. Der Weg führt zunächst über eine kurze Strecke über flachen Grund, perfekt für die Aufwärmphase. Dann kommt ein kleiner Anstieg, eine Steigung, bei der Sie sich ein bisschen zu sehr ins Zeug legen, und danach sind Sie bei der aeroben Herzfrequenz bereits im roten Bereich. Sie behalten Ihre Geschwindigkeit so lange es irgend geht bei, indem Sie sich mit Willenskraft gegen die Steigung stemmen. Dann wird Ihnen ein wenig schwindlig, Sie kommen außer Atem und bekommen schwere Beine. Dafür ist es eigentlich noch zu früh. Sie sind völlig erschöpft und können nur noch gehen. Während Sie weiter den Anstieg hinaufgehen, normalisiert sich allmählich der Puls, nach ein paar hundert Metern ist der Kopf wieder klar. Dann fällt Ihnen auf, dass der Anstieg hinter einem Kamm flacher geworden ist, und vor Ihnen öffnet sich ein berauschender Blick über ein weites Tal. Während Sie den Anblick genießen, erholen Sie sich weiter und fallen in einen leichten Trott. Sie achten wieder auf Ihre

Geschwindigkeit, passen sie der Geländeneigung an, und schließlich geht es im Laufschritt weiter. Sie werden auch nicht langsamer, wenn Sie den nächsten Anstieg anvisieren, eine sanfte Hügelkuppe etwa hundert Meter weit weg. Jetzt wird der Weg zusehends matschiger, weil der Boden vom Tauwasser der Schneereste weiter oben völlig durchfeuchtet ist. Zudem machen sich die Beinmuskeln und die Atmung auch schon wieder unangenehm bemerkbar, aber jetzt stimmt das Lauftempo, und Sie behalten es bei und ignorieren das aufkommende leichte Schwindelgefühl. Schließlich erreichen Sie die kleine Hügelkuppe fast wie im Rausch und begleitet von einem kleinen Triumphgeheul – dem ersten des Tages. Anschließend geht es auf der anderen Seite des Hügels sofort abwärts, Sie müssen einen anderen Gang einlegen und lassen es fast ein bisschen zu schnell angehen mit einer etwas hüpfenden, raschen Schrittfolge, aber es fühlt sich gut an, wenn man dabei über Steine und Wurzeln springt, sich in Kurven von leichten Böschungen abstößt oder Pfützen oder die letzten gefrorenen Stellen auf dem Boden umläuft. Der Weg wird wieder steiler und läuft auf eine scharfe Kurve und Engstelle zu, in die Sie sich mit Schwung hineinlegen, wobei Sie sich an den Felsen abstützen, und dann taucht unvermittelt ein treppenartiger steiler Einschnitt zwischen zwei Felsen auf, den Sie mit vier kleinen Sprüngen hin und her, tick, tick, tick, tick nehmen. Unten lässt es sich nicht vermeiden, voll in eine Pfütze zu treten, dass es nur so spritzt, dann folgt eine weitere enge Kehre. Danach spürt man schon am veränderten Licht, dass der Weg nun in einen Wald eintaucht, den die Sonne zu dieser Jahreszeit noch nicht annähernd durchdringt. Im Augenblick sind Sie etwas zu schnell unterwegs, um wirklich alles unter Kontrolle zu haben. Mit dem nächsten Schritt geraten Sie an das obere Ende einer schmalen vereisten Strecke, die erst in einer Kurve vor einem Felsabhang endet. Ihre Füße suchen unwillkürlich nach irgendeinem Halt in Kiesel oder Splitt, alles, was diese Rutschpartie bergab verlangsamen könnte, wäre jetzt willkommen. Sie sollten in dem Moment unter keinen Umständen in Panik verfallen. Jetzt dürfen Sie nicht verkrampfen oder versuchen abzubremsen. Bleiben Sie völlig locker. Finden Sie Ihr Gleichgewicht und gleiten Sie mit. Genau in dem Moment will Ihr Hund, der schon die ganze Zeit hinter Ihnen her gelaufen ist, Sie überholen. Zuerst versucht er von der einen Seite aus, Ihnen quasi den Weg abzuschneiden, und grätscht Ihnen in die Beine. Es bleibt Ihnen nicht mehr als eine halbe Sekunde, um zu entscheiden, ob er über den Abhang hinausschießt oder Sie. Aber dann fällt Ihnen auf, dass Sie das eine Bein im 90-Grad-Winkel gebeugt haben, was genau die richtige Reaktion in dieser prekären Lage war. Das nutzt der Hund, um zwischen Ihren Beinen hindurchzuschlüpfen. (Jedes Tier weiß mehr als wir.) Das war ein kleiner Sieg über die Tücken des Untergrunds, Sie belohnen sich dafür mit einem Grinsen, und so geht es immer fort.

Wir haben soeben einen winzigen Lebensabschnitt in einem kleinen szenischen Ablauf wiedergegeben. Das beschrieb ungefähr zehn Laufminuten auf einem Gebirgspfad. Stellen Sie sich im Kontrast dazu einmal vor, wie die Beschreibung von zehn Minuten auf dem Laufband ausgesehen hätte – ein öder Schritt nach dem anderen. Allein schon der passive Nachvollzug des Gebirgslaufs beim Lesen stimuliert das Hirn in einer Weise, die Lust darauf macht. Wenn wir Glück haben, wurden durch diese Lektüre Ihre Spiegelneuronen angeregt und damit Ihre Empathie. Bereits in der reinen sprachlichen Wiedergabe steckt dieses Erlebnis voller Informationen, das macht die Erzählung so mitreißend. Und so ist es immer, wenn man es tatsächlich macht.

Wir wollen damit keineswegs behaupten, dass wir Trailrunning für die allein seligmachende körperliche Betätigung halten. Gleichwohl bietet diese spezielle Sportart eine großartige Gelegenheit, ein wirklich profundes Verständnis für produktives Körpertraining zu entwickeln; vielleicht ist es dann irgendwann an der Zeit, sich von Fitness-Exerzitien und -Routinen zu verabschieden. Wenn wir so einen umfassenderen Begriff von Bewegung gewonnen haben und wenn wir auch das Gehirn stärker daran beteiligen, dann sind stumpfe Trainingsroutinen wenig geeignet. Bewegung im wohlverstandenen Sinn hat viel mit Beweglichkeit zu tun.

Kluge Bewegung

Unsere Auffassung, wonach der Mensch sich auf die verschiedensten Weisen bewegen kann, macht das Thema Laufen zum idealen Aufhänger für ein besseres Verständnis von Bewegung und ihrer Rückkoppelung mit Gehirnentwicklung. Laufen gehört in der Tat zu den zentralen menschlichen Grunderfahrungen. Diese Erkenntnis führte in den zurückliegenden Jahren zu einer ansehnlichen Anzahl von Untersuchungen und Forschungsprojekten quer durch alle möglichen Disziplinen. Dadurch erhielt das Thema eine erhöhte Aufmerksamkeit und Resonanz, was es uns leichter macht, auf die Bedeutung von Bewegung hinzuweisen. Insbesondere ein Buch hat das Publikum in den USA in dieser Hinsicht sensibilisiert und die Bereitschaft, sich mit dem Thema positiv auseinanderzusetzen, wesentlich vergrößert: Es handelt sich um das bahnbrechende Buch *Born to Run* von Christopher McDougall, in dem er das Barfußlaufen propagiert und dies mit Einsichten aus der Evolution begründet.

Unterhalten Sie sich mit jedem beliebigen Orthopäden und Physiotherapeuten in einer dieser Großstädte wie San Francisco, wo alle Welt ständig joggt – unweigerlich wird die Sprache auf McDougall kommen. Diese Praktiker bringen schon allein deshalb ihre Begeisterung über das Buch gerne zum Ausdruck, weil es durch den Trend zum Barfußlaufen zu so vielen Verletzungen kommt, dass es ihnen einen mächtigen Einkommensschub beschert. Für sie ist Barfußlaufen zu einem unverhofften Geschäftsmodell avanciert. Wir haben allerdings auch etwas nachgehakt und herausgefunden, dass dies keineswegs als Kritik oder abwehrende Einstellung gegenüber McDougalls Gedanken gemeint ist. Die Verletzungen ergeben sich aus einer zu engen Interpretation seiner Thesen, vor allem der naiven Annahme, Barfußlaufen habe irgendetwas mit nackten Füßen zu tun. Dem ist nicht so. Es sagt schon viel, wenn man von den Ärzten und Therapeuten erfährt, dass die Verletzungsrate bei Straßenläufern am höchsten ist, also solchen, die mit minimalistischem Schuhwerk beachtliche Strecken rennen, und zwar auf solidem, festem, flachem Untergrund, Schritt für Schritt immer die gleiche Bewegungsabfolge. So war das mit dem Barfußlaufen nicht gemeint. Außerdem gibt es viele Fälle, in denen die Leute einfach viel zu schnell zum Barfußlaufen überwechseln, ohne ihren Füßen Zeit zu geben, sich anzupassen, nachdem sie ein Leben lang in enges Schuhwerk eingepresst waren. Die Verletzungen, die aus solchem Missbrauch entstehen, widersprechen der Grundidee vom Barfußlaufen keineswegs; im Gegenteil – sie wirken eher wie eine Bestätigung.

Der Gedanke, der hinter dem sogenannten minimalistischen oder Barfußlaufen steckt, ist folgender: Die Evolution hat den Menschen zu einem ausgesprochenen Laufwesen entwickelt, aber Schuhe waren nicht Teil dieser Evolution. Dabei betrug die Laufleistung im Schnitt zehn Kilometer pro Tag. Der Körperaufbau und der Bewegungsablauf, die sich dafür gebildet haben, werden Mittelfußlauf- oder Vorderfußlauf genannt. Der Fuß greift dabei nicht weit über den Körper aus, um dann den Boden zuerst mit der Ferse zu berühren, sondern verharrt unter dem Körper in einem kürzeren, sanfteren Schritt. Der weit ausgreifende Rückfußlauf oder Fersenlauf, wie er heute in der Leichtathletik vorherrschend ist, wurde erst durch stark gepolsterte Schuhe möglich. Durch diese Veränderung des Laufstils wurde zwar die Ferse einigermaßen geschützt und geschont, aber die Kräfte verteilen sich nun anders auf Knöchel, Knie und Hüfte, also auf Körperteile, die ursprünglich nicht für diesen Laufstil gedacht waren. Folglich leiden Sportläufer auf Dauer nicht etwa weniger, sondern mehr; entsprechend groß ist das Verletzungs- und Verschleißrisiko.

Damit ist ein wichtiger Grundsatz angesprochen, der zu den Kernprinzipien gehört, weswegen dieses Buch überhaupt geschrieben wurde: Wir wollen auf solche kurzsichtigen, einseitigen und zu sehr vereinfachenden Fixierungen aufmerksam machen, die oft mehr Probleme verursachen als lösen – besonders dann, wenn das von der Evolution für unseren Körper entwickelte, fein abgestimmte Design ignoriert wird. Für viele Leute war die Geschichte damit schon zu Ende. Die Schuhhersteller, selbst diejenigen, die im späten 20. Jahrhundert die dick gepolsterten Latschen unter die Leute brachten, witterten schnell das Geschäft mit den Minimalschuhen: schwach gepolsterte, anschmiegsame, sehr leichte Schlafzimmerslipper mit flacher Sohle. So wie unsere Gesellschaft und unsere Wirtschaft eben nun mal funktionieren, denken die meisten, na, dann lösen wir das Problem eben mal, indem wir ein neues und etwas anderes Produkt kaufen. Mal nimmt man eben einen neuen Schuh, mal eine Pille. So ist es gekommen, und das Segment mit den Minimalschuhen wurde dasjenige mit den höchsten Zuwachsraten für die Sportschuhhersteller. Die meisten dieser Läufer zogen ihre neuen Schuhe zwar an, taten aber nichts, um ihren Laufstil an diese Schuhe anzupassen, sondern stampften wie gehabt im Fersenstil über das Straßenpflaster und auf die Laufbänder in den Studios, nur um sich anschließend in die langen Warteschlangen beim Physiotherapeuten einzureihen, der die neu entstandenen Beschwerden behandeln soll. Diese Geschichte sollte allen eine Warnung sein, nicht nur den Sportläufern. Wir wollen uns noch etwas näher darauf einlassen. Darin stecken nämlich noch ganz köstliche und wunderbare kleine Dinge, die uns zu Aspekten führen werden, die weit über das Laufen hinausgehen.

Nehmen wir nur einmal die Tiefensensibilität, um mit etwas ganz Einfachem zu beginnen. Tiefensensibilität ist etwas, was jedermann leicht begreifen kann, und zwar ganz wortwörtlich. Stellen Sie sich vor, Sie müssten sich in einem stockdunklen Raum zurechtfinden, der in üblicher Weise möbliert ist; der Lichtschalter befindet sich an der gegenüberliegenden Wand. Zuerst werden Sie den Arm ausstrecken, und schon dabei benutzen Sie Ihre Tiefensensibilität, um zu wissen, wo sich Ihre Hand befindet, ohne sie sehen zu können. Des Weiteren verlassen Sie sich auf Ihren Tastsinn, um Ihr Gehirn mit Informationen über die unmittelbare Umgebung zu füttern, Sie zapfen Ihr Gedächtnis an und rekonstruieren im Kopf einen Lageplan des Raums, um Ihren Körper auf den Schalter zusteuern zu können. Dieser Vorgang hat einiges mit Tiefensensibilität zu tun, jener Fähigkeit des Gehirns, die von der Hand ausgehenden Signale so zu verarbeiten, dass sich daraus Hinweise ergeben, wo Sie sich im Raum befinden und in welche Richtung Sie sich bewegen sollten. Tiefensensibilität ist die Fähigkeit, jederzeit feststellen zu können, wo sich die einzelnen Körperteile im Verhältnis zum übrigen Körper gerade befinden.

Auch die außergewöhnlichen Fähigkeiten der Hände, Informationen aufzunehmen, spielen in dieser speziellen Situation eine überragende Rolle. Auf den Tastsinn und Wahrnehmungen, die durch den Tastsinn vermittelt werden, verlassen wir uns etwa bei der Verwendung eines Stiftes zum Schreiben, bei der Handhabung von Werkzeugen, beim Spielen einer Gitarre oder beim sexuellen Vorspiel. Alle diese Informationen, nicht nur die von der Hand, trägt das Hirn auf einer Art Landkarte ein. In der Gehirnrinde ist in der Tat eine Art Karte, eine Sensibilitätskarte, von verschiedenen signifikanten Punkten unseres Körpers gespeichert; dieses Diagramm erleichtert es dem Gehirn, unsere Raumwahrnehmung aufzubauen. Diese Sensibilitätskarte ist nach bestimmten Prioritäten angeordnet. Unsere wichtigsten Orientierungsinstrumente, wenn wir rein auf den Tastsinn angewiesen sind, befinden sich auf der Gehirnkarte in unmittelbarer Nachbarschaft zu unseren Geschlechtsorganen. Aus guten Gründen hat die Evolution diese beiden Aktivitäten höchster Sensibilität eng zusammengerückt. Dass wir als Beispiel in diesem Zusammenhang auch das sexuelle Vorspiel genannt haben, ist also weder willkürlich geschehen noch anzüglich oder witzig gemeint, sondern es ergibt sich aus dem Sachzusammenhang. Auch die Füße liegen auf dieser Sensibilitätskarte des Gehirns nahe bei den Händen. Das ist ein Hinweis, wie wichtig die Sensibilität der Füße bei der Bewegung durch den Raum ist, um in ständiger Koordination mit dem Gehirn den Ordnungssinn, Richtungssinn und das Gleichgewicht zu gewährleisten. Der außergewöhnlichen Empfindlichkeit unserer Hände, dank derer wir uns durch einen finsteren Raum bewegen können, entsprechen die sensorischen Fähigkeiten unserer Füße, uns sicher durch die Welt zu tragen. Doch wie es bei vielem, was die Evolution uns mit auf den Weg gegeben hat, der Fall ist, kam es auch hier zu einem zivilisatorischen Kurzschluss, der einen konkreten Namen trägt: Schuhe. Es war sicherlich keine böse Absicht, aber all dieser Polsterschaum und das Gel genauso wie die steifen Ledersohlen blockieren die Tiefensensibilität der Füße. Damit fehlen dem Gehirn subtile Informationen und die Möglichkeit einer Informationsverarbeitung, die uns seit Millionen von Jahren in der Spur gehalten hat.

Wenn die Menschen älter werden, machen sich viele Sorgen, wegen Krebs, Herzleiden oder Demenz nicht mehr richtig am Leben teilnehmen zu können oder in ein Pflegeheim zu müssen. Die Gerontologen sagen jedoch, dass eher ganz prosaische Dinge das große Problem sind. Ältere Menschen fallen einfach viel zu oft hin, brechen sich Hüften oder Beine und verlieren dadurch viel zu früh ihre Mobilität und ihre Selbstständigkeit. Es kommt so oft zu solchen Stürzen, weil wir unseren Gleichgewichtssinn und dadurch in gewissem Sinn unseren »Lebensweg« verloren haben; um es etwas wissenschaftlicher zu fassen, weil wir es zugelassen haben, dass unsere diesbezüglichen neuralen Kapazitäten verkümmern.

Wir wollen damit nicht behaupten, dass sich diese Probleme einfach lösen lassen, indem wir keine Schuhe mehr anziehen oder nur noch in minimalistischen Schuhe herumlaufen. Wir wollen hier nur ein weiteres Beispiel aufzeigen, wie wir uns unbewusst selbst schaden, indem wir uns von gewissen Realitäten abschotten. Und das ist erst der Anfang. Wir haben es absichtlich nicht gleich anfangs dieses Kapitels erwähnt. Aber der dort geschilderte Trailrun in den Rockys wurde bereits mit minimalistischen Schuhen durchgeführt, sodass die Muskeln und die Nerven beinahe auf Schritt und Tritt die Möglichkeit hatten, auf Steinchen und Unebenheiten zu reagieren, sich in Kurven seitwärts abzudrücken, zu beschleunigen und abzubremsen, also diese ganze Orchestrierung eines Laufes durchzuspielen. Es ging dabei nicht bloß um die Füße an sich. Jedes Mal wenn Sie die Gangart von bergauf zu bergab wechseln müssen oder von Geradeauslauf zum Einbiegen in eine Kurve, oder wenn Sie über einen größeren Stein springen – bei jeder kleinen Änderung kommen neue Muskeln ins Spiel, oder die gleichen Muskeln änderten ihre Arbeit von Drücken zu Ziehen, von Dehnen zu Zusammenziehen. Auf jeden Fall der vordere Oberschenkelmuskel, der hintere Oberschenkelmuskel, die Wadenmuskel, außerdem noch die Hüfte, wenn sie einen ordentlichen Laufstil pflegen, und dazu die ganze Ansammlung von Muskeln rund um ihren Bauch – sie alle sind daran beteiligt, und zwar nicht nur an den Laufschritten im engeren Sinn, sondern auch an der Atmung und an den mit dem Laufen verbundenen Drehbewegungen des Oberkörpers. Außerdem sind Sie nicht einfach gelaufen. Beim Bergauflauf haben Sie die Arbeit des Herzmuskels bis in den anaeroben Bereich getrieben und dies so lange wie möglich ausgehalten; dann sind Sie in Schritt verfallen, und beim normalen Gehen sind wiederum ganz andere Muskelgruppen in Aktion.

Indem Sie sich für Ihren Lauf auf eine derart natürliche Umgebung mit allen ihren Unebenheiten und kleinen Hindernissen und den damit einhergehenden Unbequemlichkeiten und Herausforderungen eingelassen haben, wurde die gesamte Bandbreite muskulärer und neuronaler Reaktionen aktiviert, die nun einmal vorhanden sind, um mit solch realen, nicht künstlich präparierten Bedingungen zurechtzukommen. Und es geht sogar über bloße Muskel- und Neuronenaktivität hinaus. Denken Sie an das kleine Triumphgeheul, als Sie die kleine Hügelkuppe nach längerem Anstieg fast wie im

Rausch erreichten, das Gipfelerlebnis, der Sieg über die eigene Trägheit und die bestandene Herausforderung. Was diesen Stimmungsaufschwung angefacht hat, war eine kleine hormonelle Zusatzausschüttung, die durch die Anstrengung der Muskeln ausgelöst wird, aber für Ihr Wohlgefühl und für das Hirn ganz wichtig ist. Zweifellos war das ein Dopaminstoß als eine Art Belohnung. Oft genug wird versucht, solche kleinen Glücksräusche durch Drogen oder Aufputschmittel zu ersetzen oder durch gängige Antidepressiva nachzuahmen. Hier bekommen wir sie ganz umsonst. Dahinter steckt eine evolutionäre Funktion: Mit solchen kleinen Belohnungen sorgt die Evolution dafür, dass wir weiterlaufen, weitermachen, dass wir überleben. Die Evolution hat vorgesorgt, dass wir Glückszustände tatsächlich erleben können, aber wenn wir das wollen, müssen wir uns in Bewegung setzen.

Die Entdeckung einer neuer Bewegungsart

Matt O'Toole hat seinen Lebensunterhalt immer schon mit Gesundheit und Fitness verdient. Als wir ihn besuchen, hat er es in seiner fünfundzwanzigjährigen Berufskarriere an die Spitze des Sportartikelherstellers Reebok gebracht. Er ist so durchtrainiert und muskulös, wie man das von einem Mann in seiner Position erwartet, und trägt lässige, sportliche Kleidung, wie es am Hauptsitz von Reebok außerhalb von Boston so üblich ist. Wie seine Firma, hat auch O'Toole eine Art Transformationsprozess durchlaufen.

»Vor neun Jahren habe ich es mir zur Gewohnheit gemacht, jeden Tag zum Laufen zu gehen. Das sollte mein täglicher Work-out sein. Doch irgendwann war ich ein Wrack. Ich hatte alle möglichen Probleme mit dem Rücken, und die Knie machten mir zu schaffen. Die Sache mit dem Rücken wurde so schlimm, dass mein Arzt mir sagte, ich dürfte nicht mehr zum Laufen gehen. Das war eine ziemliche Zumutung für jemanden, der sein Geld hauptsächlich mit Laufschuhen verdient.«

Das Laufen an sich wäre vielleicht gar nicht O'Tooles Problem gewesen, sondern der Umstand, dass er es jeden Tag im monotonen Stil der Flachlandläufer gemacht hat, wie sie überall auf den Straßen und auf den Studiolaufbändern zugange sind. Aber das ist gar nicht der Punkt, den wir an dieser Stelle erörtern wollen. Der Punkt, um den es hier geht, ist, dass sich O'Toole und Reebok in zwei verschiedene Richtungen entwickelten. Er fing an, nach der CrossFit-Methode zu trainieren. Das ist ein standardisiertes Work-out-Programm, das viele verschiedene Elemente miteinander verbindet: Gewichtheben, Springen, Laufen, Ball werfen, Liegestütze, Klimmzüge – all das wird zu einer Übungsabfolge kombiniert, bei der der ganze Körper arbeitet, alle Muskeln genauso wie Herz, Lunge und Geist gefordert werden. Dieses Programm wird immer von einer Gruppe absolviert, es herrscht also ein gewisser Wettkampfgeist, aber nicht Mannschaft gegen Mannschaft, sondern eher um das gegenseitige Anstacheln. Zunächst einmal kämpft jeder gegen seinen inneren Schweinehund, aber die Gruppe reißt einen auch mit, würdigt die Fortschritte jedes Einzelnen, wodurch sich eine Trainingsgemeinschaft bildet. Wir werden später in einem anderen Kapitel noch einiges zum Thema Gemeinschaftssinn zu sagen haben, im Moment beschränken wir uns auf dessen Rolle im Zusammenhang mit Körpertraining.

Einige Zeit nachdem O'Toole angefangen hatte, nach der Cross-Fit-Methode zu trainieren, verflüchtigten sich seine Rückenprobleme. Diese neue Trainingsmethode hat für ihn so viel verändert, dass auch Reebok letztlich umgekrempelt wurde. Die Firma hat das Werbemodell des Verkaufs seiner Produkte mit Hilfe von Sportstars aus Fußball, Hockey, Basketball und American Football bewusst aufgegeben, wobei für die Masse der Leute bei diesen Sportarten die wichtigsten Sportgeräte die Couch und der Flachbildschirm-Fernseher waren. Stattdessen unterstützt Reebok nun ausdrücklich die CrossFit-Methode und zielt ganz darauf ab, die Menschen von der Couch runterzubringen hinein in die Fitness-Studios und Turnhallen.

An dieser Stelle wollen wir uns auch um die gebotene Transparenz bemühen, indem wir offenlegen, dass einer der beiden Autoren dieses Buches, John Ratey, an diesem Teil der Unternehmensentwicklung bei Reebok direkt beteiligt war. John arbeitet als Berater für Reebok; zu seinen Aufgaben gehört die Einführung und Durchführung eines umfangreichen Trainingsprogramms in Schulen, was Teil dieser oben erwähnten Neuorientierung der Firma ist. O'Toole sagt, Johns Buch *Spark* sei für ihn als Inspiration für die Neuausrichtung des Unternehmens genauso wichtig gewesen wie seine Erfahrungen mit CrossFit.

Wir erwähnen CrossFit hier nicht, weil wir es jemandem empfehlen wollen, sondern als anschauliches Beispiel. Wir hoffen, Sie erinnern sich im Zusammenhang mit CrossFit noch an unser früher im Buch erwähntes Gespräch mit dem Biologen David Carrier von der Universität Utah, dem Antilopenhetzer. Einer der wichtigsten Aspekte seiner Argumentation lautete, dass der menschliche Körper eine einzigartige und eigenständige Entwicklung im Vergleich zu den Stammesverwandten im Tierreich aufweist, denn er hat keine Schwachstellen, sondern Muskeln und insbesondere ein Skelett, das für eine Vielzahl von Bewegungen geeignet ist. Wir haben das mit der Vielseitigkeit eines Schweizer Armeemessers verglichen, und das Konzept von CrossFit baut auf diesem vielseitigen Bewegungsansatz ganz bewusst auf. Daneben gibt es auch andere Trainingsprogramme und -konzepte, besonders solche, die sich an fernöstlichen Kampfsport anlehnen oder die auf Tanz aufbauen, die aber jedenfalls alle den ganzen Körper miteinbeziehen. Wir wollen Sie mit unseren Empfehlungen und Ratschlägen keineswegs in irgendein Sportstudio verbannen. Und auf keinen Fall auf ein Laufband, über dem ein Fernsehbildschirm angebracht ist.

Bei unserem Gespräch mit O'Toole klang noch ein weiterer Begriff an, der ebenfalls hier schon öfter zur Sprache kam. Mehrmals wies O'Toole darauf hin, dass das CrossFit-Programm vor allem deswegen so attraktiv sei, weil es abwechslungsreich und variantenreich ist. Das hält er sogar für das herausragendste Merkmal. Sie werden sich erinnern, dass auch wir wiederholt den Begriff Abwechslungsreichtum beziehungsweise Variantenreichtum als Schlüsselbegriff bei unseren Erörterungen über Essen und Ernährung verwendet haben. Ein ganz herausragendes Merkmal in der evolutionären Entwicklung der Menschheit ist die hohe Anpassungsfähigkeit des Menschen, also seine Fähigkeit, sich unter völlig unterschiedlichen Umweltbedingungen zu behaupten und sogar sehr gedeihlich leben zu können. Diese grundlegende Fähigkeit hat ihren Ursprung tief in der evolutionären Vorvergangenheit, und sie ist die Basis für unser Erleben von Wohlgefühl und Glückszuständen.

Wenn man diesen Grundgedanken vom Variantenreichtum akzeptiert, ergeben sich daraus bestimmte weitere Muster. Wir haben bewusst davon Abstand genommen, unsere Erörterungen mit konkreten Ratschlägen oder gar detaillierten »Vorschriften« zu befrachten; uns ist es wichtiger, Sie generell mit einem Konzept wie Abwechslungsreichtum vertraut zu machen, um Ihnen eine Art Kompass an die Hand zu geben, nach dem Sie sich bei Ihren persönlichen Entscheidungen hinsichtlich Sport oder Ernährung richten können. Es liegt uns nicht daran, Ihnen Handlungsanweisungen zu geben, wie viele Wiederholungen einer bestimmten Übung Sie im Fitness-Studio machen sollen, oder was konkret Sie bei einer bestimmten Herzfrequenz eine halbe Stunde lang durchhalten müssen oder welche Sportschuhe am geeignetsten sind und welche Drinks und Nahrungsergänzungsmittel wir empfehlen. Solche Tipps sind alle schön und gut, aber woher sollen Sie wissen, ob Sie Ihnen auch wirklich nützen? Gewichtsabnahme? Fester Bauch und knackiger Po? Bessere Haltung? Intelligenztest? Darum geht es gar nicht. Wir haben einen besseren Vorschlag. O'Toole hat es in unserem Gespräch ganz spontan sehr schön zum Ausdruck gebracht:

»Gleich nachdem ich mit CrossFit angefangen habe, wurde mir auch sehr schnell klar, dass ich deshalb weitermachen und regelmäßig zum Training kommen wollte, weil es sehr viel Spaß machte, mit den Leuten zusammen zu sein und mit ihnen gemeinsam Dinge zu tun, die ich sonst nie gemacht hätte, und mich dabei wirklich anzustrengen. Es war halt jedes Mal ein positives Erlebnis, wohingegen mir mein früheres Lauftraining eher wie eine Pflichtübung vorkam. Zu CrossFit ging ich immer, weil ich das Gefühl hatte, dass ich es gerne tue.«

Das ist der Punkt. Dass Sie sich auf diesen Abschnitt in Ihrem Tagesablauf wirklich freuen, wenn Sie alles andere hinter sich lassen können, sich frei bewegen und mit der Einstellung rangehen, dass Sie es gerne machen. Dann spüren Sie genau, dass Sie in dieser Hinsicht auf dem richtigen Weg sind, und es kommt gar kein Gedanke ans Aufgeben, bevor Sie nicht etwas erreicht haben. Welche Form von Bewegungstraining Sie sich auch immer aussuchen, um in Form und gesund zu bleiben – wir können Ihnen guten Gewissens versichern, dass Sie erst dann das für Sie Passende gefunden haben, wenn es Ihnen Spaß macht. Dieses Kriterium ist keineswegs so schwammig, wie es auf den ersten Blick erscheinen mag. Erinnern Sie sich an die biochemischen Rückkoppelungsmechanismen zwischen Muskeln und Gehirn? Viele dieser chemischen Signalprozesse sind dazu da, das Hirn weiter auszubauen, aber vieles dient auch dazu, Sie mit einem guten Gefühl, mit Wohlgefühl und Wohlbefinden zu belohnen, Ihnen zu signalisieren, dass Sie sich im Einklang mit Ihrem Körper befinden, dass Sie das Richtige tun, sich auf dem richtigen Weg befinden und vorankommen.

So führt dann eins zum andern, wie von selbst. O'Toole zufolge gelangt man so auf den Gipfel. Obwohl er sich selbst »nicht gerade für den geborenen Outdoor-Typen« hält, entschied er sich, seinen fünfzigsten Geburtstag mit einer Besteigung des Kilimandscharo zu feiern.

Tiefenschichten

Wir haben ja bereits behauptet, dass unsere Beschreibung des Laufs auf dem Gebirgspfad mannigfaltige Informationen enthielt; nun wollen wir diesen Punkt noch ein wenig mehr vertiefen. Wir haben auch bereits angedeutet, dass die bei diesem Lauf ausgesandten Signale und Informationseinheiten, die auf das Gehirn des Läufers einströmen, dasjenige, was hier auf eine Buchseite passt, in Wirklichkeit um ein Vielfaches übersteigt. Erinnern Sie sich noch an den Hund und wie er sie beinahe über den Abgrund gehen ließ und wie dieser kritische Moment sich durch eine instinktive Reaktion sowohl des Hundes wie des Läufers von selbst gelöst hat? In diesen wenigen Bruchteilen einer Sekunde stand dem Läufer gleichzeitig eine Fülle von Informationen zur Verfügung, die weit außerhalb der üblichen Alltagserfahrungen liegen. Zugrunde lag eine Bewertung und Berechnung des Wohlergehens eines anderen Wesens, das dem Läufer keinesfalls gleichgültig war, sondern dem er sich gefühlsmäßig verbunden fühlt. Zuallererst erkannte er die Gefahr, und dann teilte er dieses Gefühl der Gefahr mit einem anderen Lebewesen in einer Welle der Empathie. Stoße ich jetzt den Hund in den Abgrund, oder stürze ich selbst hinein? Dann wurde die Entscheidung gefällt, und daraufhin überlebten beide. Wie wichtig war dieser Augenblick als Bereicherung von Erfahrung? Dieser Frage lohnt es sich, etwas genauer nachzugehen, was wir im folgenden Kapitel tun werden, wo es um Empathie, Fürsorge und wieder um das menschliche Gehirn geht. Doch zuvor müssen wir uns ein paar andere Einzelaspekte dieses Laufs vornehmen, die Anlass zu weitergehenden Überlegungen bieten. Es handelte sich um einen Lauf im Gebirge, also in einer natürlichen Umwelt, der wirklichen Welt sozusagen.

Eis, Felsen, hohe Berge, Wind, Sonne und erstaunliche Ausblicke auf grüne Hügel und Abhänge waren Teil des Gesamterlebnisses. Der Urgrund, auf dem der Lauf stattfand, war also die Natur selbst, die Urheimat unserer weit entfernten Vorfahren. Was konnte der Läufer aus diesem speziellen Naturerlebnis mitnehmen? Welche innere Erfahrung hat er gemacht? Diesen Fragen genauer nachzugehen, bedarf es eines eigenen Kapitels, und wir werden ihnen später eines widmen.

Wenden wir uns zunächst einem weiteren naheliegenden Gedanken zu. Die Natur ist eine vollkommen angemessene Umgebung für die Herausforderungen, die wir suchen; zum einen, weil sie sich nicht um uns kümmert, und zum anderen, weil sie allmächtig ist. Den Tag, von dem wir gesprochen haben, kann man als angenehm bezeichnen. Wir hatten Sonnenschein und blauen Himmel, was die Unannehmlichkeiten von Eis und Felsen abmilderte. Doch wie jeder Trailrunner weiß, hätte es auch ganz anders sein oder ganz anders kommen können, dass Winde über die Bergkämme fegen, die so stark sein können, dass es einen Läufer einfach umweht. Zu der Jahreszeit kann es auch urplötzlich einen Wintereinbruch geben, komplett mit Schneesturm und Temperaturen, die innerhalb weniger Minuten unter die Nullgradgrenze fallen. Was macht man an solch einem Tag, wenn man eigentlich laufen wollte? Schlüpft man in die neueste Winterausrüstung aus lauter neuen Wundermaterialien und wagt sich raus? An manchen Tagen werden Sie das sicher tun. Manchmal kann es nicht schaden, sich einer echten Herausforderung zu stellen.

Aber denken Sie einmal an unsere weit entfernten Vorfahren, die solchen Wetterunbilden regelmäßig ausgesetzt waren und nicht auf moderne Wundertextilien zurückgreifen konnten. Manchmal kann es durchaus richtig sein, einfach weiterzumachen, doch bisweilen kann es auch klüger sein, sich ein warmes Plätzchen zu suchen, sich in die nächstgelegene Höhle am Abhang zu kauern, ein Feuer anzuzünden und es sich im Kreis von Familie, Freunden, Kindern und den in einer Ecke zusammengerollten Hunden gemütlich zu machen. Das ist dann auch die rechte Zeit, um sich schlafen zu legen. Sie sollten sich wirklich viel bewegen, aber Sie müssen zwischendurch auch ausruhen.

Kapitel 5

DER KÖRPER IN RUHE

Warum Schlaf uns so guttut

Für die Autorin Elizabeth Marshall Thomas boten sich Anfang der 1950er Jahre ganz besonders günstige Voraussetzungen, Leben in der Wildnis unvoreingenommen beobachten zu können. Damals war sie als Kind mit ihren wohlhabenden und ziemlich exzentrischen Eltern auf einer Expeditionsreise in die noch völlig unerschlossene Kalahari im Südwesten Afrikas gekommen, wo es praktisch keine Straßen gab. Dieser Aufenthalt gilt zudem als der erste überlieferte Kontakt zwischen Menschen aus der westlichen Zivilisation mit Angehörigen des dort lebenden Jäger-und-Sammler-Volkes der Juwa (Ju/wasi), heute besser bekannt unter der Bezeichnung Khoisan. Marshall Thomas lebte viele Jahre bei diesem Volk. In ihrem 2006 erschienenen Buch *The Old Way* schildert sie ihre Erlebnisse in wunderbaren Details. Vieles davon untermauert unseren Standpunkt auf sehr anschauliche Weise, anderes erscheint rätselhaft, verwirrend und sogar widersprüchlich, wie es bei jedem Bericht über menschliches Leben und menschliche Lebensverhältnisse eigentlich gar nicht anders sein kann. Für den Augenblick konzentrieren wir uns auf das, was sie zu dem Thema berichtet, mit dem wir uns in diesem Kapitel befassen: Schlaf.

Eine weitere Sicherheitsvorkehrung besteht darin, dass alle nur einen leichten Schlaf haben und niemals alle zur gleichen Zeit schlafen. In einem Juwa-Lager ist immer jemand wach, der sich am Feuer wärmt oder einen Schluck Wasser aus einem Straußenei trinkt … Die Einteilung dieser Nachtwachen ging völlig zwanglos vonstatten, keinesfalls so streng geregelt wie die Nachtwachen in einer Kaserne oder auf einem Schiff. Es ergab sich einfach irgendwie als Teil der täglichen Routine.

Teil der täglichen Routine bedeutet hier: Wachsamkeit gegenüber nächtlichen Angriffen von Löwen. Was hat das mit uns zu tun? Dieser Abschnitt gibt uns einen Einblick in das Leben in der Wildnis und was diese uns über den Schlaf lehrt.

Wenn man sich mit dem Problem des Schlafs befassen will, fängt man am besten in der Tagescafeteria im Untergeschoss des *Beth Israel Deaconess Medical Center* in Boston an. Vor Löwen muss man inmitten des mittäglichen Kantinengeklappers und -geschnatters nicht auf der Hut sein. Hier drängen sich überwiegend Leuchten der medizinischen Wissenschaft in Arztkitteln und solche, die es werden wollen, die genauso unausgeschlafen, gehetzt und koffeingedopt wirken wie die meisten Menschen der westlichen Zivilisation. Damit kennt sich niemand besser aus als Robert Stickgold, unser Gesprächspartner beim Mittagessen, einer der führenden Schlafforscher weltweit. Sein Arbeitsplatz sind die Forschungslaboratorien am *Beth Israel*. Von den meisten Kollegen wird er hier mit Bob angesprochen; das passt gut zu seiner ungezwungenen und offenen Art. Er gehört zu jenen Wissenschaftlern, die ihre Daten und Fakten genau kennen und genau wissen, was Datenmengen leisten können und was nicht. Was sie beispielsweise nicht leisten, ist die Beantwortung der ganz grundsätzlichen Frage: »Warum schlafen wir überhaupt?«

»Die biologischen Funktionen des Sexualtriebs, von Hunger und Durst sind schon vor zweitausend Jahren richtig verstanden worden, die des Schlafs aber erst seit vielleicht einem Dutzend Jahren. Das Erste, was man über Schlaf sagen kann, ist, dass es sich um einen unterschwelligen Prozess handelt«, meint er. Und: »Wer nicht schläft, stirbt. Die Untersuchungen an Ratten sind im Ergebnis vollkommen klar, aber selbst nachdem wir zwanzig Jahre lang geforscht haben, wissen wir immer noch nicht, warum die Ratten sterben. Todesursache unbekannt.«

Das ist nicht dasselbe, als wenn man sagt, wir wissen nicht, was passiert, wenn man gar nicht mehr schläft; es ist einfach noch vieles im Unklaren, was es mit dieser geistigen und körperlichen Ruhephase auf sich hat, diesem »kleinen Tod«, die jeder Mensch täglich durchläuft und die unserem Wohlbefinden dient. Welche Konsequenzen schlechter Schlaf und Schlaflosigkeit haben, worunter viele Menschen leiden, wollten wir in den Mittelpunkt unseres Gesprächs mit Stickgold stellen. Hier folgt ein kleiner Auszug daraus:

Stickgold: Wer nicht genug schläft, wird unweigerlich dick, krank und dumm.

Ratey: Das passiert über kurz oder lang sowieso mit uns allen.

Stickgold: Und zwar genau aus diesem Grund.

Zum Stichwort »dick«: Stickgold zufolge wurden die beiden Irakkriege, die im vergangenen Jahrzehnt viele Milliarden Dollar verschlangen, unter massivem Einsatz von Snickers-Riegeln geführt. Aus amerikanischer Sicht bestand die Kriegführung in erster Linie aus Luftangriffen, die hauptsächlich bei Nacht geflogen wurden; dank amerikanischer Hochtechnologie war damit eine nahezu komplette Beherrschung des Luftraums garantiert. Dadurch kam es bei den Soldaten natürlich zu massiven Schlafausfällen, was sogleich wissenschaftlich begleitet und erforscht wurde, vor allem seitens des Militärs. Daher wissen wir nun, dass Schlafentzug zu gesteigertem Verlangen nach konzentrierten Packungen von Kohlenhydraten und Zucker führt, über die wir schon in den Kapiteln über Ernährung ausgiebig gesprochen haben. Forscher haben sich seitdem noch weit ausführlicher mit dem Phänomen auseinandergesetzt, was viele Freiwillige dieser Untersuchungen um den Schlaf gebracht hat.

»Wir haben den Schlaf unserer Probanden, hauptsächlich College-Schüler, auf vier Stunden pro Nacht reduziert. Dann haben wir einen Glukose-Toleranztest vorgenommen. Die Werte konnte man als Vorstufe von Typ-2-Diabetes interpretieren. Sie essen dann einfach viel mehr.« Das ist nichts anderes als Insulinresistenz aufgrund von Schlafmangel. Schon seit Langem werden Fettleibigkeit und Schlafmangel miteinander in Verbindung gebracht, aber die Forschung hat sich nur auf die Frage nach dem Grund dafür konzentriert. Beispielsweise hat man in einer Studie an der Universität Colorado, die erst nach unserem Gespräch mit Stickgold veröffentlicht wurde, festgestellt, dass Schlafentzug in der Tat zu einem beträchtlichen Gewichtsanstieg führt, auch wenn die Probanden ihre bisherigen sportlichen Aktivitäten beibehalten haben und der Energieverbrauch nicht zurückgegangen ist. Dieses Experiment zeigte, dass im Fall von Schlafentzug die Signalfunktionen im Körper, die mit der Insulinausschüttung einhergehen, unterbrochen werden; das betrifft vor allem Hormone, die die Hunger- und Sättigungsgefühle signalisieren wie Ghrelin, Leptin und Peptid YY. Die Konsequenz war, dass die Probanden mehr aßen – vor allem die Frauen und vor allem am Abend.

Zum Stichwort »krank«: Bei Schlafentzug gerät das Immunsystem offensichtlich völlig aus den Fugen, was relativ leicht nachweisbar ist. Nur wenige Tage Schlafentzug bei einer Gruppe Freiwilliger genügte; die Forscher impften sie sowie eine Kontrollgruppe mit Hepatitis-C-Serum. Bei der schlaflosen Gruppe wurden 50 Prozent weniger Antikörper als Reaktion auf die Impfung gebildet; dadurch lässt sich eindeutig feststellen, dass deren Immunsystem nur noch halb so wirksam war.

Das ist es, was Stickgold mit unterschwellig meint: Die meisten Menschen würden eine Schwächung ihres Immunsystems gar nicht bemerken und kämen gar nicht darauf, dass im Grunde Schlafmangel die Ursache für ihre Erkältung ist.

»Kann einen das umbringen? Möglicherweise. Aber wenn es so

ist, dann ist es auch zu spät, zwei und zwei richtig zusammenzuzählen«, merkt Stickgold noch an.

Zum Stichwort »dumm«: Ja, genauso und völlig ohne Umschweife. Es gibt stapelweise Forschungsarbeiten, denen sich eindeutig entnehmen lässt: Menschen mit Schlafmangel schneiden bei Tests, bei denen einfache Aufgaben durchzuführen waren, schlechter ab, beispielsweise wenn es darum geht, sich eine Liste mit Fakten zu merken. Probanden, denen erlaubt wurde, zwischen der Lernphase und der eigentlichen Testphase ein Nickerchen einzulegen, schneiden besser ab. Speziell wegen solcher Zusammenhänge hat sich dieser Zweig der Schlafforschung mittlerweile zu einer Art Wachstumsindustrie entwickelt. Wie nach dem Snickers-Einsatz im Irak nicht anders zu erwarten, hat die Air Force den Weg geebnet, aber die Front hat sich mittlerweile in die Welt der Supermärkte verlagert, wo um Dollars und Cents gekämpft wird. Schlaf ist eben ein gutes Geschäft.

Große Firmen wie Google, Nike, Procter & Gamble und Cisco Systems erlauben ihren Mitarbeitern mittlerweile einen Erholungsschlaf bei der Arbeit, um sowohl ihre Produktivität wie ihre Kreativität zu verbessern. Consulting-Firmen haben Geld in Forschung gesteckt, die nachweisen soll, dass Schlaf eine Voraussetzung für Erfolg ist.

Es ist ja auch ebenso einfach wie einleuchtend, dass es dabei um geistige Grundkompetenzen geht, wie die Fähigkeit, Fakten zu erinnern oder Probleme zu lösen, und darauf zielten auch die ersten Forschungen ab. Gerade Stickgold ist bekannt dafür, dass in seinen Forschungslabors Probanden beliebte Videospiele wie Tetris spielen und dabei erforscht wird, durch welche Kombinationen von Schlaf sie sich darin verbessern. Das widerspricht vollkommen dem populären Bild von Silicon Valley, wo der Legende nach übermotivierte Programmierer ein Vermögen verdient haben sollen, indem sie ohne Pause rund um die Uhr Programme schrieben und tagelang das Büro nicht verließen. Das ist ein gefährliches Klischee. Man stößt immer noch darauf, aber Stickgold weiß, wie man es ad absurdum führen kann. Er kennt genügend Studenten, die immer noch diesem Klischee vom koffeingeladenen Supermann nacheifern und angeblich mit vier bis fünf Stunden Schlaf pro Nacht auskommen. Er schlägt ihnen vor, einmal ernsthaft und ehrlich den Zeitaufwand zu notieren und auf der anderen Seite das Ergebnis. Da kommen sie schnell dahinter, dass sie vieles zweifach erledigen, und das ist der eigentliche Grund, warum sie zwanzig Stunden am Tag schuften müssen: Mangels Schlaf sind sie so schusselig, dass sie nicht effizient arbeiten.

John Ratey kennt dieses Problem auch aus dem Schulbetrieb, vor allem in Asien. Dort sind die Schulkinder extrem unausgeschlafen, weil sie nachts so viel Zeit mit Videospielen verbringen. Wenn sie dann in die Schule kommen, sind sie nicht besonders aufnahmebereit und lernwillig, weswegen sie den Stoff nachmittags und abends nachbüffeln müssen, demzufolge fehlt ihnen der Schlaf oder sie können nicht einschlafen, was zu weiteren Ablenkungen mit Videospielen führt, und so dreht sich die negative Spirale immer weiter.

Dabei legen die Ergebnisse der Schlafforschung nahe, dass Schlaf gerade bei der Bewältigung von komplexen Aufgaben sehr effektiv wirkt. Für das Gehirn ist Schlaf so etwas wie eine Urlaubsoase, in der der Lärm und der ständige Zustrom von Informationen eine Zeitlang abgeblockt werden, damit dieser Informationsfluss sortiert werden kann. Demzufolge ist der Schlaf dafür da zu vergessen, Unwichtiges auszusortieren, das Wichtige und Wertvolle so zu arrangieren, dass sich daraus Muster ergeben, die das Hirn bei Bedarf wiedererkennen kann. Dieser Erklärungsversuch macht Anekdoten über kreative Schübe plausibel oder die eine oder andere Wissenschaftslegende, wonach für hochkomplexe Probleme nach einem gesunden Schlaf spontan eine elegante Lösung gefunden wurde, für die am Ende ein Nobelpreis winkt.

Bei unserem Gespräch in Boston hat Stickgold aber auch ein ganz alltägliches Beispiel gebracht von jemandem, der entscheiden muss, ob er ein Angebot für einen neuen, besseren Job in einer anderen Stadt annehmen will oder nicht.

»Der anal-fixierte Typus wird sich ein Diagramm zeichnen und die Argumente pro und contra eintragen. Damit kommt man nie weiter. Aber dann, am nächsten Morgen, wachen Sie auf und wissen genau, dass der Job nichts für sie ist. Und wenn sie von Freunden gefragt werden ›Warum?‹, dann antworten sie ›Ach, das war nicht das Richtige für mich‹, aber sie können keine Begründung dafür geben, warum.«

Das Diagramm hilft deswegen nicht weiter, weil man damit niemals alle Vor- und Nachteile eines Umzugs für den Betroffenen selbst, seine Ehefrau und die Kinder eintragen und Dinge wie unterbrochene oder erschwerte freundschaftliche Beziehungen aller Beteiligter und die ganze mit einem Umzug verbundene Umstellung richtig bewerten kann. Die wichtigen Entscheidungen in unserem Leben passen nicht auf so eine Liste und lassen sich nicht in Zahlen berechnen. Wir lösen diese Konflikte im Schlaf, weil das Hirn dann am besten in der Lage zu sein scheint, solche im wahrsten Sinne des Wortes unkalkulierbaren Probleme zurechtzustutzen, zu vereinfachen und zu strukturieren.

»Das Hirn«, fährt Stickgold fort, »braucht für zwei Stunden Informationsaufnahme während des Tages eine Stunde Schlaf, um diese Information zu verarbeiten. Wenn ihm diese Stunde fehlt, werden Sie nicht weiterkommen. Zwei zusätzliche Stunden Schlaf pro Nacht machen den Unterschied zwischen schlau und weise aus.«

Dieser Gedanke erhält durch weitere Untersuchungen, die auf den ersten Blick wie ein banaler Gedächtnistest wirken, eine neue Dimension. Die Forscher haben ihren Probanden eine Reihe von Bildern gezeigt und dann bei den ausgeschlafenen Probanden und denen mit Schlafentzug abgefragt, an welche sie sich erinnern können. Dabei handelte es sich um Bilder mit eindeutigem emotionalen Inhalt, wie etwa niedliche kleine Welpen oder Kriegsbilder, die leicht in positiv, negativ oder neutral sortiert werden können. Wie bereits erörtert, hatten die Probanden mit Schlafentzug viel größere Erinnerungsprobleme, jedoch nicht bei den Bildern mit negativer Konnotation. An die konnten sie sich gut erinnern.

Dieses Ergebnis liefert eine geradezu schlagende Verbindung zum Phänomen Depression. Fast lehrbuchmäßig werden depressive Menschen dadurch definiert, dass sie sich nur an die negativen Aspekte ihres Lebens erinnern können. Aber es geht noch weiter. Beispielsweise sind Menschen, die an Schlafapnoe leiden – das ist eine Beeinträchtigung der Atmung, die in der Regel zu Schlafunterbrechungen führt –, ebenfalls oft depressiv. Stickgold zitiert sogar eine Studie, bei der zwar die Apnoe erfolgreich medikamentös behandelt worden war, nicht aber die Depression, doch diese hat sich von selbst gegeben – ein starker Hinweise darauf, dass gesunder Schlaf eine Depression beheben kann.

Besonders deutlich ausgeprägt erscheinen diese Auswirkungen emotionaler Erinnerungsverarbeitung bei Soldaten, die im Kriegseinsatz im Irak waren und die nun unter Posttraumatischer Belastungsstörung (PTBS) leiden; diese ist wahrlich ein gravierenderes Problem als die Snickers-Sucht mancher Kriegsveteranen. In der begleitenden Forschung hat man festgestellt, dass LKW-Fahrer auf dem Kriegsschauplatz bei Weitem seltener an PTBS litten. Der Grund liegt darin, dass diese entsprechend den internen Militärvorschriften zwingend eine achtstündige Schlafpause am Tag einlegen mussten. Inzwischen wissen wir, das PTBS dem menschlichen Erinnerungsvermögen zugeordnet werden muss, man kann diese Störung als eine Krankheit der Erinnerung bezeichnen. Menschen, die darunter leiden, sind nicht in der Lage, ihre traumatischen Erlebnisse zu verarbeiten und der Vergangenheit zuzuweisen. Daher ist es ihr Schicksal, diese Schreckensszenen Tag für Tag als reale und direkte Bedrohung wieder zu erleben. Haben Soldaten hingegen die Möglichkeit, regelmäßig zu schlafen, dann ermöglicht ihnen die Macht des Schlafes über die Erinnerung, selbst furchteinflößenden und krassen Erlebnissen ihren Platz im Gedächtnis zuzuweisen, wo sie zwar als schlechte Erinnerungen abgespeichert werden, aber nicht als gegenwärtige, unmittelbare Bedrohung.

Was lässt sich aus all dem nun schlussfolgern? Stickgold hat einen guten Ratschlag parat, den er ohne Umschweife präsentiert: Jeder Mensch braucht im Verlauf von vierundzwanzig Stunden achteinhalb Stunden Schlaf. Jeder. Außerdem stellt er ausdrücklich fest, dass man andererseits bei dieser Einteilung normalerweise gar nicht verschlafen kann. Wer also tagtäglich einen Wecker braucht, wer erst nach der dritten oder vierten Espresso-Injektion in die Gänge kommt und wer regelmäßig am Wochenende lang und breit »ausschlafen« muss, der schläft im normalen Tagesrhythmus einfach nicht genug. In dieser Hinsicht verfügt der Körper über einen wunderbaren und höchst zuverlässigen Selbstregulierungsmechanismus. Diese Kräfte sind so stark, dass sie den Menschen einfach zwingen, sich den nötigen Schlaf zu gönnen. Es ist ganz einfach: Wenn Sie sich schläfrig fühlen, dann schlafen Sie eben.

Die Geschichte von Beverly Tatum

Wir waren mit Beverly Daniel Tatum in der bekannten kalifornischen Wellness- und Fitnessoase Rancho La Puerta in der Nähe von San Diego verabredet. Dort werden ganzheitliche Regenerationsprogramme für Menschen angeboten, die durch den Kontakt mit der Natur ihr eigenes, besseres Ich zurückgewinnen wollen. Ursprünglich kam sie hierher, weil sie sich gründlich erholen und ausschlafen wollte. Sie hat die Botschaft von Rancho La Puerta aber an ihr College mitgenommen und so Tausenden junger Frauen einen Weg zu mehr Wohlbefinden eröffnet, denn Tatum ist Präsidentin des Spelman Colleges, eines in den USA bekannten Colleges für Frauen afroamerikanischer Herkunft in Atlanta. Tatum verbringt hier regelmäßig einen Erholungs- und Fitness-Urlaub. Einmal im

Jahr nimmt sie sich auch Zeit für sich, um sich vollständig zu regenerieren. Sie will ihren Aufgaben und ihrem Beruf vollauf gerecht werden und braucht auch noch Kraft, für andere da zu sein. Sie hat selbst die Erfahrung gemacht, wie gut und richtig es ist, sich diese Auszeit zu nehmen.

Bevor Tatum ans Spelman College kann, war sie Dekanin am sehr traditionellen und sehr elitären Mount Holyoke College für Frauen in Massachusetts. Ihre Aufgaben dort waren so zeitraubend, dass sie, wie viele Menschen, zu oft noch in den späten Abendstunden im Büro vor dem Bildschirm saß, um E-Mails zu beantworten. Als sie Präsidentin von Spelman wurde, vervielfachte sich natürlich die Zahl der E-Mails genauso wie ihre dienstlichen Frühstücks-, Lunch- und Abendessens-Termine, die sie unter dem Stichwort »Staatsbankett« subsumiert. In der Folge blieben ihr also nur noch vier bis fünf Stunden Schlaf pro Nacht, und sie konnte nicht mehr so viel Sport treiben, wie sie wollte, zumal sie sich vorgenommen hatte, jeder einzelnen ihrer Studentinnen persönlich mehr Zeit zu widmen.

Bei ihrem Urlaub im Jahr 2005 stellte Tatum fest, dass ihre Gewichtszunahme im Zusammenhang mit ihren Überstunden stehen musste, so wie es auch von Stickgold gesehen wird. Sie nahm sich deshalb vor, den Computer konsequent spätestens um 22 Uhr abzuschalten und zu Bett zu gehen. So konnte sie mindestens sieben bis acht Stunden schlafen. Außerdem trieb sie wieder mehr Sport und verringerte alsbald ihr Gewicht. Sie fühlte sich insgesamt besser und energiegeladener. Zudem fiel ihr auf, dass viele ihrer Studentinnen mit den gleichen Problemen zu kämpfen hatten wie sie.

»Ich habe ihnen erklärt, dass wir hier am College eine Menge Zeit und Geld in ihre Ausbildung und Erziehung stecken«, sagte sie zu uns. »Dann möchten wir auch, dass sie lange genug leben, um davon profitieren zu können.« Ihre etwas düstere Mahnung war keineswegs aus der Luft gegriffen. Sie hatte längst feststellen müssen, dass die bei ihren Studentinnen durchaus verbreitete Fettleibigkeit zu einem hohen Anteil diabetes- und herzkranker junger Frauen geführt hatte. Das ging so weit, dass sie bereits an mehreren Beerdigungsfeiern ehemaliger Studentinnen teilnehmen musste, die noch vor Anfang vierzig gestorben waren.

Tatum traf daher die durchaus umstrittene Entscheidung, aus dem amerikanischen Verband des Collegesports NCAA (*National Collegiate Athletic Association*) auszuscheiden, in dem viele Colleges und Universitäten ihre Sportaktivitäten koordinieren und der wichtige Wettkämpfe und Meisterschaften organisiert. Diese Entscheidung hatte ein landesweites Echo. Stattdessen konzentrierte sich Tatum nun darauf, für das Spelman ein umfassendes Fitness- und Ernährungsprogramm auf die Beine zu stellen, mit dessen Hilfe die Studentinnen auf regelmäßige Bewegung und gute und bewusste Ernährung achten. So wird den 2100 Studentinnen, von denen man erwarten kann, dass die meisten von ihnen einmal in Führungspositionen aufsteigen, ein Vorbild von einem qualitätvolleren Leben vermittelt. So bringt man Veränderung in Gang.

Ihr eigener Weg des Wandels begann für Tatum mit einem einzigen Schritt, einer einzigen bewussten Aktion; sie nennt das ihren »Verstärker«. Sie drückte sozusagen einen einzigen Knopf; in ihrem Fall war das die bewusste Ausweitung des Schlafs. Für sie bildete das die Grundlage, sich auch mit Ernährung zu beschäftigen und Sport zu treiben. Es hängt eben alles zusammen. Nicht zuletzt hat sich ihr verbessertes Wohlbefinden als Segen für das Wohlbefinden anderer Menschen erwiesen. Das entspricht auch unseren Vorstellungen, und wir sehen es stark im Kontext mit der Natur, ja sogar mit der wilden Natur – also nicht gerade im Stadtpark und auch nicht im Stadtwald.

Schlaf und Gemeinschaft

Wir haben also festgestellt, wie notwendig und gut der Schlaf ist, aber wie schläft man am besten? In welcher Umgebung? Die Forschung hat inzwischen herausgearbeitet, wie komplex der menschliche Schlaf ist. Er gliedert sich in deutlich voneinander unterschiedene Abschnitte, die durch klar voneinander abgrenzbare Muster der Gehirnaktivität gekennzeichnet sind. Einige dieser Abschnitte sind mit einem bestimmten Nutzen verbunden. Das bedeutet, dass ein bestimmter Zeitabschnitt für das Abspeichern von Lerninhalten genutzt wird, ein anderer für das Abspeichern von Erinnerungen. Wenn der Schlaf in einem dieser Stadien unterbrochen wird oder gar nicht erst eintritt, dann tritt der Nutzen für die jeweilige Gehirnfunktion auch nicht ein, selbst wenn die gesamte Schlafenszeit der Idealdauer von achteinhalb Stunden entspricht. Dies bedeutet, dass in diesen Zusammenhängen auch bestimmte Merkmale oder Signale eine Rolle spielen, doch hier tappt die Wissenschaft noch im Dunkeln. Wir können immer noch nicht genau definieren, was Schlaf eigentlich ist. Gleichwohl gibt es starke Anzeichen dafür, dass unsere Art des Schlafens – allein und in ausgestreckter Ruhelage von elf Uhr abends bis halb acht morgens, in einem Schlafzimmer isoliert von allen anderen – unter dem Aspekt der evolutionären Entwicklung und der denkbaren menschlichen Lebensbedingungen als geradezu abartig gelten muss. Könnte diese verbreitete Sitte und Angewohnheit ein Problem sein? Vielleicht sagen unsere Träume etwas darüber aus.

Mindestens in einer Hinsicht ist Schlaf alles andere als eine friedliche Veranstaltung: Menschen haben schlechte Träume. Wenn man genauer hinschaut, ergeben sich interessante Tatsachen: Aggressive Handlungen, das Gefühl, bedroht zu werden, und Gewalt überwiegen eindeutig auf der Liste der Trauminhalte. Von jemandem bedroht oder verfolgt zu werden kommt als Traum viel häufiger vor als das Bild von einer Blumenwiese mit Häschen und Schmetterlingen an einem sonnigen Tag. In Studien zu diesem Thema haben die Forscher bei der von ihnen untersuchten Gruppe einen Anteil von 45 Prozent Inhalten mit Gewalt und Aggression festgestellt – die mit Abstand größte Kategorie. Dabei war der Träumende dann etwa 80 Prozent der Traumzeit direkt in die Aggression involviert, und zwar überwiegend in der Opferrolle. Es sind allerdings nicht alle Menschen in gleicher Weise mit solchen Angst- und Gewaltvorstellungen belastet; andererseits kann man innerhalb der Geschlechter und unter Erwachsenen verbindende Elemente feststellen. Bei Männern wie bei Frauen erscheint der Angreifer in einem Gewalttraum meist als Mann, als Gruppe von Männern oder als Tier; Tiere kommen allerdings nicht besonders häufig vor, jedenfalls nicht bei modernen Erwachsenen.

Diese Feststellungen werden um einiges interessanter, wenn man sie Erhebungen gegenüberstellt, die bei Kindern gemacht wurden. Wenn Tiere in den Träumen von Kindern und Jugendlichen eine Rolle spielen, dann besteht eine starke Tendenz, dass die Inhalte dann auch gewaltgeladen und bedrohlich wahrgenommen werden. Haustiere wie Hunde, Pferde oder Katzen sind in Kinderträumen eher selten, dafür tauchen Schlangen, Spinnen, Gorillas, Löwen, Tiger und Bären viel häufiger auf. Sehr vielsagend ist auch die offensichtlich vom Alter abhängige inhaltliche Wandlung der Trauminhalte. Je jünger die Kinder sind, desto häufiger und größer scheint die Bedrohung durch Tiere in den Träumen zu sein; das nimmt allmählich ab, je älter Kinder werden. Wenn sie aufs Erwachsenenalter zugehen, passen sich die Trauminhalte zunehmend der Realität an; dies gilt übrigens für alle Kulturen. Es hat den Anschein, als ob man mit der Furcht vor Tierattacken auf die Welt kommt, und im Lauf der Zeit ersetzen böse Männer mit Stöcken oder Gewehren die Löwen. In jedem Fall überwiegen bedrohliche Situationen als Trauminhalte bei Weitem.

Sehr bemerkenswert in diesem Zusammenhang ist, dass dies auch für Kinder gilt, die nie in ihrem Leben ein wildes Tier gesehen haben und die dementsprechend keinerlei Furcht vor einem Angriff haben müssen. Vermutlich gibt es demnach so etwas wie ein angeborenes Gedächtnis, tief eingeprägte Erinnerungen an Lebensumstände in der weit zurückliegenden Evolutionsgeschichte des Menschen, als solche Bedrohungen durch wilde Tiere für Erwachsene wie für Kinder Teil des alltäglichen Lebens waren. Uns modernen, rational denkenden Menschen mag das reichlich merkwürdig vorkommen, aber wir sollten nicht vergessen, dass hier von Träumen die Rede ist. Über Träume ist in all den zurückliegenden Jahren teilweise so viel Unfug, abergläubisches und spekulatives Zeug sowohl von halbwissenschaftlicher wie auch von wissenschaftlicher Seite gesagt worden, dass man bei diesem Thema allen Grund hat, größte Zurückhaltung zu üben. Nichtsdestotrotz lässt sich ein ähnliches und anerkanntes Phänomen auch im Wachzustand beobachten – und zwar nicht nur bei Menschen, sondern auch bei Primaten. Wenn man ein typisches Stadtkind, also einen echten Eingeborenen der modernen Betonwelt, zum ersten Mal mit in die Wüste nimmt und auf dieser Wüstenwanderung immer mal wieder eine Schlange auf den Boden wirft, dann kann man eine prompte und völlig vorhersagbare Reaktion erleben, auch wenn das Kind nie zuvor eine Schlange gesehen hat. Das Gleiche gilt für Schimpansen, die in Käfigen aufgezogen wurden. Auch wir haben Instinkte, tierische Instinkte sogar.

Mindestens ebenso interessant ist der Vergleich mit Menschengruppen, bei denen solche geschärften elementaren Instinkte nach wie vor lebenswichtig sind, und auch darum hat sich die Traumforschung gekümmert. Wie und was unsere Steinzeitvorfahren geträumt haben, erschließt sich für uns wohl am besten bei zeitgenössischen Jägern und Sammlern. Das ist in mindestens zwei Feldforschungsprojekten geschehen: einmal mit Aborigines in Australien und dann bei Mehináku-Indianern in Brasilien gerade noch rechtzeitig, bevor sie in engeren Kontakt mit der modernen Zivilisation kamen. Die Untersuchung über die Indianer erwies sich als besonders informativ, weil diese Menschen ihren Träumen große Aufmerksamkeit schenken; sie bemühen sich schon von sich aus, sich Trauminhalte zu merken, und sie sprechen miteinander über ihre Träume. Sowohl bei den Eingeborenen in Brasilien wie in Australien kamen Tiere und Gewaltinhalte in den Träumen überproportional oft vor. Bei beiden Gruppen träumten die Erwachsenen viel häufiger von Tieren, als dies bei Menschen aus der modernen, zivilisierten Welt der Fall ist, und zwar ungefähr mit der gleichen Häufigkeit wie bei unseren Kindern. Daraus kann man schließen, dass die Abnahme von Tierträumen mit zunehmendem Alter in der Tat eine Anpassung an die zivilisierte, domestizierte Welt reflektiert. Wenn wir auf die Welt kommen, sind wir so programmiert, dass wir von wilden Tieren träumen, doch durch den Zivilisationsprozess werden solche Trauminhalte verdrängt.

Genauso wichtig ist übrigens die Feststellung, dass die geschlechtsspezifischen Unterschiede bei Jägern und Sammlern auf der einen Seite und modernen Menschen auf der anderen Seite sehr ähnlich sind. Bei beiden spielen Gewaltinhalte und wilde Tiere vor allem bei Männern eine dominante Rolle.

Der finnische Neurowissenschaftler Antti Revonsuo, der diese umfangreichen Forschungen durchgeführt, ausgewertet und darüber eine wichtige Publikation veröffentlicht hat, interpretiert seine Ergebnisse dahingehend, dass es bei diesen Träumen um etwas ganz anderes geht als um Furcht oder traumatische Erlebnisse. Er sieht das Traumgeschehen eher eingebettet in das, was die Schlafforschung insgesamt bisher hauptsächlich herausgefunden hat. Danach ist der Schlaf weniger als Rückfall in einen Zustand der Hilflosigkeit zu betrachten, sondern vielmehr als aktiver Teil des Lern- und Informationsverarbeitungsprozesses, mit dem das Gehirn Probleme und Konflikte abarbeitet und Lösungsmöglichkeiten entwickelt. Die menschliche Art hat sich inmitten von Raubtieren entwickelt. In ihrer Entwicklungsphase standen die Menschen keineswegs an der Spitze der Nahrungskette. Dieser Aspekt wird in den zumeist oberflächlich dahinformulierten Geschichten über die Evolution des Menschen zu oft übergangen. Wir modernen Menschen haben vergessen, was es bedeutet, für andere Lebewesen nicht mehr als ein Stück Fleisch zu sein. Die Vorstellung, einfach nur leichte Beute für »andere Tiere« zu sein, muss die frühen Menschen mit namenlosem Entsetzen erfasst haben; das gilt insbesondere für die jungen und wehrlosen unter ihnen und für diejenigen, die ihnen am nächsten stehen.

Wir können uns diese Lebensumstände durch die Übertragung ähnlicher Erfahrung ansatzweise ausmalen, vor allem diejenigen, denen Löwen, Grizzlybären oder Sibirische Tiger einmal in der Wildnis begegnet sind; alle diese Tierarten sind ja nach wie vor für den Menschen gefährlich. Dabei waren solche großen Raubtiere während der Frühgeschichte der Menschheit noch viel zahlreicher; hinzu kamen noch einige sehr viel furchteinflößendere Raubbestien, die mittlerweile ausgestorben sind. Zum Beispiel werden auch heute noch Khoisan in der Kalahari viel öfter von Leoparden angefallen und sogar getötet als von Löwen. Gar nicht auszudenken, wie die sehr viel gewaltigeren Vorfahren der heutigen Leoparden auf unsere Menschenvorfahren gewirkt haben müssen. Noch die amerikanischen Ureinwohner, die ja beinahe erst in historischer Zeit auf den Kontinent einwanderten, sahen sich mit Säbelzahntigern und Kurznasenbären konfrontiert, die um einiges größer und schneller waren als heutige Grizzlys.

In solch einer Umwelt mussten Menschen angesichts solcher Herausforderungen hochangepasst sein – um es zurückhaltend zu formulieren. Genau das bildete den Inhalt ihrer Träume. Nach Revonsuos Ansicht fungierten die Träume als Probedurchlauf, um gegenüber diesen Bedrohungen besser gewappnet zu sein. Das Hirn bereitete sich nachts auf das vor, was an Reaktionsvermögen und Überlebensfähigkeit angesichts der tödlichsten Bedrohungen benötigt war. Er zieht folgenden Schluss:

Jeder Vorteil beim Umgang mit hochgefährlichen Ereignissen führt potenziell zu einer höheren Reproduktionsrate. Wenn Träume ein psychischer Mechanismus sind, um elementare Bedrohungserlebnisse aus dem Wachzustand aufzurufen und sie in einer Art Simulation in verschiedenen Kombinationen immer und immer wieder durchzuspielen, dann kann sich das für die Entwicklung und Aufrechterhaltung der Fähigkeiten zur Abwehr dieser Gefahren als nützlich und wertvoll erweisen. Eindeutige empirische Aussagen, die aus maßgeblichen Trauminhalten gewonnen wurden, die Träume von Kindern, wiederkehrende Träume, Alpträume, posttraumatische Träume und die Träume der Jäger und Sammler legen den Schluss nahe, dass die Biomechanismen, welche die Traumproduktion steuern, sich auf die Simulierung von Bedrohungserfahrungen spezialisiert haben. Das untermauert natürlich die Annahme, dass die Bedrohungssimulation zumindest eine wichtige Funktion des Traumgeschehens ist.

Die amerikanische Anthropologin Carol Worthman glaubt darüber hinaus, dass die damalige allgegenwärtige Bedrohung durch große Raubtiere einen wesentlichen Einfluss auf unsere Schlafgewohnheiten hat. Damit rückt ein weiterer Gesichtspunkt ins Blickfeld, sozusagen die Kehrseite der Angst. Wenn man es nämlich etwas genauer und unvoreingenommen betrachtet, findet man sehr viele Hinweise, welche nahelegen, dass Schlaf für die fernen Vorfahren gar kein Rückzug war, sondern ein Gemeinschaftserlebnis. Und das hat vermutlich auch damit zu tun, dass man immer nach den Löwen Ausschau halten musste.

Carol Worthman lehrt an der Emory Universität und dürfte die einzige Anthropologin sein, die sich ganz auf das Thema Schlaf spezialisiert hat. Wir trafen die ausgesprochen höfliche und sympathische Professorin in ihrem effizient organisierten Büro. Sie war gerade von einem längeren Aufenthalt in Indien zurückgekehrt, wo sie buddhistischen Nonnen die wissenschaftliche Denkmethode des Westens beigebracht hatte; auf der Rückreise legte sie noch einen kurzen Zwischenaufenthalt in Vietnam ein, wo ein Feldversuch in einem abgelegenen Dorf abläuft, in dem die Menschen zum ersten Mal Fernsehen empfangen.

Worthman beschäftigt sich schon seit vielen Jahren mit dem Thema Schlaf. Zunächst geschah dies aus rein wissenschaftlicher Neugierde, weil ihr aufgefallen war, dass sich zum Stichwort Schlaf in der anthropologischen Literatur kaum etwas findet; was merkwürdig ist, wenn man an die Bedeutung des Schlafes im menschlichen Leben denkt. Sie verschaffte sich einen Überblick über kulturvergleichende Arbeiten über Schlafgewohnheiten. Ganz ähnlich wie bei Stickgold, der sich für die Gründe interessierte, warum wir überhaupt schlafen, stellte sich heraus, dass wir darüber so gut wie nichts wissen. Dafür gibt es nachvollziehbare Gründe. Zum einen – dachte man jedenfalls bisher – schliefen die Menschen damals allein oder zu zweit. Außerdem hinterlässt Schlaf anders als Speerspitzen oder kleine Handbeile oder Aschereste von Kochstellen keine archäologisch verwertbaren Spuren. Auch Knochenreste geben in dieser Hinsicht wenig her, und in alten Erzählungen und Legenden ist kaum davon die Rede. Die Faktenlage ist also ausgesprochen dünn, wenn wir der Frage nachgehen wollen: Wie hat sich dieser überaus wichtige Teil des menschliches Lebens eigentlich evolutionär entwickelt?

Aus den kulturvergleichenden Untersuchungen ergibt sich kein Widerspruch zu Stickgolds Feststellung, dass Menschen in der Regel innerhalb von vierundzwanzig Stunden acht Stunden Schlaf benötigen. Aber die Anthropologin Worthman weist darauf hin, dass es zwar keine großen quantitativen Unterschiede gibt, also bezüglich der Schlafdauer, wohl aber qualitative Unterschiede. Menschen beispielsweise, die unter Schlaflosigkeit leiden – jene quälende Unruhe, wenn sich Menschen nachts im Bett hin und her wälzen –, würden in Wirklichkeit doch sehr viel mehr schlafen, als sie selbst meinen, aber die Qualität ihres Schlafes sei schlecht. Sie selbst glauben, lange wach zu sein, dabei ist es so, dass ihr Schlaf ihnen nicht besonders viel nützt.

»Die Frage lautet also: Wie entsteht guter Schlaf? Damit rücken die Gesamtumstände des Schlafes ins Blickfeld, und dafür wiederum können die evolutionären Zusammenhänge interessant sein«, erläutert Worthman.

Unsere Kenntnisse über diese evolutionären Zusammenhänge sind eher eine zeitliche Rückübertragung von Erkenntnissen, die aus Untersuchungen über Schlafgewohnheiten in verschiedenen Kulturen gewonnen wurden. Daraus ergibt sich ziemlich eindeutig, dass wir noch viel zu wenig mit »Gesamtumständen« von Schlaf anfangen können – »wir«, die wir Schlafgewohnheiten praktizieren, die Worthman als das »Totstell«-Modell des Schlafs bezeichnet: Um zehn Uhr ins Bett, Licht aus, Wecker stellen, dann absolute Ruhe und warten bis zur Wiederauferstehung am nächsten Morgen. Tatsächlich wurden, nach allem, was wir wissen, sowohl in früheren Zeiten als auch in der heutigen Welt nur in wenigen Kulturen derartige Schlafgewohnheiten praktiziert.

»In fast allen anderen Kulturen und Gesellschaften ist Schlaf ein Gemeinschaftserlebnis. In sehr vielen Gesellschaften sind Vorkehrungen für dementsprechende Schlafmöglichkeiten extrem wichtig«, sagt Carol Worthman.

Und was bedeutet »dementsprechende Schlafmöglichkeiten«? Zunächst einmal sind andere Menschen mitbeteiligt. Nur wenige Kulturen betrachten Schlaf als einen Rückzug, als eine Art Intimangelegenheit. Ganz im Gegenteil.

Erinnern wir uns noch einmal an die Löwen, um uns darüber klar zu werden, wo das seine Ursache hat. Die Kalahari-Reisende Elizabeth Thomas beschrieb einen Vorgang, bei dem es darauf ankam, sowohl wach zu sein als auch zu schlafen, was sehr viel Sinn macht, wenn man als Khoisan draußen in der Kalahari übernachtet, wo es möglicherweise von Löwen wimmelt. Und während der längsten Zeit ihrer evolutionären Entwicklung schliefen die Menschen genau unter solchen »Gesamtumständen«. Man kann diese beinahe beiläufige Beobachtung mit etwas Zahlenwerk korrelieren, und Carol Worthman hat die entsprechenden Berechnungen vorgenommen. Das Ganze beruht auf bekannten und weit verbreiteten Schlafmustern, die sich auch bei uns modernen Menschen finden und die altersabhängig sind. Bei Kleinkindern ist es bekanntlich oft so, dass sie zu allen möglichen Tages- und Nachtzeiten wach sein können, aber sobald sie ein bisschen älter sind, fügen sie sich in den Schlaf-Wach-Rhythmus ein, der für die meisten Erwachsenen bestimmend ist. Heranwachsende wiederum haben ihren eigenen Rhythmus, und zwar weltweit in allen Kulturen: Sie gehen im Vergleich zu Erwachsenen relativ spät zu Bett und stehen auch später auf. Ältere Menschen hingegen sind nachts oftmals länger wach. Dieser altersbedingte Unterschied der Schlafenszeiten gilt für alle Kulturen; wenn man diese Muster sozusagen übereinanderlegt, ergeben sie einen Sinn. Laut Worthman könne man ausrechnen, dass bei einer Sippe, die aus ungefähr fünfunddreißig Personen mit normaler Altersverteilung besteht, entsprechend diesem Muster immer mindestens eine Person wach ist, egal zu welcher Zeit.

Es geht aber nicht nur um bestimmte Wachzeiten. Viele Gesellschaften kultivieren einen eher leichten Schlaf, eine Art Dösen, aus dem man sofort wieder aufwachen und präsent sein kann. In der Schlafforschung unterscheidet man daher generell zwei Kategorien von Schlaf, die durch die Augenbewegung definiert sind: REM-Schlaf (*rapid eye movement* – Schlaf mit schneller Augenbewegung) und NREM-Schlaf (*non-REM* – wo diese Augenbewegung fehlt). Bei NREM-Schlaf werden wiederum vier unterschiedliche Stadien unterschieden. Sowohl der REM-Schlaf als auch die tiefste Phase des NREM-Schlafs sind durch die sogenannte Schlafparalyse gekennzeichnet – es gibt keinen Muskeltonus und kein Bewusstsein mehr. Der Zustand ist wie ein Koma; die Menschen wären Raubtieren hilflos ausgeliefert.

Beim REM-Schlaf ist die Körperschwächung durch niedrigen Tonus am stärksten ausgeprägt; man ist wie gelähmt. Die Wissenschaftler wissen noch nicht genau, weswegen diese Blockierung des Muskeltonus eintritt, aber man erklärt es sich überwiegend dahingehend, dass es als Schutz gegen Verletzungen dient, da die Muskeln sonst im Traum unkontrolliert agierten; die meisten Traumaktivitäten treten in der REM-Phase auf. Menschen, bei denen diese Paralysefunktion gestört ist, ziehen sich oft dementsprechende Verletzungen zu.

Carol Worthman zufolge ist wegen dieser Schlafphasen der Gemeinschaftsschlaf so ungeheuer wichtig, weniger wegen der Löwengefahr. Während des Schlafs ist das Bewusstsein keineswegs abgeschaltet oder inaktiv, jedenfalls nicht die ganze Zeit über. Im Gegenteil. Wie man heute weiß, erledigt das Gehirn im Schlaf einen Hauptteil seiner Arbeit. Aber dazu muss es in einen anderen Modus umschalten und auch während des Schlafs verschiedene Male herunterschalten. Dies wiederum geschieht im Austausch mit der Umgebung, indem Signale aufgenommen werden, die anzeigen, wann die äußere Situation sicher genug ist, um den Paralysezustand eintreten zu lassen. Um gut und gesund schlafen zu können, müssen wir einfach in Kontakt bleiben mit dem, was um uns herum passiert; diese Wahrnehmungen steuern uns zuverlässig durch die verschiedenen Stadien des Schlafes. Wenn wir uns hingegen in nahezu schalldichte Räume zurückziehen, ist das sicherlich der falscheste Weg zu gutem und gesundem Schlaf. Das Gleiche gilt übrigens, wenn wir uns vom Umgang mit anderen Menschen abschotten.

Diese Schlussfolgerungen sind keineswegs spekulativ. Worthman hat vor längerer Zeit eine Untersuchung zum Schlafverhalten in Ägypten durchgeführt, weil sie mit Probanden arbeiten wollte, die schon seit Jahrtausenden in städtischen Zivilisationen leben. Sie wollte nämlich herausfinden, ob sich Verhaltensmuster und Schlafgewohnheiten der Jäger-und-Sammler-Gesellschaften auch in sehr alten Zivilisationen erhalten haben. Sowohl auf dem Land als auch in der Stadt schlafen die Ägypter gemeinsam, so wie es weltweit am häufigsten der Fall ist; sie bezeichnet diese Form als Gemeinschaftsschlaf. Dabei übernachten die Großfamilien typischerweise in großen Gemeinschaftsräumen, in denen es fast keine Abtrennungen oder sonstige Vorkehrungen für Privatsphäre gibt. Von diesem üblichen Verhaltensmuster gibt es bezeichnende Ausnahmen. Bei den Ägyptern wie bei anderen Völkern auch werden Mädchen und Jungen in der Pubertät voneinander getrennt, wenn auch nicht immer so strikt; manchmal schläft ein Mädchen im Teenager-Alter gemeinsam mit einer Tante oder Großmutter. Manchmal lässt sich eine solche Lösung nicht arrangieren, und dann müssen die betroffenen Mädchen oder Jungen doch alleine schlafen. Und diese leiden dann häufig unter Schlaflosigkeit oder anderen Störungen. Es waren immer die Alleinschläfer, die mit emotionalen Problemen zu kämpfen hatten.

Diese Verhaltensweisen und Verhaltensmuster wurden in verschiedenen Untersuchungen seither immer wieder bestätigt, sodass für uns nachvollziehbar wird, warum der Gemeinschaftsschlaf weltweit viel stärker verbreitet ist; dazu gehören auch die unterschiedlichen Wachzeiten innerhalb solch einer Schläfergruppe. Während des Schlafs wird die Umgebung weiterhin nach Anzeichen abgetastet, die den Schläfer in Sicherheit wiegen sollen: ein entspannter Gesprächston zwischen den übrigen Anwesenden, deren träge, ebenfalls entspannte Bewegungen, ein knisterndes Feuer. Solche Anhaltspunkte und sanften Geräusche signalisieren die Sicherheit, die der Körper braucht, um sich in die Tiefschlafphase zurückziehen zu können.

In vielen Kulturen sind sich die Menschen all dessen sehr bewusst und treffen dementsprechende Vorkehrungen, vor allem für Kleinkinder. Eigentlich müssen wir nicht schon wieder an Löwen erinnern, obwohl bestimmte Raubtiere wie Hyänen oder Leoparden durchaus eine gewisse Vorliebe für Menschenbabys haben. Dies war sicherlich auch einer der Gründe für die Kindersterblichkeit bei unseren Vorfahren. Elizabeth Thomas erwähnt das Beispiel eines Kleinkindes in der Kalahari, das sich schwerste Verbrennungen zuzog, als es in ein Lagerfeuer stolperte, während alle anderen schliefen – so etwas kam sicher nicht selten vor.

Praktisch die ganze restliche Welt reagiert einigermaßen verblüfft auf die typisch westliche Gewohnheit, Kleinkinder alleine schlafen zu lassen.

»Sie halten das für eine Art Kindesmissbrauch. Ganz im Ernst«, sagt sie.

Vielleicht kann man aus der Evolutionsgeschichte des Schlafes auch ein paar Gegenmaßnahmen gegen die Schlafisolierung in unseren Gesellschaften und in unserer Zeit ableiten, um den ursprünglichen Gesamtzusammenhang der Ruhephasen wenigstens annäherungsweise wiederherzustellen. Vielen kulturvergleichenden anthropologischen Studien kann man entnehmen, dass für die Menschen fast überall auf der Welt das knisternde Geräusch eines offenen Feuers eine ganz besondere Rolle spielt. Eine Geräuschveränderung könnte beispielsweise bedeuten, dass das Feuer auszugehen droht, was vielleicht einen leicht erhöhten Wachsamkeitspegel der Schlafenden auslöst; genauso gut kann der Übergang zu einem Glosen signalisieren, dass man beruhigt tief schlafen kann. Aber Sie müssen nicht zwangsläufig in Ihrem Schlafzimmer ein Lagerfeuer anzünden, obwohl es sicherlich ganz nett ist, einen schönen alten Kamin dort zu haben oder draußen an einem Feuer zu übernachten. Man kann sich nach ähnlichen Geräuschkulissen umsehen, vielleicht helfen sogar Tonaufnahmen.

Ähnlich ist es bei Tieren. Besonders Herdentiere schlafen beim Geräusch von Wiederkäuen und hörbarer Atmung um sie herum; Signalgeräusche von Wachtieren vermitteln ihnen das Gefühl, dass keine Raubtiere in der Nähe sind, von denen Gefahr ausgehen könnte. Unsere Lieblingswachtiere seit dem Beginn der Kulturgeschichte waren selbst einmal Raubtiere: Wölfe wurden durch Fütterung zu Hunden gezähmt. Jeder Vorortbewohner kann ein Lied davon singen, wie sehr ein unaufhörlich bellender Hund den Schlaf in einer Weise stören kann, die sich in Dezibel gar nicht messen lässt. Wir sollten aber nicht vergessen, wie viele Menschen sich vom Schnarchen ihres Hundes einlullen lassen und so zu Entspannung und Ruhe finden. Wenn irgendetwas nicht stimmt, wird sich der Hund schon melden.

All das mag als Erklärung dafür ausreichen, warum Epidemiologen herausgefunden haben, dass Verheiratete und Paare sowie Menschen mit Haustieren länger leben. Vielleicht deswegen, weil sie einfach besser schlafen.

Sprechen wir noch einmal von Abwechslung

In einem der Aufsätze von Carol Worthman findet sich ein Hinweis, der das Thema Schlaf mit Fettleibigkeit, Zivilisationsleiden und Verdummung in Zusammenhang bringt. Wie der Bostoner Schlafforscher Stickgold findet auch sie die für Körper und Psyche selbstregulierenden Kräfte des Schlafs geradezu bewunderungswürdig: dass der Körper dieses überwältigende Schlafbedürfnis verspürt und, wenn man ihn nur sich selbst überlässt, automatisch das Richtige tut, um einen guten Schlaf sicherzustellen.

Schlaf ist irgendwie ein Fluidum ganz eigener Art, meint sie, weswegen sich die Menschen in den meisten Kulturen keine besonderen Gedanken über Schlaf oder Schlaflosigkeit machen. Wer nachts aufbleibt, um auf die Schafe aufzupassen oder damit das Feuer nicht ausgeht, verpasst nicht wirklich etwas; das kann am nächsten Tag mit einem Mittagsnickerchen nachgeholt werden.

Sie hat in Ägypten miterlebt, dass ernsthafte Gespräche wie zum Beispiel eine Geschäftsverhandlung zwischen mehreren Beteiligten abgebrochen wurden, weil einer der Gesprächspartner dabei einfach einschlief.

»Für die war das ganz normal«, erklärt sie uns. »Der Mann hat sich einfach ein Stück Stoff über den Kopf gezogen, und weg war er. Da war weiter nichts dabei. Der Mann ist nicht vom Stuhl gerutscht oder sowas. Das gilt dort keineswegs als unhöflich. Wenn man Schlaf auf diese Weise nicht aus dem Alltag ausschließt, wie wir das tun, dann ist er auf ganz andere Weise völlig selbstverständlich ins Leben integriert.«

Aber das geht eben nur, wenn man bereit ist, den Körper sich selbst zu überlassen. Unsere eng getaktete Gesellschaft hingegen kennt alle möglichen Mechanismen, die diese Art von Körperkontrolle umgehen. Hier liegt der Hund begraben. Wie kommen wir Menschen der westlichen Zivilisationen damit zurecht, wie stecken wir dieses Schlafdefizit weg, das sich bei uns ja nicht nur ausnahmsweise mal ein paar Tage lang anhäuft, sondern das uns Tag für Tag ein Leben lang begleitet? Wie schafft der Körper den Ausgleich?

Die Antwort von Worthman lautet: Wir zahlen für dieses Schlafdefizit in der Währungseinheit Stress.

»Schlafentzug ähnelt sehr stark Stresssymptomen. Der Cortisol-Anteil wird erhöht, der Appetit nimmt zu, das Sättigungsgefühl wird zurückgedrängt, der Blutzuckerspiegel steigt«, erklärt sie. »Das klingt genauso wie die klassische Litanei der Stresssymptome. Wenn der Schlaf gelegentlich verkürzt wird, lässt sich das wieder wettmachen. Aber wenn es zu oft passiert, gerät der Gesundheitszustand des gesamten Organismus ins Wanken, ja die Gesamtpersönlichkeit gerät aus den Fugen.«

Auch hier haben wir es also wieder mit Regulierung und Anpassung zu tun. Einerseits entpuppt sich Schlaf als sehr viel weniger starr, als wir das gewöhnt sind, ja als zeitlich ziemlich dehnbar. Daher ist es auch vollkommen falsch, den Schlaf als eine Phase des Rückzugs oder der Inaktivität zu sehen. Vielmehr handelt es sich um einen dynamischen Zustand von großer Wichtigkeit für das Funktionieren des Gehirns. Wir erledigen einige unserer wichtigsten Aufgaben buchstäblich im Schlaf, indem wir Informationen verarbeiten und – wie kulturvergleichende Untersuchungen zeigen – auf tiefem Vertrauen beruhende zwischenmenschliche Beziehungen aufbauen. Gerade weil der Schlaf so wichtig ist, ist er ein derart anpassungsfähiger und fließender Zustand. Der menschliche Körper ist eigentlich so programmiert, dass er sich sein Schlafpensum dann holt, wenn er es braucht; das ist das, was Worthman mit dem »Fluidum des Schlafs« bezeichnet. Und wie bei all den anderen Dingen, bei denen wir die Anpassungsfähigkeit unseres Körpers nutzen und stärken, indem wir diese Fähigkeiten bei Bedarf einüben, lässt sich auch die Schlaffähigkeit trainieren.

Es verhält sich mit dem Schlaf so ähnlich wie mit der »Herausforderung«, dem positiven Stress, der uns beim Sport stärker macht. Nicht jedoch der negative Stress einer chronischen, unaufhörlichen Überforderung, für die wir mit Cortisol-Ausschüttung und Entzündungen bezahlen und in der Folge fett, krank und dumm werden. Vermutlich werden wir nicht mehr in der Lage sein, die Gesamtumstände des Schlafs, wie er evolutionär »richtig« wäre, jemals wiederherzustellen. Aber wir kennen die Grundlagen dafür. Wahrscheinlich können wir in unserem Alltag die äußeren Bedingungen nicht mehr rekonstruieren, um wirklich perfekt schlafen zu können, aber immerhin gibt es genügend Hinweise darauf, wie wir es besser machen können.

Für viele fängt es schon einmal damit an, dafür zu sorgen, dass wir in unserem überreizten und überkoffeinierten Leben genug Schlaf bekommen. Wenn wir die evolutionäre Entwicklung betrachten, können wir darüber hinaus noch ein paar weitere Regeln ableiten: Unregelmäßiges Schlafen ist okay. Nickerchen zwischendurch sind okay. Ein Gefühl von Sicherheit ist wichtig. Wenn möglich, schlafen Sie gemeinsam mit anderen; dazu gehören unter Umständen auch klassische Hütetiere wie Hunde. Manche Menschen finden auch das Geplauder, wie es für Nachtprogramme im Radio typisch ist, entspannend. Vermeiden Sie aber Alarmgeräusche wie die von Sirenen. Versuchen Sie, Sicherheit signalisierende Geräusche zu installieren wie das Plätschern von Wasser (ein Anzeichen von ruhigem Wetter, nicht von Sturm) oder das Knistern von Feuer. Versuchen Sie es mit dementsprechenden Tonaufnahmen, falls Sie keinen Brunnen oder Kamin im Haus haben.

Schließlich ist in diesem Zusammenhang noch an den Aspekt des Lichts zu denken, ein Thema, das zeigt, wie viel wir auf diesem Gebiet noch lernen müssen. Über den Einfluss des Lichts auf den Schlaf gibt es die verschiedenartigsten Ansichten. Man kann wohl ohne Übertreibung behaupten, dass die Allgegenwart von künstlicher Beleuchtung in den dicht besiedelten, zivilisierten Regionen der Erde vor allem durch die Elektrifizierung zu den wirklich grundlegenden Umwälzungen in der Geschichte der Menschheit zählt. Das gilt vor allem für jene Regionen im Norden und im Süden außerhalb der Tropen, wo die Tageslänge jahreszeitlich deutlich schwankt.

Einerseits stimmt es, dass die Menschen schon seit sehr langer Zeit mit künstlichem Licht vertraut sind. Die enorme Bedeutung des Feuers wurde schon erwähnt. Die Steinzeitkünstler, welche die berühmten Höhlen von Chauvet oder Lascaux vor, grob gerechnet, 40 000 beziehungsweise 20 000 Jahren ausmalten, bedienten sich fettgetränkter Fackeln. Ähnlich wie solche Fackeln basieren auch Beleuchtungskörper wie die in der Antike weit verbreiteten Öllämpchen oder später Kerzen auf der Verbrennung von Fett (auch Wachs ist chemisch gesehen ein Fett-Derivat). Aber dieses aus Öl-/Fettverbrennung entstehende Licht hat ganz andere Wellenlängen als elektrische Glühbirnen und produziert vor allem viel matteres, schummriges Licht. Das ist der Punkt, auf den es ankommt. Das eigentliche Problem ist jenes Licht, das so hell ist, als könne es die Sonne ersetzen. Praktisch alle lebenden Organismen, auch die Pflanzen, reagieren empfindlich auf den Wechsel von Licht und Dunkelheit, auf die Abfolge der Tage und natürlich auch der Jahreszeiten. In der Wissenschaft wird dies »circadiane Rhythmik« genannt, der Tag-Nacht-Rhythmus beziehungsweise Schlaf-Wach-Rhythmus, die berühmte »innere Uhr«. Durch die Evolution entstanden in allen Lebewesen, und nicht zuletzt im Menschen, eine Vielzahl von natürlichen Mechanismen, die auf Lichtimpulse reagieren. Was den Menschen angeht, hat man vor allem einen dieser Mechanismen ausgiebig erforscht; daher wissen wir ganz eindeutig, dass der Einfluss des Lichts nicht nur eine Schlüsselfunktion für den Schlaf hat, sondern auch im Hinblick auf unsere Gesundheit und unsere Lebensdauer.

Dieser Mechanismus funktioniert relativ einfach. Wenn das Sonnenlicht auf die hinter dem Auge liegende winzige Zirbeldrüse trifft, regt dies die Produktion von Melatonin an; dieses Hormon wiederum regelt den circadianen Rhythmus. Jede Art von künstlichem Licht, das in der subjektiven Wahrnehmung die Helligkeit der Sonne erreicht, genügt, um diesen Effekt auszulösen, und dafür genügt nach allen Untersuchungen bereits eine handelsübliche 100-Watt-Birne. Jede durchschnittliche Bürobeleuchtung ist dreimal so hell. Die Wirkung vervielfacht sich, wenn bestimmte Wellenlängen im Spiel sind, besonders bei solchen Beleuchtungskörpern, die ein künstliches blaues Licht erzeugen. Damit sind wir bei elektronischen Geräten wie dem Fernseher, die im Hinblick auf das Melatonin den reinsten Schlamassel anrichten. In diesen Geräten sind die Wellenlängen im Blaubereich hervorgehoben; das Gleiche gilt für LED-Leuchtdioden, die energiesparenden neuen Leuchtkörper. Dass sich auch die Beleuchtung von Computermonitoren auf das Melatonin auswirkt, ist mittlerweile eindeutig belegt. In den Zivilisationsgesellschaften ist die Nacht in vielen Bereichen zum Tag geworden. Industrielle Arbeit im Nachtschichtbetrieb wurde erst durch elektrische Beleuchtung möglich; erst seitdem können Menschen wirklich rund um die Uhr arbeiten. Selbst diejenigen, die nicht arbeiten, sind bei Weitem nachtaktiver als unsere Vorfahren. Große Städte »schlafen nie«, wie es in dem Sinatra-Song über New York heißt, und produzieren deswegen auch nachts unvermeidlich einen Lärmpegel, der in unserer Ruhephase ebenfalls seinen Tribut fordert. So gesehen ist es gar nicht mal so einfach, die eigentliche Ursache für Schlafprobleme zu benennen – Lärm oder Licht? Doch auch die dahinterliegende Frage beantwortet sich gar nicht so leicht: Werden Schlafstörungen und die damit verbundenen Gesundheitsbeeinträchtigungen durch reinen Schlafmangel oder durch die Unterbrechung des evolutionär tief eingewurzelten Tag-Nacht-Rhythmus hervorgerufen?

Wie auch immer, das Kind ist sozusagen in den Brunnen gefallen, das Licht lässt sich nicht mehr abstellen, und wissenschaftliche Studien zeigen, wie es sich auswirkt. So entwickelt sich bei Nachtschwestern im Krankenhaus deutlich öfter Brustkrebs; die Gefahr von Dickdarmkrebs ist bei ihnen um 35 Prozent erhöht. Andere Studien zeigen Zusammenhänge zwischen den Störungen des natürlichen Rhythmus durch künstliches Licht und Depressionen, Herz-Kreislauf-Krankheiten, Diabetes und Fettleibigkeit. Wir sind außerdem der Überzeugung, dass Licht im Zusammenhang mit dem Aufmerksamkeitsdefizitsyndrom (ADS) eine enorme Rolle spielt. Auch wenn es für den Einzelnen so gut wie unmöglich sein dürfte, alle äußeren Bedingungen zu kontrollieren, die einen Einfluss auf unseren Schlaf haben, so können wir doch wenigstens im häuslichen Bereich einige sinnvolle Maßnahmen in Bezug auf das Licht treffen. Ganz einfach und wirkungsvoll wäre es beispielsweise, alle Lichter herunterzudimmen und Fernseher sowie Computermonitore ein paar Stunden vor dem Zubettgehen auszuschalten. Falls Sie einen Beruf haben, bei dem Sie nachts arbeiten müssen, sollten Sie vielleicht überlegen, den Job zu wechseln. Auch wenn das recht drastisch klingt, ist es weniger drastisch im Vergleich mit dem Risiko, an Darmkrebs zu erkranken.

Wir wollen hier ausdrücklich hervorheben, dass wir keine Einwände dagegen haben, sich einem sonnenähnlichen Licht auszusetzen; das würde bedeuten, gegen die Sonne selbst argumentieren zu wollen. Das Ziel sollte sein, sich so gut wie möglich an die natürlichen Zyklen von Tag und Nacht im Wechsel der Jahreszeiten zu halten. Zeit in der Sonne im Freien zu verbringen ist genauso wichtig, wie nachts rechtzeitig die Lichter auszuschalten, um den Körper mit dem circadianen Rhythmus der Erde in Einklang zu bringen. Das verbessert nicht nur den Schlaf, sondern sämtliche fein abgestimmten Systeme im Ihrem Körper.

Blenden wir aber noch einmal zurück zu dem Konzept des sekundären Schlafes, um in diesem Zusammenhang weitere bemerkenswerte Aspekte anzusprechen. So hat man in einem interessanten Experiment Probanden eine Zeitlang jeglichem Einfluss von künstlichem Licht entzogen. Innerhalb weniger Tage entwickelte sich bei vielen ein signifikantes Schlafmuster. Erstens konnten sie zu jeder Tageszeit schlafen, und zweitens nahmen viele rasch die Gewohnheit an, sich gegen acht Uhr abends schlafen zu legen; dann waren sie gegen Mitternacht für ein paar Stunden wach und schliefen anschließend wieder ein. Das gleiche Muster findet man in der europäischen Literatur aus dem vorindustriellen Zeitalter, wo es als »zweiter Schlaf« bezeichnet wird. Früher nutzten die Menschen diese an die mediterrane Siesta erinnernde Ruhephase als eine besinnliche Pause, auch für sexuelle Aktivität und gelegentlich für Besuche bei Nachbarn. Dieser zweite Schlaf hatte also durchaus auch geselligen Charakter. Wenn Menschen nicht über künstliches Licht verfügen, stellt sich dieser Rhythmus fast wie von selbst wieder ein. Das lässt sich durch Untersuchungen aus verschiedenen Kulturen belegen.

Aus diesen interessanten Befunden ergeben sich etliche ebenso interessante Schlussfolgerungen. Erstens zeigt sich dadurch, dass unser Körper als organisches Großsystem eng an bestimmte und für sein Funktionieren wichtige Verhaltensmuster gekoppelt ist. Wenn wir einen künstlich hergestellten Störfaktor wie das elektrische Licht im Sinne des Wortes abschalten, pendelt der Organismus von selbst und relativ rasch wieder in seine evolutionäre Ausgangslage zurück. Wir sind der festen Überzeugung, dass dies auch bei anderen Phänomenen der Fall ist.

Es gibt im Zusammenhang mit dem »ersten« und »zweiten Schlaf« noch einen weiteren wichtigen Aspekt. Die Zwischenphase ist durch eine bestimmte biochemischen Signatur gekennzeichnet: Man kann stets erhöhte Prolaktin-Werte feststellen. Prolaktin erinnert als Begriff an Wörter wie Laktat oder Laktose, die alle etwas mit »Milch« zu tun haben, weil es zuerst als ein für die Säugung wichtiges Hormon entdeckt wurde, gemeinsam mit dem »Geselligkeitshormon« Oxytocin.

Prolaktin taucht aber noch in ganz besonderer Weise in einem anderen Zusammenhang auf, nämlich bei Menschen, die meditieren. Das ist das Thema, dem wir uns als Nächstes zuwenden.

Kapitel 6

ACHTSAMKEIT

Was der ungezähmte Geist enthüllt

Schon vor etlichen Jahrzehnten erzählte uns der Anthropologe Richard Nelson eine Anekdote, die damals schon sehr vielsagend war – und heutzutage, da wir mittlerweile über Gehirnfunktionen sehr viel besser Bescheid wissen, sagt sie uns noch mehr. Nelson gehört zu jenen Forschern, die es in die abgelegene Wildnis zu irgendwelchen Ureinwohnern gezogen hat. Bereits als junger Mann kaprizierte er sich auf die Koyukon-Indianer; das sind Karibu-Jäger im eiskalten Inneren Alaskas. Jahre später zog er in eine völlig andere landschaftliche und klimatische Umgebung, nämlich auf die in etwas wärmerem Meeresklima gelegene Inselgruppe der Aleuten – nach Alaska-Maßstäben schon so etwas wie eine Riviera. Auf den Aleuten gibt es Zedern, Seehunde, Lachs, und es regnet sehr ausgiebig. Das Innere Alaskas wird hingegen dominiert von Wölfen, Pelzen, Eis und wahrhaft arktischer Kälte.

Während seines Aufenthaltes bei den Koyukon hatte sich Nelson mit einigen von ihnen angefreundet, und nachdem er an der alaskischen »Riviera« bereits ein paar Jahre verbracht hatte, lud er sie zu sich ein. Er hatte mit einem Wiedersehen in toller, freudiger Stimmung gerechnet, mit lebhaften Gesprächen und fröhlichem Gelächter. Doch als sie auf seiner Insel angekommen waren, in einer Umgebung, die völlig neu und unbekannt für sie war, verstummten sie beinahe, als hätte es ihnen die Sprache verschlagen. Sie waren von der Fülle neuer, für sie absolut fremdartiger Eindrücke vollkommen überwältigt. Tagelang wanderten sie umher und nahmen jedes bisschen grüne Vegetation auf der Insel in Augenschein. Erst nach einigen Tagen konnten sie wieder reden. Nun sprachen sie über Nelsons neue Heimat, die Insel, auf der er schon ein paar Jahre lang lebte, mit einer Genauigkeit und Intensität, die er selbst nie wahrgenommen hatte.

Das ist ein gutes Beispiel für eine besondere geistige Verfassung, die man bei Jägern und Sammlern findet, eine Hyperwachsamkeit, eine Geistesgegenwart und extrem sensible Beobachtungsgabe, von der wir erst anfangen, uns einen Begriff zu machen. Wir beide, die Autoren, haben inzwischen eine Ahnung, worum es dabei geht und in welchen tiefen persönlichen Erfahrungen diese Fähigkeit ihre Wurzeln hat. Richard Manning geht schon seit seiner Jugend auf die Jagd; er hat mehr als fünfzig Jahre Erfahrung darin gesammelt, wie man dem Wild in den Wäldern auflauert. Bei ihm zu Hause wird sehr viel Wildfleisch gegessen. Auch wenn er ein ganzes Jahr nahezu ununterbrochen am Schreibtisch mit dem omnipräsenten Internet, Computer und Telefon verbringen muss, erlebt er es nach wie vor, wie er in einen ganz anderen, unvergleichlichen Geisteszustand gerät, wenn er zur Jagd geht. Wir beide hatten einmal ein geradezu bahnbrechendes Gespräch zu diesem Thema. Obwohl John Ratey niemals zur Jagd gegangen ist, stellte sich dabei heraus, wie passgenau diese Erfahrung oder dieses Erlebnis mit Johns Konzept von »geistigem Lärm« und Achtsamkeit übereinstimmt. Wir sind der Auffassung, dass das moderne Jagderlebnis nur eine Annäherung an jene gesteigerte Beobachtungsgabe sein kann, die für Menschen wie die Koyukon und überhaupt alle in der Wildnis Teil ihres gelebten Alltags war oder ist. Bei dieser Art von besonderer Geistesverfassung handelt es sich natürlich um ein zu ephemeres Phänomen, als dass man es irgendeiner Art von wissenschaftlicher Analyse unterziehen könnte. Dennoch sind wir der festen Überzeugung, dass es diese Art von Geistesgegenwart gibt, die von Feldforschern, die einige Zeit bei Menschen in der Wildnis gelebt haben, immer wieder festgestellt und beschrieben wurde. Diese Menschen haben eine innere Ruhe und einen Sinn für eine Anderwelt, den wir erst mühsam anfangen nachzuvollziehen. Im Lauf der Zeit sind wir außerdem zu der Überzeugung gelangt, dass es zwischen dieser geistigen Verfassung von Sammlern und Jägern und einer ganz bestimmten modernen Praktik eine grobe Übereinstimmung geben muss. Diese Praktik der Meditation ist heute für jedermann frei zugänglich und wurde gerade in den letzten Jahren mit den immer besser anwendbaren Möglichkeiten der Neurowissenschaften in vielen Details untersucht. Nach allem, was wir wissen, praktizierten die Koyukon-Indianer keine Meditationsübungen, und wir wollen vorwegschicken, dass wir uns in diesem Kapitel eigentlich mehr mit der Geistesverfassung der Koyukon beschäftigen wollen als mit der in der buddhistischen Tradition stehenden Meditation. Wir werden zunächst aber doch etwas näher darauf eingehen, weil wir uns davon versprechen, anschließend das, was wir über die Geistesverfassung von Jägern und Sammlern zu sagen haben, besser herausarbeiten zu können. Schließlich werden wir von den Jägern und Sammlern eine Brücke zur geistigen Verfassung von uns modernen Menschen ziehen, egal ob sie nun Meditation praktizieren oder nicht.

Die Wissenschaft entwickelt sich

Richard Davidson fing in den 1970er Jahren, ohne viel Aufhebens davon zu machen, mit Meditationsübungen an. Für solche Dinge hatte man zu der Zeit an angesehenen Universitäten wie Harvard unter Leuten, die sich ernsthaft mit Psychologie beschäftigten, nicht viel Sinn. Hinzu kam, dass Psychologen zu der Zeit auch nicht über Gefühle sprachen; doch genau dafür interessierte sich Davidson.

»Alles in allem gab es in der eher positivistisch ausgerichteten, auf die Auswertung von statistischen Daten fokussierten Kognitionspsychologie wenig Platz für Emotionen. Man hielt Emotionen eher für störend«, schrieb Davidson in seinem Buch *The Emotional Life of Your Brain* (erschienen 2012). »Damals blickten die Wissenschaftler ziemlich hochnäsig auf dieses asoziale Gesindel herab, das sich gewissermaßen im Untergeschoss des gleichen Hauses tummelte, in dem im Obergeschoss unser erhabenes Bewusstsein residierte.«

Davidson setzte seine Hoffnungen auf ein neues Gerät, das seinerzeit in der psychologischen Forschung noch nicht verwendet wurde, die Elektroenzephalografie, kurz EEG, mit dessen Hilfe man die Gehirnaktivitäten in verschiedenen Bereichen messen kann. Er wollte feststellen, ob und wie sich Gefühlsregungen im Gehirn physiologisch messen lassen, eventuell im Zusammenhang mit weiteren Messungen beispielsweise des Pulsschlags und der Atemfrequenz. Der Ansatz ging dahin, menschliches (Emotional)Verhalten mit konkreten und konkret messbaren Körperreaktionen zu verknüpfen. In der Weiterführung dieser Gedanken entstand später eine Kartografie der neuronalen Schaltkreise unserer Gefühle.

In dieser Phase bewahrte Davidson in seinem akademischen Umfeld weitgehend Stillschweigen über seine Erfahrungen mit Meditation. Diese Aktivität setzte er im Kontakt mit durchaus interessanten Kreisen in Boston fort, und zwar ausgerechnet in dem gleichen Haus, das von der etablierten Wissenschaft im Hinblick auf meditative Aktivitäten mit größtem Argwohn beäugt wurde.

Davidsons erster Kontakt mit der akademischen Welt in Harvard war der Psychologie-Professor David McClelland. Etwa zehn Jahre zuvor war dieser Leiter eines Forschungszentrums gewesen, in dem zwei junge Forscher tätig waren, nämlich Richard Alpert und sein Kollege Timothy Leary, der LSD-Prophet. Als Davidson 1972 zu diesem Kreis stieß, war Alpert bereits unter dem Namen Ram Dass bekannt, wohnte in der Remise hinter McClellands Haus und lehrte Mediation. Damals begann auch Davidson mit Meditationsübungen und vertiefte das bei einem Indien-Aufenthalt, als er sich noch in der Ausbildung befand.

Nach wie vor behielt er die strikte Trennung zwischen dieser Praxis und seiner Arbeit bei und konzentrierte sich beruflich auf die Erforschung solcher starker Gefühle oder Gefühlszustände wie Furcht, Angst und Depression. Dabei gelang es ihm, etliches Neuland zu gewinnen; er publizierte erstmals über die Zusammenhänge zwischen diesen Gefühlen und der Aktivierung spezifischer Gehirnregionen mit Daten, die er vor allem durch die Verwendung von EEGs gewonnen hatte. Ein wichtiger Grund, warum er damals Hirnforschung und Meditation noch nicht miteinander verknüpfte, lag darin, dass die Instrumente, welche den Neurowissenschaften zur Verfügung standen, noch nicht so entwickelt waren wie heute. Einen weiteren Grund für dieses Zögern kann man zweifellos hinter der Formulierung erkennen, mit der Davidson die Revision dieser Entscheidung und seine Hinwendung zu dezidierter Laborforschung über Meditation begründet hat. In seinem Buch spricht er in diesem Zusammenhang von einem regelrechten Coming-out.

Das entpuppte sich in der Tat als sehr ungewöhnlicher Ausbruch aus der Welt der Laboratorien in die Wildnis des Himalajas, indem ganze Lastwagenladungen mit Computerausrüstung, Elektroden, Generatoren und Batterien tagelang zu Fuß von Sherpas über tückische Gebirgspfade an steilen Abhängen entlang transportiert werden mussten. Davidson wollte mit Swamis, Yogis und Gurus in Kontakt treten. In der Umgebung von Dharamsala in Nordindien, der Exil-Hauptstadt der Tibeter, wollte er sie an seine Geräte anschließen. Die Mediationskünstler des tibetischen Buddhismus gelten als die erfahrensten Praktiker. Davidson hält sie für in jeder Hinsicht ungewöhnliche Menschen, für wahre Geistesathleten, um seinen eigenen Vergleich mit ihrer einschlägigen Leistungsfähigkeit auf geradezu olympischem Niveau aufzugreifen. Es seien Menschen, die sich in ganz anderen geistigen Welten aufhielten; genau deswegen hatte Davidson sie für seine Forschungen ausgesucht. Von diesen Ausnahmefällen versprach er sich interessante Rückschlüsse auf die Gehirnfunktionen von Normalsterblichen.

Dieses Unternehmen erwies sich als Fehlschlag, führte aber dazu, dass sich 1992 der Dalai Lama für das Projekt interessierte, der ihn und Davidson ermunterte, weiterzuforschen.

Zu der Zeit war Davidson als Professor für Psychiatrie und Psychologie an der Universität Wisconsin-Madison und gleichzeitig Direktor des *Center for Investigating Healthy Minds at the Waisman Laboratory for Brain Imaging and Behaviour*. Dank seiner Verbindungen, die er in Dharamsala geknüpft hatte, und der Netzwerke der Tibeter untereinander gelang es ihm schließlich, eine Handvoll in Meditationspraktiken sehr erfahrener tibetischer Mönche in seine Laboratorien zu locken, wo er sie an seine Geräte anschließen konnte. Sie erwiesen sich in der Tat als Meditationsathleten von olympischem Format. Jeder hatte bereits mindestens zehntausend Stunden Meditationspraxis hinter sich. Jeder hatte schon einmal drei Jahre am Stück in Klausur verbracht, währenddessen sie nichts anderes taten, als jeden Tag mindestens acht Stunden lang zu meditieren. Einer dieser Mönche hatte bereits 50 000 Stunden in Meditation verbracht. Falls sich das Gehirn durch Meditation verändert, müsste es also an diesen Menschen ablesbar sein. So war es auch.

In der Zwischenzeit war die bildgebende Technik zur Darstellung von Hirnfunktionen durch die Magnetresonanztomografie weiter fortgeschritten. Dank entsprechender Geräte konnte Davidson die Gehirnaktivitäten sehr viel spezifischer messen, als es mit dem EEG möglich war, das ja nur die Vorgänge auf der Oberfläche des Gehirns erfassen kann. Die Forscher schoben die Mönche also in ihre MRT-Geräte und baten sie, dabei zu meditieren, nicht zu meditieren sowie auf verschiedene Arten und Weisen zu meditieren. In bestimmten Untersuchungsreihen spielten sie auch unangekündigt unangenehme Störgeräusche (etwa eine kreischende Frauenstimme) ein, um die Reaktion darauf zu testen. Das Gleiche wurde in Kontrollgruppen gemacht, die nicht über eine solche Meditationspraxis verfügten.

Als erstes und wichtigstes Ergebnis wurde festgestellt, dass die Reaktion der Mönche auf die Störgeräusche sehr viel ausgeprägter war als bei der Kontrollgruppe. Sie ließ sich in einem bestimmten Bereich des Hirns lokalisieren, und zwar an den seitlichen Schläfenlappen, wo hauptsächlich das Empathie-Vermögen lokalisiert wird sowie die Fähigkeit, sich in andere hineinzuversetzen. Dies zeigte sich sowohl wenn die Mönche meditierten, als auch wenn sie nicht meditierten. Für Davidson waren die Unterschiede zwischen den Mönchen und der Kontrollgruppe signifikant; derart eindeutige Resultate hatten die Forscher angesichts ihre langen Erfahrung mit den stets schwierig zu deutenden Gehirnwellenmustern nicht erwartet. Normalerweise sind Unterschiede, selbst signifikante Unterschiede, nur sehr schwer wahrnehmbar, und wenn, dann nur mit Computerunterstützung und entsprechenden »Vergrößerungen«.

»Wir waren völlig verblüfft, als sich die Veränderungen und Unterschiede so deutlich ablesen und auf geradezu dramatische Weise mitverfolgen ließen. Wir konnten es praktisch mit dem bloßen Auge erkennen, was bei dieser Art von Untersuchungen so gut wie nie der Fall ist«, äußerte Davidson in einem Interview.

Trotzdem beantworteten diese Resultate noch immer nicht die Grundfrage: Verändert sich das Gehirn durch Meditation? Denn für die beobachteten Veränderungen hätte es auch eine ganz einfache und einleuchtende andere Erklärung geben können, die da lautet: Welcher normale Mensch verbringt schon Zehntausende von Stunden meditierend in einer schwer zugänglichen Berghöhle, und welchen Einfluss hat das auf die Intensivierung der Gehirnaktivität und die Empathiefähigkeit?

Aussagekräftigere Resultate ergaben sich erst in den vergangenen zwanzig Jahren. Für weitere Untersuchungen in Davidsons Institut wurden etliche Gruppen von zufällig ausgewählten Freiwilligen rekrutiert, denen man in entsprechenden Kursen Meditationspraktiken beibrachte, um sie anschließend ebenfalls in die Röhre der MRT-Geräte zu schieben. Als Ergebnisse erhielt man verschiedene ziemlich klar und eindeutig lesbare Muster von Gehirnaktivierung und Reduzierung von Angst und Depression, doch es gab auch einige unerwartete Resultate. Eine dieser experimentellen Untersuchungen war so angelegt, dass den Meditations-Probanden wie der Kontrollgruppe eine Grippeimpfung verabreicht wurde. Die Immunreaktion fiel bei den Meditations-Probanden deutlich besser aus, selbst bei solchen, die in Meditation noch nicht so erfahren waren. In Davidsons Institut konnte man anschließend auch deutliche Verbesserungen bei Meditierenden feststellen, die eine Standardbehandlung wegen Psoriasis erhielten; dadurch ließ sich die enge psychosomatische Verbindung zwischen Gehirn und Körper weiter untermauern. Diese Krankheit heilte vier Mal schneller ab als bei der Kontrollgruppe.

»Wir haben dieses Experiment extra noch einmal mit anderen Probandengruppen wiederholt, weil wir die Ergebnisse fast nicht glauben konnten«, sagt Davidson. All diese hochinteressanten Untersuchungsergebnisse stützen unsere These: In gewisser Hinsicht ähnelt Meditation der Geistesverfassung von Jägern und Sammlern. Entgegen der landläufigen, auch auf den Schlaf angewandten Meinung, handelt es sich nicht um einen Zustand des Rückzugs, um eine innere Klausur, sondern sie zielt auf höchste Aufmerksamkeit und Achtsamkeit für das Hier und Jetzt – genau das, was für das Dasein in der Wildnis unbedingt erforderlich ist, wenn man in der ungeschützten Natur auf Dauer überleben will.

In Davidsons weiteren Untersuchungen hat er diese These näher beleuchtet. So kennt man beispielsweise das Phänomen des sogenannten Aufmerksamkeitsblinzelns. Jeder Mensch ist ununterbrochen einem ständig und schnell fließenden Informationsstrom ausgesetzt; es ist jedem Einzelnen überlassen, wie er darauf reagiert, indem er das selektiv wahrnimmt, was für ihn relevant ist, sei es eine Bedrohung, eine Chance, ein Hinweis auf ein jagdbares Wild, ein Kind, das hinzufallen droht, oder einen potenziellen Kunden, der gerade zur Tür hereinkommt. Die Psychologen haben dazu schon in den Fünfzigerjahren Standardtests entwickelt. Dabei wird den Probanden eine lange Reihe von Buchstaben und Zahlen in zufälliger

Reihenfolge vorgelesen. Die Vorgabe lautet, nur auf die Zahlen zu reagieren, nicht auf die Buchstaben. Die Probanden erkennen das Auftauchen von Zahlen in der Regel zuverlässig. Nur wenn eine Zahl ziemlich dicht nach einer zuvor genannten Zahl folgt, wird sie meistens nicht erkannt. Man vermutet, dass bei der Identifizierung und Verarbeitung eines Reizes geistige Energie verbraucht wird, die erst wieder aufgeladen werden muss, ähnlich wie beim Blitzgerät einer Kamera, was dort wie hier eine gewisse Zeit benötigt. Bei denjenigen mit schwächeren Batterien dauert das etwas länger, weshalb sie die schnell nachfolgende Zahl verpassen; das ist das Aufmerksamkeitsblinzeln (es handelt sich um Millisekunden).

Bei Davidsons entsprechenden Untersuchungen erzielten die Meditations-Probanden bessere Ergebnisse mit kürzerem Aufmerksamkeitsblinzeln. Daran zeigt sich eindeutig, dass es bei Meditation nicht um »Loslassen« und glückselige Schwebezustände geht, sondern um Achtsamkeit und Kompetenz.

Die erhöhte und verbesserte Wahrnehmungsfähigkeit ist geradezu zu einem Maßstab für den Wirkungsgrad einer Meditation geworden. Das hat man schon bei den ersten Experimenten erkannt; die Ergebnisse sind inzwischen so zuverlässig, dass sie als neurologische Signatur einer Meditation gelten. Hauptcharakteristikum eines meditativen Zustandes sind synchronisierte Gammawellen im gesamten Gehirn. »Gamma« bedeutet hier lediglich, dass sie eine höhere Frequenz haben als andere Hirnwellen; was aber in unserem Zusammenhang in erster Linie von Interesse ist, ist ihre Synchronizität. Wie Sie sich leicht vorstellen können, befindet sich das Hirn normalerweise in einem Zustand wie ein permanentes Blitzlichtgewitter oder einer Kakophonie, wobei ständig alle möglichen Reize und Signale auf allen möglichen Frequenzen und in alle möglichen Richtungen ausgesandt und empfangen werden. Bei einem aktiven Bewusstsein spiegelt das typische Enzephalogramm genau dieses Bild wider. Es ähnelt dem akustischen Wellenlängenmuster von Straßenlärm. Ebenso leicht nachvollziehbar ist der grundlegende Unterschied, wenn diese Wellen auf einmal ein gleichförmiges Muster bilden. Das ist vergleichbar mit dem Unterschied zwischen einem Orchester, bei dem zunächst jeder einzeln sein Instrument stimmt, und sie anschließend im Gleichklang eine Terz oder eine Quinte spielen.

Der Begriff »neurale Bahnen« führt zu der Vorstellung, unser Gehirn sei eine Art Elektroschaltkreis, bei dem eine Zelle mit der anderen durch winzige Drähte verbunden ist, wodurch dann solche Nervenbahnen entstehen. Ein besseres Vorstellungbild für diese Vorgänge im Gehirn wäre, sich jedes Neuron beziehungsweise jede Hirnzelle wie einen Radioempfänger vorzustellen, den man auf verschiedene Frequenzen einstellen kann, womit er auf verschiedene Wellenlängen reagiert, die irgendwo im Hirn entstehen. Durch synchrone Wellen können größere neurale Netzwerke angesprochen werden, weil dann mehr Zellen auf diesen »Sender« eingestellt sind.

Wenn das Gehirn kakophonischem Lärm ausgesetzt ist, »ist die Reaktion auf einen einzelnen Außenreiz genauso schwierig individuell zu lokalisieren wie die einzelnen kleinen Wasserströme, wenn eine aufgewühlte See gegen einen Felsen brandet. Dann laufen so viele kleine Wellen kreuz und quer, dass man eine einzelne praktisch nicht mehr wahrnehmen kann. Wenn man jedoch einen Stein in die glatte Oberfläche eines ruhigen Sees wirft, kann man die Wellen ganz genau verfolgen. Ein solchermaßen beruhigtes Gehirn ist wie ein stiller See«, schreibt Davidson in *The Emotional Life of Your Brain*.

Das gilt nicht nur für Meditation, sondern auch für eine seit Langem wohldurchdachte Theorie über unsere Auffassung von geistiger Gesundheit und Geisteskrankheiten. Man denke dabei an eine Analogie zu Lärm und lästigen Hintergrundgeräuschen, ein statisches Rauschen und Klirren im Hirn ähnlich wie die Geräuschkulisse in einem überfüllten Restaurant. Das sind typische Symptome bei Schizophrenie, manisch-depressiven Störungen, Autismus, geistiger Zurückgebliebenheit und physiologischen Hirntraumata.

Menschen, die damit zu kämpfen haben, sind oft nicht in der Lage, diesen ständigen Reizstrom zu kontrollieren, den See zu beruhigen. Im Gegenteil. Die Reizflut trifft auch noch auf eine Art Echokammer, die das Getöse vervielfacht, bis es für diese Menschen unerträglich wird und sie ein Verhalten an den Tag legen, das wir als pathologisch bezeichnen. Dabei handelt es sich um nichts anderes als um den Versuch, das Getöse abzustellen. In einigen der früheren Aufsätze von John finden sich bereits Ansätze, wie eine Beruhigung des Körpers auch zu einer Beruhigung des Geistes beitragen kann. Ein weiterer Hinweis auf die enge Verbindung zwischen Körper und Geist. Meditation steht hier sogar für einen ziemlich direkten Versuch, den Geist zu beruhigen – nicht in Form eines Rückzugs, sondern indem man dem Geist die Möglichkeit gibt, noch achtsamer und präsenter zu sein.

Durch diese Achtsamkeit gelangten wir in unserer Erörterung an die evolutionären Wurzeln dieses Themas; es stellt sich jedoch die Frage, was das alles mit unserer gegenwärtigen Welt zu tun haben soll. Worin liegt die Bedeutung von Achtsamkeit?

Die Verbindung zum Stress

Im Jahr 2005 fand eine hochkarätig besetzte interdisziplinäre Tagung statt, deren Protokolle man in dem von Jon Kabat-Zinn und Davidson herausgegebenen Buch *The Mind's Own Physician: A Scientific Dialogue with the Dalai Lama on the Healing Power of Meditation* nachlesen kann. Wenn man sich einen Überblick darüber verschaffen will, wie Neurowissenschaften und Achtsamkeit heute zusammenfließen, können wir diese Lektüre nur empfehlen. Es enthält eine Zusammenfassung dessen, was wir wissen, und gibt einen Ausblick, in welche Richtung es in der Zukunft gehen könnte. Außerdem kann man ihm viele bemerkenswerte Einsichten zur

Meditation entnehmen und darüber hinaus zu dem wirklich allumfassenden Konzept der Achtsamkeit. Beispielsweise zeigte Helen Mayberg, Psychiatrie-Professorin an der Emory Universität in Atlanta, wie sich Depressionen auf ganz bestimmte Neuronenbahnen zurückführen lassen und wie sich diese, in dem Fall nicht durch Meditation, sondern durch kognitive Verhaltenstherapie verändern lassen; dies ist eine weitere Methode, um das Gehirn zu beeinflussen und zu verändern.

Das Spektrum der Veranstaltung wurde durch die Teilnahme von Robert Sapolsky wesentlich erweitert; der bekannte Neurowissenschaftler aus Stanford hat sich als Experte für Stress-Phänomene einen Namen gemacht. Grundlage seiner Arbeit ist das Nachvollziehen der Stressentwicklung anhand des Hormonspiegels von Cortisol, das mittlerweile als Biomarker für Stress allgemein anerkannt ist. Sapolskys berühmteste Forschungsobjekte sind Paviane in freier Wildbahn in Afrika. Er fährt regelmäßig dorthin und entnimmt ihnen Blutproben, um ihren Cortisol-Spiegel zu messen. Dabei stellte sich heraus, dass auch beim Leben in der freien Wildbahn Stress auftritt, jener Faktor, den wir üblicherweise mit dem Getöse und den engen Taktungen des menschlichen Lebens in der Zivilisation assoziieren. Sapolsky zog aus seinen Befunden den Schluss, dass Paviane aus den gleichen Gründen unter den gleichen Problemen zu leiden haben wie wir – und sie haben kaum etwas mit knappen Nahrungsmittelressourcen oder gefährlichen Beutezügen zu tun. Vielmehr entsteht ihr Stress durch die Hierarchieprobleme innerhalb ihrer Horde. Die Paviangruppen werden von aggressiven Männchen dominiert, die ihre Vorherrschaft mit Gewalt und ständiger Schikane der Rangniedrigeren durchsetzen. (Sowohl die Ranghöheren als auch die Rangniedrigen leiden unter Dauerstress, jedoch auf unterschiedliche Weise.) Man braucht nicht viel Fantasie und keine besonders intensive Beschäftigung mit Sapolskys Forschungsunterlagen, um sich vorzustellen, wie solch ein Pavian-Alphamännchen in Anzug und Krawatte einen ganz passablen Job an der Wall Street hinbekommen würde. Im Übrigen zeigten parallel laufende Kontrolluntersuchungen eine sehr ähnliche Cortisol-Verteilung bei britischen Beamten.

Dafür gibt es eine Reihe von Begründungen, und eine davon lautet, dass Stress sehr viel mit sozialer Kontrolle zu tun hat sowie mit dem ständigen Bemühen dominanter Gruppenmitglieder, diese Kontrolle aufrechtzuerhalten. In Paviangruppen war aggressives Verhalten in Verbindung mit Strafaktionen ein unentbehrlicher und unerbittlicher Teil des Lebens, zumindest bei den Gruppen, die Sapolsky untersucht hat. Und zumindest für einen bestimmten Zeitraum. Während Sapolskys langjähriger Beobachtungen kam es zum Ausbruch einer Krankheit, der aufgrund bestimmter selektiver Faktoren vor allem die dominanten Pavianmännchen zum Opfer fielen. Nachdem eine beachtliche Anzahl von ihnen gestorben war, reorganisierten sich die überlebenden Paviane ohne Gewalt und ohne entsprechende Cortisol-Ausschüttungen in neuen Gruppen. Und diese friedliche Art des Zusammenlebens bewährte sich und hielt an. Das bedeutet nicht, dass es keinen Stress mehr in ihrem Leben gab, aber es war nicht mehr der absolut vorherrschende Faktor in ihrem Gruppenverhalten. Das ist der entscheidende Punkt, auf den es Sapolsky ankam.

Stress ist einer jener Begriffe, die in der alltäglichen Debatte mittlerweile dermaßen zu Tode geritten wurden, dass man darüber kaum noch sachlich debattieren kann. Sobald dieses Wort fällt, beobachtet man überall die gleiche Abwehrreaktion – wie in alten Vampirhorrorfilmen, wo sich die Menschen schon bei der bloßen Erwähnung des Wortes bekreuzigen und in starre Abwehrhaltung verfallen. In Wirklichkeit wäre ein vollkommen stressfreies Leben gar nicht gut für Sie.

»Über einen begrenzten Zeitraum, etwa ein bis zwei Stunden lang, kann Stress sehr wohltuende Wirkungen für Ihr Gehirn haben«, erklärte Sapolsky den Konferenzteilnehmern. »Dann werden ihm nämlich mehr Sauerstoff und Glukose zugeführt. Der Hippocampus, der bei den Gedächtnisfunktionen eine wichtige Rolle spielt, arbeitet besser, wenn man eine Weile auch mal gestresst wird. Das Gehirn schüttet das Glück-und-Freude-Hormon Dopamin gleich zu Beginn eines Stressprozesses aus; das sorgt für gute Gefühle, und die Gehirnfunktionen verbessern sich insgesamt.«

Dopamin ist in diesem Zusammenhang in der Tat ein wichtiger Indikator. Dieser Neurotransmitter ist mit unserem primären Belohnungssystem verbunden, einer der wichtigsten Faktoren, der uns Wohlgefühl verschafft und unsere Konzentration und Aufmerksamkeit erhöht. Die Anwesenheit von Dopamin zeigt eine sehr bemerkenswerte Eigenschaft des Phänomens Stress. Sapolsky leitete das aus seinen Untersuchungen an Affen sehr direkt und sehr einfach ab: Die Forscher maßen das Dopamin, wenn ein Affe eine bestimmte Taste drückte, worauf er eine Belohnung erhielt. Das verglichen sie mit dem Dopaminlevel bei Affen, die nur ab und zu eine Belohnung erhielten. Die Messungen ergaben, dass die Affen im zweiten Versuch mehr Dopamin ausschütteten. Bei nur halb so vielen Belohnungen, die zudem unregelmäßig und unerwartet gewährt wurden, hatten sie trotzdem mehr Glücksgefühl.

Sapolsky: »Ich sagte bereits, dass Kontrollverlust zu sehr großem Stress führt. Hier hingegen scheint sich Kontrollverlust ganz positiv auszuwirken und der Dopaminlevel ist deutlich erhöht. Worin liegt der Unterschied? Wie ich bereits früher ausgeführt habe, wird Kontrollverlust in einem Umfeld oder einer Umgebung, die als unheimlich und bedrohlich wahrgenommen wird, als schrecklicher Stressfaktor empfunden. Erscheint das Umfeld hingegen als wohlwollend und sicher, dann wird Kontrollverlust als ganz angenehm empfunden.«

Aus alledem ergibt sich, dass unsere neuronalen Glück-Freude-Verschaltungen auf Faktoren wie Achtsamkeit und unerwartete Belohnungen eingestellt sind und dass Stress in diesem Zusammenhang auch eine Rolle spielt – nicht jener unheilvolle chronische Dauerstress, unter dem viele Menschen leiden, sondern jene Aufs und Abs, die sich im Strom des Alltags so ergeben. Ein als angenehm empfundenes Leben kann nicht stressfrei sein; Sapolsky betont ausdrücklich, dass diese Erkenntnis eine klare Parallele zur Meditation aufweist:

> Die Leute denken immer, dass unter Stress Stresshormone ausgeschüttet werden. Daraus wird gefolgert, dass bei Abwesenheit von Stress auch keine oder nur sehr wenig Stresshormone ausgeschüttet werden. Zunächst befindet man sich in einem neutralen Zustand. Diesen hat man lange Zeit als besonders langweilig betrachtet. Mittlerweile hat man herausgefunden, dass er im Gegenteil sehr aktiv und konzentriert ist, sozusagen in wachsamer Vorbereitung auf eine Stresssituation. Üblicherweise spricht man von einer erlaubten Wirkung, damit die Reaktion auf einen Stressfaktor so gut und effektiv wie möglich ausfällt. Darin steckt eine sehr schöne Analogie zu einer richtig verstandenen Vorstellung von Meditation. Dieser Zustand von Ausgeglichenheit, Ruhe, Frieden bedeutet nicht, dass es gar keine Bedrohung oder Gefahr von außen mehr gibt. Meditation bedeutet nicht das Ende der Wachsamkeit oder minimalen Energieverbrauch. Wenn man sie überhaupt umschreiben kann, dann vielleicht als Konzentration auf eine latente Wachsamkeit. Und das passt genau zu dem Bild, das wir von hormonellen Vorgängen gewonnen haben.

Unserer Meinung nach ist die Formulierung »latente Wachsamkeit« die beste und genaueste Beschreibung für den Geisteszustand von Jägern und Sammlern. Nun wurden wir durch die Evolution so konditioniert, dass wir es als Belohnung empfinden, wenn wir diesen Zustand erreichen. Der Idealzustand liegt nicht irgendwo zwischen Lärm und Stille, Stress oder Entspannung, Schlemmermahl oder Hunger, Wachen oder Schlafen. Vielmehr geht es um einen ausbalancierten Zustand zwischen den Extremen und darum, wie unser Körper darauf eingestellt ist und diesen aufrechterhält.

Am Cortisol-Wert lässt sich dies messen und nachweisen, aber es ist interessanter zu beobachten, was passiert, wenn das System zusammenbricht. Erinnern wir uns daran, wie wir beim Thema Zivilisationskrankheiten davon gesprochen haben, dies nicht mit der unumstößlichen Tatsache zu verwechseln, dass jeder eines Tages sterben muss. Mit Sicherheit wäre es den meisten Mensch am liebsten, wenn auf ihrer Sterbeurkunde als Todesursache einfach »aus Altergründen« stünde.

Die moderne Forschung hat einen interessanten Maßstab für diesen Alterungsprozess in der DNA gefunden, die sogenannten Telomere; das sind Strukturelemente an den Enden eines DNA-Strangs. Telomere spielen eindeutig eine wichtige Rolle für die Stabilität eines Chromosoms bei den zahllosen Teilungs- und Rekombinationsvorgängen im Zusammenhang mit dem Zellwachstum. Ihre Aufgabe ist es, den Gencode intakt zu halten. Doch wenn wir altern, scheinen sich diese Telomere zu verkürzen. Das ist einer der Gründe, warum das Zellwachstum nicht mehr im gleichen Maß funktioniert. Wir werden schlaffer und krummer und bekommen Runzeln. Die typischen Alterserscheinungen.

Eine Verkürzung der Telomere ergibt sich aber nicht nur durch das natürliche Älterwerden. Auch durch Lebensumstände können die Telomere Schaden nehmen. Und als könnte es kaum anders sein, zählen zu diesen Lebensumständen all jene Faktoren, von denen in diesem Buch bereits ausführlich die Rede war: schlechte Ernährung, Schlafmangel, oberflächliche Beziehungen, Fettleibigkeit, Trägheit aufgrund von Bewegungsmangel. All diese Faktoren tragen dazu bei, dass wir früher und schneller als nötig altern. Stress kann anhand von Telomer-Verkürzungen mittlerweile genauso zuverlässig gemessen werden wie durch den Cortisol-Spiegel. Ebenso der Schlafmangel, was die Feststellung von Carol Worthman noch einmal unterstreicht, dass wir für Schlafmangel in der Währung Stress bezahlen.

Die Bezeichnung dieser Währung lautet Telomerase, ein Enzym, das der Körper ausschüttet, um Telomere zu schützen. Die

Dopaminausschüttung ist ein Maßstab für unser Wohlbefinden, aber die Anwesenheit von eher mehr Telomerase signalisiert uns, dass unsere Lebenszeit nicht übermäßig schnell abläuft. 2010 hat eine Forschungsgruppe Zahlen veröffentlicht, die einen signifikanten Anstieg von Telomerase bei Teilnehmern an einer Meditationsveranstaltung eindeutig belegen.

Gehirnaufbau

Bei diesem Thema innerhalb des Komplexes Meditation erkennt man eine interessante Lücke, die uns noch einmal auf die Erörterung von Aspekten der menschlichen Evolution zurückführt. Doch zunächst wollen wir ausdrücklich feststellen, worum es bei den meisten Formen der Meditation nicht geht. Es geht nicht um das Denken; es ist nicht das, was Sie höchstwahrscheinlich meinen.

Viele Jahrhunderte alte kulturelle Traditionen und ganz verschiedene Persönlichkeiten haben recht unterschiedliche Arten des Meditierens hervorgebracht. Sie weichen in Einzelheiten voneinander ab, und in manchen Kulturkreisen haben die Praktiken in der Tat einen religiösen Hintergrund, indem sie sich auf ein bestimmtes Objekt oder auf eine Person wie etwa Buddha konzentrieren. Überwiegend spielen solche Ziele aber keine Rolle, jedenfalls in der Art wie Meditation im Westen, im strengen Zen-Buddhismus und in Forschungslabors verstanden wird. Eine wichtige, verbreitete Praktik besteht darin, einfach dazusitzen, loszulassen, die Kontrolle über Gedanken, Geräusche und alles andere aufzugeben und stattdessen nur noch zu beobachten und wahrzunehmen, was auf einen einströmt.

Andere Praktiken bestehen darin, sich auf einzelne Empfindungen zu konzentrieren – meistens das Atmen – oder sich auf einen imaginären Punkt im Kopf, etwa zwischen den Augen, zu fokussieren. Wir sollten vor allem aber auf das achten, was mit all diesen Praktiken *nicht* erreicht werden kann oder soll. Die Übung ist nicht auf ein bestimmtes Ziel oder eine persönliche Eigenschaft gerichtet. Die Meditierenden vollführen keine geistesakrobatischen Kunststücke wie Gedächtnistraining, schnelles Kopfrechnen oder das Lösen von Rätseln. Und sie übermitteln ihrer Seele oder ihrem Gewissen sicherlich keine frommen Botschaften für einen moralisch einwandfreien Lebensstil. Sondern man versucht einzig und allein, das Hintergrundrauschen auszuschließen, das den Gedankenstrom stört.

Unter diesen Blickwinkeln mag es paradox erscheinen, dass sich unser Gedächtnis, unsere Leistungen, unsere Wahrnehmung, ja sogar unser Gesundheitszustand tatsächlich ausgerechnet dadurch verbessern soll, dass wir den Geist anregen, genau nichts zu tun. Eine nachweisliche Verbesserung der Immunreaktion, nur weil es jemandem gelungen ist, den Geist quasi stillzulegen? In der Tat. Aus einer kürzlich durchgeführten Untersuchung ergeben sich sogar Hinweise auf einen Zusammenhang zwischen Meditation und einer Zunahme der Gehirnmasse; dazu gehört eine Zunahme der grauen Zellen in den Gehirnregionen, die als Schwerpunkte für Lernen, Gedächtnis und den Gefühlshaushalt gelten. Was Letzteres anbelangt, hat man echte physiologische Veränderungen im Bereich von Hippocampus und Gyrus cinguli festgestellt.

Daraus kann ferner geschlussfolgert werden, dass das Gehirn auf Meditation in ganz analoger Weise reagiert wie ein Muskel auf sportliches Training. Diese Schlussfolgerung hat man auch aus den neueren Erkenntnissen der Neurowissenschaften über Neuroplastizität und Neurogenese gezogen. Es wäre gleichwohl falsch zu behaupten, dass man allein durch Meditation sein Gehirn verändern und »aufbauen« könne wie beim Muskelaufbau im Sporttraining. Tatsache ist, dass sich unser Gehirn durch alles Mögliche verändert, ganz besonders aber durch unsere menschlichen Beziehungen zueinander. Dieses tastbare Organ, das man wiegen und messen kann und das sehr viel Energie verbraucht, wird bei jedem Menschen von Grund auf neu aufgebaut, ein Prozess, der bereits vor der Geburt beginnt. Dabei leistet der gesamte Informationsstrom, den wir »Leben« nennen, Aufbauhilfe. In dem Maß, wie diese Beziehungen intakt und gesund im weiteren Sinne des Wortes sind, natürlich vor allem während der Kindheit, in dem Maß ist auch unser Gehirn gesund.

Der Unterschied zur Meditation und zu einer Reihe anderer hirnwirksamer Praktiken wie Gesprächstherapie, Sprechübungen und gesunde Ernährung besteht darin, dass wir diese Übungen bewusst und absichtlich mit dem Ziel praktizieren, unser Gehirn umzumodeln und seinen weiteren Ausbau zu fördern. Jemand hat einmal gesagt, man habe keine Wahl, ob man einen Hund dressieren möchte oder nicht. Entweder Sie trainieren Ihren Hund, oder Ihr Hund trainiert Sie. So ähnlich verhält es sich mit unserem Gehirn.

Die neue, unausweichliche Erkenntnis, die sich aus der aktuellen Meditationsforschung wie aus den modernen Neurowissenschaften ergibt, lautet, dass wir dann auch durch bestimmte Formen mentaler Übungen unser Gehirn so beeinflussen können, wie wir das wollen. In einem Online-Interview sagte Davidson über die Erkenntnisse, die er bei seinen Forschungen an der Universität in Wisconsin gewonnen hat, es handle sich um »eine Aufforderung an jeden Einzelnen, mehr Verantwortung für sein Gehirn zu übernehmen. Wenn wir unsere geistigen, mentalen Fähigkeiten in bestimmter Hinsicht beeinflussen können, dann formen wir unser Hirn im wörtlichen wie im physiologischen Sinn selbst.«

In der Psychologie hat man einen einfachen Standardtest entwickelt, mit dem sich Meditation messen lässt. Es handelt sich um eine Art Spiel, bei dem man den Probanden, üblicherweise Studenten, echtes Geld aushändigt, ungefähr 50 Dollar. Sie sind zu dritt und verteilen das Geld in Reaktion auf die Art, wie die anderen Spieler agieren. Ohne dass die Probanden es wissen, manipulieren die Tester das Spiel in einer Art und Weise, dass einer der Mitspieler als besonders knauserig erscheinen muss, indem er den dritten Spieler um seinen fairen Anteil bringt. Der eine Proband hat nun die Wahl, ob er mit seinem eigenen Geld für eine gerechtere Verteilung sorgt. Davidson hat diesen Test mit zufällig ausgewählten Probanden durchgeführt, die aber zuerst in Meditationspraktiken eingewiesen wurden. Nachdem sie diese eine kleine Weile ausgeübt hatten, verteilten sie in dem Test mehr Geld. Bei den Forschern ist das als Maßstab für Empathie anerkannt. Durch die Meditationsübungen lernen die Probanden ja nicht, dass sie fairer und gerechter teilen, mit mehr Empathie oder mehr Mitleid handeln sollen. Durch Meditation wird der Geist lediglich beruhigt und justiert. Nachdem das lästige Hintergrundrauschen ausgeblendet ist, geht das Gehirn automatisch in Selbstreparaturmodus über, den die Evolution für solche Fälle vorgesehen hat. Dabei handelt es sich um Empathie.

Achtsamkeit für jedermann

Unter Psychologen gilt die Harvard-Professorin für Psychologie Ellen Langer als diejenige, die den Begriff »Achtsamkeit« in Umlauf gebracht hat. Sie hat dieses natürlich schon ältere Wort, das aus der religiösen Sphäre stammt, sozusagen säkularisiert, ihm einen neuen Inhalt gegeben und es in dieser Weise verwendet, die wir auch weiter oben bereits zur Beschreibung des Geisteszustandes von Jägern und Sammlern verwendet haben. Langer ist bekannt für einige experimentelle Untersuchungen, mit deren Hilfe sie das dahinterliegende Konzept in allgemeinverständlicher Weise nachvollziehbar gemacht hat. Das Erste war das sogenannte Zimmermädchen-Experiment. Aus echten Hotel-Zimmermädchen bildete sie eine Versuchsgruppe und fragte die Frauen, ob sie sportlich seien, was die meisten verneinten. Dabei erfüllen ihre täglichen Arbeitspflichten sämtliche Anforderungen und Hinweise des amerikanischen Gesundheitsamtes im Hinblick auf ausreichend gesunde Bewegung. Trotzdem maß Langer ihren Körperfettanteil, Brust- und Hüftumfang, Blutdruck, Gewicht und Body-Mass-Index. Dann teilte sie ihre Probandinnen in zwei Gruppen auf. Bei der einen Gruppe begleitete sie die Frauen bei ihrer täglichen Arbeit und machte sie darauf aufmerksam, in welcher Weise bestimmte Bewegungen, die sie immer wieder ausführten, den sportlichen Übungen in einem Fitness-Studio glichen. Die Kontrollgruppe erfuhr davon nichts. Nach einem Monat befragte sie jede Teilnehmerin dieser Gruppe, um sicherzugehen, dass sie ihr Verhalten nicht geändert, vor allem also keine Diät oder echten Sport angefangen hatten. Dann maß sie erneut die einzelnen Indikatoren bei allen Frauen. Bei derjenigen Gruppe, mit der darüber gesprochen worden war, dass ihre Bewegungen mit Sportübungen vergleichbar sind, hatten sich die Teilnehmerinnen in der Tat so entwickelt, als hätten sie in der Zeit Sport getrieben. Ihr systolischer Blutdruck hatte abgenommen, ebenso Gewicht, Taille-Größe-Verhältnis. Bei der Kontrollgruppe hatte sich nichts verändert. Daraus kann man den Schluss ziehen, dass der Geist im Sinne des Wortes den Körper verändern kann.

In einem zweiten berühmten Experiment mit dem Titel »Die Uhr zurückdrehen« ließ Langer eine Gruppe älterer Männer in einer Umgebung wohnen, die genauso hergerichtet und ausgestattet war, wie es dem typischen Einrichtungsstil zwanzig Jahre zuvor entsprach. Nach einer Weile sahen die Männer jünger aus und verhielten sich auch wie zwanzig Jahre zuvor.

Bei einem anderen Experiment teilte Langer Orchestermusiker in zwei Gruppen auf. Die einen sollten sich bemühen, ein Musikstück in der Weise zu spielen, die an die beste Aufführung heranreichte, die sie jemals davon dargeboten hatten. Die andere Gruppe sollte ein bekanntes Stück auf neuartige Weise interpretieren, mit kleinen Variationen. Anschließend wurden die beiden Aufführungen von neutralem Publikum bewertet. Die zweite Gruppe bekam die besseren Bewertungen. Und bei noch einem weiteren Experiment sollten Verkäufer bei jedem neuen Routineverkaufsgespräch die Tonlage ändern. Sie konnten am Ende mehr Verkäufe verbuchen.

Dieses letzte Beispiel führt uns sehr direkt zu Langers Definition von Achtsamkeit, was sich gar nicht so sehr von Aufmerksamkeit unterscheidet. Sie brauchte allen ihren Probanden nicht einmal beizubringen, wie man meditiert, sondern sie hat sie nur darauf aufmerksam gemacht, dass sie sich »auf etwas Neues gefasst machen sollten«. Das war es schon: Achtgeben auf Neues. Es war die gleiche Lehre, die die Evolution den Jägern und Sammler erteilt hat, womit sie ihre Überlebenschancen in der Wildnis erhöhen konnten.

Unser Lieblingsexperiment in diesem Zusammenhang wurde allerdings nicht von Ellen Langer durchgeführt, sondern von Daniel Simons von der Universität Illinois und von Christoper Chabris, der zu der Zeit in Harvard tätig war. Deren Probanden sollten ein improvisiertes Basketballspiel beobachten und dabei zählen, wie oft der Ball von einem Spieler zum anderen wechselte. Mit anderen Worten, sie sollten sich auf ein einziges Detail konzentrieren und dies minutiös verfolgen. Nach einiger Zeit erschien ein als Gorilla verkleideter großer Mann, mischte sich eine kurze Weile unter die Spieler und verschwand wieder.

Keiner der Probanden, die dem Spiel zuschauten, hat den Gorilla bemerkt. Sie haben ihn gar nicht gesehen, weil sie zu sehr damit beschäftigt waren, der gestellten Aufgabe gerecht zu werden. Wäre es wie bei Langer abgelaufen und man hätte ihnen gesagt, dass sie sich auf irgendetwas Neues gefasst machen sollten, dann hätten sie es vielleicht geschafft, auch den Gorilla auf dem Spielfeld wahrzunehmen. Wir sind davon überzeugt, dass er Jägern und Sammlern auf keinen Fall entgangen wäre.

Kapitel 7

BIOPHILIE

Wie wir unser besseres Ich in der Natur finden können

Nun ist es an der Zeit, auf den großen Biologen E.O. Wilson zu sprechen zu kommen und seinen Begriff der Biophilie. (Die Prägung wird Wilson zugeschrieben, aber das dahinterliegende gedankliche Konzept geht auf den deutschen Philosophen und Sozialpsychologen Erich Fromm zurück. Er behandelt es in der gleichen Weise wie Wilson in seinem 1964 erschienenen Buch *Die Seele des Menschen*.) Wilson erklärt das Konzept in trügerisch einfachen Worten: »Wenn es so etwas wie Biophilie gibt – und das glaube ich –, dann handelt es sich um eine den Menschen angeborene emotionale Zuwendung zu anderen lebendigen Organismen. Angeboren heißt dann in der Tat in den Genen verankert, und es ist damit unauslöschlich Teil des Menschlichen.«

Genau wie alle anderen Arten in der Natur kann auch der Mensch nur in dem Maße erfolgreich sein und überleben, wie es gelingt, sich der jeweiligen Umgebung und Umwelt anzupassen. Der Mensch tut dies auch mithilfe seines Großhirns, indem er sein Wissen über die Natur nutzt. Für unsere Spezies bedeutet das insofern eine Herausforderung, als Menschen sich mit unterschiedlichen Lebensgewohnheiten in unterschiedlichen Habitats aufhalten und sich recht verschieden ernähren, wie wir bereits ausführlich dargelegt haben. Man denke nur einmal daran, wie sich die normale Aufmerksamkeit, die man seiner Umgebung entgegenbringt, durch wirkliches Interesse, Faszination und/oder echte Zuneigung steigern lässt, wenn man die Natur genießt. Menschen, die dazu fähig sind, haben größere Chancen zu überleben. Wir wollen nicht behaupten, dass es ein Gen oder ein Hormon für Biophilie gibt. Wie so viele andere Dinge, die dem Menschen eigen sind, handelt es sich wohl um eine Reihe von Merkmalen, die miteinander in Zusammenhang stehen und sich akkumulieren. Aber es lässt sich leicht nachvollziehen, wie die Evolution solche Merkmale belohnt und verstärkt. Wenn man beispielsweise eine Vorliebe für die Farbe Rot hat, wird man darauf leichter aufmerksam, und in der Natur sind viele Früchte eben rot.

Daraus folgt, wie wir es schon bei der Erörterung von Bewegung, Proteinen und Fetten sowie beim Thema Schlaf gesehen haben, dass Elemente unseres Wohlbefindens und Glückserlebens zu diesem Merkmal »Biophilie« gehören. Dies ist eine Hypothese, die man einem Labortest unterziehen könnte (und das werden wir anschließend auch tun), aber zunächst möchten wir sie in einer ganz alltäglichen Umgebung ausprobieren. Jeder, der schon einmal eine Wanderung gemacht hat oder vielleicht nur einen Spaziergang in einem großen Stadtpark oder mal auf einer landschaftlich besonders schönen Straße entlanggefahren ist, kann das leicht nachvollziehen. Auf solchen Panoramastraßen kommt man immer wieder an Schildern vorbei, die auf einen besonderen Aussichtspunkt hinweisen. Diese Schilder stehen nicht etwa dort, weil die Straßenbauingenieure hier einen geeigneten Platz dafür fanden, sondern weil die Leute spontan an diesen Stellen angehalten haben, um die Aussicht zu genießen; die Straßenmeisterei sorgte anschließend dafür, dass die Straße an der Stelle verbreitert oder sogar ein Parkplatz angelegt wurde. Allein das sagt schon einiges aus. Wenn man sich einen ähnlichen Vorgang auf einem Gebirgspfad vorstellt, wird das Ganze noch deutlicher. Solch ein Aussichtspunkt kommt oft erst, nachdem man eine lange Strecke auf gewundenen Wegen über Stock und Stein und zwischen hohen Bäumen hindurch zu einem

Gebirgskamm gelangt und eine Bergwiese einen weiten Ausblick auf ein Tal oder ein Bergpanorama erlaubt. Wie von selbst stellt sich in diesem Moment bei Ihnen der Wunsch ein, stehen zu bleiben, den Ausblick zu genießen, eine Ruhepause einzulegen und die Stille und den Frieden an dieser Stelle auf sich wirken zu lassen.

Wir haben dieses Beispiel aus gutem Grund gewählt. Sehen Sie sich an dieser Stelle ruhig ein wenig um – im Moment weniger wegen des Panoramas, sondern richten Sie den Blick auch einmal auf den Boden. Wenn in dieser Wald- und Berggegend zufällig Hirsche und Elche vorkommen, dann wird Ihnen auffallen, dass gerade diese Stelle mit Hinterlassenschaften dieser Tiere übersät ist. Auf dem Weg hierher hatte es bei Weitem nicht so viele Kotreste gegeben, obwohl die Tiere natürlich auch dort vorkommen. Diesem Befund kann man entnehmen, dass auch Wildtiere diese Stelle gerne als Ruheplatz aufsuchen. Diese Kotreste sind ein handfester Beweis für unsere These eines natürlichen Bandes tiefer Verwandtschaft zwischen Ihnen und diesen majestätischen Hirschen, denn offensichtlich haben sowohl sie als auch wir eine im Innern tief verankerte Vorliebe für solche Orte und Plätze; dank des freien Ausblicks hat man ein Gefühl der Sicherheit vor Raubtieren und eine gute Orientierung. Wenn man in der Umgebung alles gut erkennen kann, fühlt man sich sicherer. Durch die Evolution sind wir darauf in gleicher Weise programmiert wie ein Elch. In einem solchen Moment an einer solchen Stelle wissen die Tiere auch nicht mehr als wir. Sie interpretieren die Situation genauso wie der Elch, und die Interpretation lautet, dies ist ein sicheres Zuhause.

Zimmer mit Aussicht oder Wohnhäuser, die einen schönen Ausblick bieten, sei es auf einen See oder einen Fluss, entsprechen genau diesem Bedürfnis, das auch uns durch die Evolution eingeprägt ist. Dementsprechend begehrt und teuer sind solche Wohnlagen. Anthropologen, die sich mit dem Leben von Buschleuten beschäftigen, stellen immer wieder fest, wie diese Menschen, die den Tag mit dem typisch nomadischen Wanderleben der Jäger und Sammler verbringen, am Abend einen sicheren Lagerplatz aufsuchen, wo sie Zugang zu Wasser und einen ungehinderten Überblick über die gesamte Umgebung haben. Nach Jahrtausenden der Sesshaftigkeit in oftmals mauergeschützten Zivilisationsoasen gibt es eigentlich keinen objektiven Grund mehr, dieses Verhalten beizubehalten, außer dieser Art von genetisch geprägtem Urgedächtnis. Das Preisschild für eine Wohnetage mit freiem Blick über den Central Park in New York oder eine Immobilie mit unverbaubarem Seeblick ist ein Maß für Biophilie, das heißt für unsere eingeprägte Vorliebe für bestimmte Orte.

Um das Phänomen der Biophilie besser fassen zu können, hat man sich Tests und Untersuchungen ausgedacht, die streng darauf ausgerichtet waren, konkrete Aussagen und Ergebnisse zu liefern. Insbesondere hat man sich mit der Beobachtung beschäftigt, dass die Menschen, so wie viele andere Lebewesen, die leicht das Opfer von Raubtieren werden können, eine Vorliebe für weite Ausblicke und eine beinahe angeborene Furcht vor zu engen Räumen haben. Dieses Phänomen hat allerdings auch eine Kehrseite, die womöglich noch interessanter ist. Neben der Biophilie gibt es auch Ängste, die tief im Menschen verwurzelt sind, sogenannte Biophobien. So wurde in einer großen Zahl von kulturübergreifenden, sehr gründlich kontrollierten Studien festgestellt, dass die Menschen eine »angeborene« Aversion gegen Spinnen und Schlangen haben. Die Einzelheiten dazu sind sehr aufschlussreich.

Durch eine ganze Reihe von Experimenten kann eine »angeborene« Furcht vor Schlangen in der Tat sehr plausibel gemacht werden, doch es gibt auch Forscher, die einschlägige Beobachtungen etwas anders deuten. Sie sprechen von »biologisch vorbereitetem Lernen«. Offenbar können wir Menschen manche Dinge leichter lernen als andere, weil wir dafür eine Art Prädisposition haben. Jedenfalls lernen wir die Furcht vor Spinnen und Schlangen sehr schnell, und dieses Gelernte prägt sich uns sehr viel besser ein. Dieser Unterschied erweist sich als vielsagend, wenn man ihn mit dem vergleicht, was wir über die wirklichen Gefahren in der modernen Welt lernen.

Die meisten modernen Menschen haben sehr viel mehr Grund, sich vor den Gefahren zu fürchten, die von nackten elektrischen Drähten oder vom Straßenverkehr ausgehen als von Schlangen. Die Forscher konnten aber keine »angeborene« Aversion gegen Kupferdrähte und dergleichen feststellen und auch kein diesbezügliches vorbereitetes Lernen, praktisch unauslöschliche einschlägige Reflexe oder tief eingeprägte Erinnerungen. All das steht in deutlichem Gegensatz zu vergleichbaren Experimenten bezüglich Spinnen, Schlangen oder großer Höhe. Unsere moderne Lebenswelt steckt voller Risiken und Gefahren, aber nichts davon ist irgendwie mit der Natur verbunden, und keiner dieser Risikofaktoren ähnelt in irgendeiner Weise dem, was unsere Vorfahren in Angst und Schrecken versetzte. Heutzutage schafft es auch ein schwerer Autobahnunfall kaum mehr in die Schlagzeilen, aber sobald ein Bär Haustiere oder gar Menschen angreift, steht die Nachricht prompt auf Seite eins, und die sozialen Netzwerke wie Twitter und Facebook schwirren nur so von Kommentaren. Das führt uns zu einer sehr interessanten Schlussfolgerung.

»Man kann daraus ableiten«, schreibt Wilson, »dass biophile Verhaltensweisen nicht in dem Maß, wie wir uns von der naturnahen Lebensumwelt entfernen, abgebaut und durch für die moderne Welt zweckmäßige Verhaltensmuster ersetzt werden. Unser Gehirn hat sich in einer großen Biosphäre entwickelt, nicht in einem Maschinenraum. Es wäre in der Tat sehr ungewöhnlich, wenn wir all die Lehren aus der Natur innerhalb der wenigen Jahrtausende der sesshaften Zivilisationen schon vergessen hätten, selbst bei jener verschwindend geringen Minderheit von Menschen, die seit mindestens zwei Generationen in einer ausschließlich urban geprägten Umgebung leben.«

In praktischer Hinsicht eröffnet dieser Topos erstaunliche Möglichkeiten und Perspektiven. Wir interessieren uns dabei weniger für archaische Ängste vor Spinnen oder Schlangen. Uns interessieren vielmehr leicht erreichbare Gegenmittel und Pfade, Pfade auch im wörtlichen Sinn, die zu unserem Wohlbefinden im ganz alltäglichen Leben beitragen, sei es in der Stadt oder anderswo.

Es leuchtet ohne Weiteres ein, wie wichtig es für die modernen Zivilisationsgesellschaften wäre, eine engere Bindung an die Lebensbedingungen in der Natur beizubehalten. Auch zu diesem Punkt gibt es wissenschaftliche Untersuchungen. Wir wollen insbesondere eine dieser Studien hervorheben, weil sie nicht nur gezeigt hat, dass selbst ein oberflächlicher Kontakt mit der Natur, wie etwa ein Spaziergang im Park, messbare Vorteile im Hinblick auf unsere intellektuellen Kapazitäten bringt. Sie zeigt auch, wie die Teilnehmer an dieser Studie diese Vorteile grotesk unterschätzten. Das bedeutet, dass die Probanden bei der Messung ihrer geistigen Leistungsfähigkeit viel besser abgeschlossen hatten, als sie selbst dachten, und dass sie ferner diese Leistungsverbesserung gar nicht auf ihren vorhergehenden Spaziergang im Park zurückführten.

Die Untersuchung wurde von den kanadischen Psychologen Elisabeth K. Nisbet und John M. Zelenski durchgeführt, die dazu schrieben: »Durch das moderne urbane Leben entfernen sich die Menschen zunehmend von der Natur; das könnte nachteilige Auswirkungen sowohl für die Menschen und ihr Wohlbefinden als auch für die Natur selbst haben.« Die Studie aus Kanada fügt sich nahtlos in eine Reihe weiterer Forschungsprojekte weltweit, deren Ergebnisse alle in die gleiche Richtung zielen, sodass wir getrost das Wort »können« im Zitat streichen.

Soweit wir diese tief eingeprägten Bindungen an die Natur nicht beachten oder uns gar konträr dazu verhalten, werden wir das zu spüren bekommen. Eine der Hauptursachen für die Zivilisationsleiden in unserer hochtechnisierten und artifiziellen Welt liegt in einer weitgehenden Entkoppelung von der Natur. Der Autor und Journalist Richard Louv behauptet, dies sei eine der grundlegenden Störungen unserer Zivilisation, und er geht sogar so weit, dem Phänomen einen Namen zu geben: Natur-Defizit-Syndrom. Louv legte seiner These eine Vielzahl von ausführlichen Interviews zugrunde, die er mit Eltern in ganz Amerika geführt hatte. Er kam zu dem Schluss, dass die schillernden Attraktionen der virtuellen Welten in Werbung, Film und Fernsehen sowie im Internet im Verein mit sensationsheischenden Berichten über angebliche Gefahren in der freien Natur zu einem weitverbreiteten Desinteresse an der Natur bei heutigen Kindern geführt hat und im Zuge dessen auch bei Erwachsenen.

Angesichts der offensichtlichen Tatsache, dass man nur in der Natur die Fülle des biologischen Lebens erfahren kann und Kindern dieses Erlebnis und das Wissen, wie es in der freien Natur zugeht, nicht vorenthalten sollte, stimmt es sehr bedenklich, wenn das nicht mehr geschieht. Doch davon einmal abgesehen weisen Louv und andere Autoren darauf hin, dass es noch andere wichtige Punkte in diesem Zusammenhang zu beachten gibt. Auf etliche haben wir bereits in anderen Zusammenhängen hingewiesen. Um noch einmal ein paar wenige herauszuheben: Wenn Kinder (und alle anderen Menschen natürlich auch) sich im Freien aufhalten und spielen, sind sie einer ganzen Phalanx von Mikroorganismen ausgesetzt, die zum inneren Mikrobiom jedes Menschen gehören; andererseits stellt das Ausgesetztsein dieser Welt der Mikroorganismen eine wichtige und notwendige Herausforderung für unser Immunsystem dar. Viele dieser Mikroorganismen bekämpfen Autoimmun-Krankheiten. Durch den Aufenthalt im Freien profitieren Kinder wie Erwachsene von der Fülle des Lichts mit seinen verschiedenen wohltuenden Wirkungen. Dazu gehören insbesondere die Regulierung des Melatoninspiegels und des Schlaf-Wach-Zyklus sowie eine gesunde Vitamin-D-Synthese. Vitamin-D-Mangel ist ohnehin weit verbreitet, aber so betrachtet, handelt es sich nur um einen Unterpunkt des gesamten Natur-Defizit-Syndroms.

All das erklärt, dass wir uns aus der Natur entwickelt haben, selbst Teil davon sind und diese Tatsache wertschätzen müssen. Und all das untermauert das Konzept der Biophilie.

Dieses Konzept entstand in den späten 1970er Jahren im Umfeld der Ann Arbor Universität in Michigan. Während er an seiner Doktorarbeit in Geografie arbeitete, fiel Roger S. Ulrich zufällig auf, dass sehr viele Einwohner von Ann Arbor auf ihrer Einkaufsfahrt zu einem großen Shopping-Center lieber einen Umweg nahmen und durch eine baumbestandene Allee fuhren als über die Schnellstraße. Dieses Verhalten wurde wissenschaftlich näher untersucht, wobei sich herausstellte, dass die Menschen in der Tat einen Vorteil aus ihrem Umweg zogen. Mithilfe eines EEGs maß Ulrich die Alphawellen seiner Probanden. Alphawellen stehen mit Serotonin-Ausschüttung in Zusammenhang, und Serotonin ist ein Gegenmittel gegen Depressionen. Naturnahe Erlebnisse und alles, was an Natur erinnert, beeinflusst und unterstützt Alphawellen. Beides wirkt vorbeugend gegen Angst, Ärger und Aggression.

In ihrem Buch *Your Brain on Nature: The Science of Nature's Influence on Your Health, Happiness, and Vitality* aus dem Jahr 2012 stellen die Autoren Eva M. Selhub, eine Ärztin, und Alan C. Logan, ein Naturheilkundler, Ulrichs Ergebnisse neben eine Reihe weiterer weltweiter Untersuchungen und fassen sie zu einem einheitlichen Bild zusammen. Die Studien zeigten etwa bei Probanden in einem Pflegeheim verminderte Cortisol-Spiegel (ein Stress-Hormon), wenn man sie in einen Garten brachte. Eine Studie in Kansas erwies wenige Stresssymptome bei Probanden, die sich in einem Raum mit Pflanzen aufhielten. In Taiwan konnte man mithilfe von EEGs und Messung der Hautleitfähigkeit positive therapeutische Wirkungen feststellen, wenn die Probanden Landschaftsbilder mit Flüssen und Tälern, Obstgärten oder Farmen sahen. Bei 119 Probanden in Japan konnte man eine geringere Stressanfälligkeit feststellen, wenn sie Pflanzen umtopften, als wenn sie lediglich Blumenerde in Töpfe füllten.

In Japan ist die Beschäftigung mit diesem interessanten und innovativen Thema schon sehr viel weiter gediehen. Unter dem Dach der *Japanese Society of Forest Medicine* (Japanische Gesellschaft für

Waldmedizin) und einer landesweiten Bewegung, die sich *shinrin-yoku* nennt, was man nur schwer übersetzen kann und so viel wie »sich aalen« oder »schwelgen im Wald« bedeutet. Diese Bewegung hat eine ganze Reihe von Forschungsprojekten hervorgebracht, bei denen mithilfe von objektiven und messbaren Kennzeichen wie Cortisol-Spiegel, Herzfrequenz und Blutdruck tatsächliche Verbesserungen des Wohlbefindens und der geistig-seelischen Verfassung allein durch den Kontakt mit der Natur nachgewiesen werden konnten. In mehreren Studien ließ sich nachweisen, dass sich Patienten in Krankenhäusern deutlich besser und schneller erholen, wenn sie beim Blick aus dem Fenster wenigstens ein bisschen Grün vor Augen haben oder wenigstens eine Topfpflanze. Nachdem in einem Herstellungsbetrieb Topfpflanzen in den Fabrikhallen aufgestellt wurden, reduzierte sich der Krankenstand um 40 Prozent.

Zu den besonders interessanten Ergebnissen dieser japanischen Forschungen über die Wirkung von Bäumen und Topfpflanzen zählt eines, bei dem man von einem Wohlfühl-Effekt sprechen kann; es wurde auch woanders mehrmals mit dem gleichen Ergebnis wiederholt. Offenbar gibt es dabei so etwas wie einen kritischen Punkt: Bis zu einem gewissen Punkt verbessert sich das Wohlbefinden der Menschen, wenn weitere Pflanzen in dieser oder jener Form in einen Raum gebracht werden, doch ab einer bestimmten Zahl fühlten sich die Patienten und Probanden wieder rapide schlechter. Zu viele Pflanzen und Bäume um uns herum, ein ganzes Dickicht, machen uns unsicher. Die Hirsche und Elche, von denen am Anfang des Kapitels bereits die Rede war, hätten diese Reaktion bereits gekannt, und sie hätten uns sicher darauf hingewiesen, wenn sie reden könnten. Wenn wir im Sinne des Wortes in der Natur und in der freien Landschaft einen Durchblick haben, dann verstärkt das unser Gefühl von Sicherheit und Wohlbefinden, doch wenn die Wälder zu dicht und undurchdringlich werden, verstärken sich umgekehrt die Unsicherheit und das Unbehagen. In einer solchen Umgebung wären wir in den langen Zeitaltern der menschlichen

Evolution genauso wie die Elche eine leichtere Beute für Raubtiere gewesen. Dorothy und ihre Freunde wussten genau, dass der dunkle, tiefe Wald das Reich von Löwen, Tigern und Bären ist – selbst beim *Zauberer von Oz*.

Aus all diesen Erkenntnissen lassen sich durchaus Vorschläge und Ratschläge für Maßnahmen im öffentlichen Raum, in Architektur und Design ableiten. Zu denken wäre an Grünflächen, offene Räume, Landschaftsgestaltung, und sogar Pflanzkübel sollten als Gestaltungsmittel von Stadträumen eingesetzt werden. Das wäre auch eine vergleichsweise kostengünstige Gesundheitsvorsorge, ein Beitrag zur Verkehrsberuhigung und zur Beruhigung allgemein. Untersuchungen sowohl in Schulen wie an verschiedenartigen Arbeitsplätzen haben mit hinreichender Deutlichkeit gezeigt, dass sich die Leistung von Studenten und Arbeitern verbessert, wenn man zu solch einfachen, preiswerten und unumstrittenen Mitteln greift.

Japan ist nicht nur im Hinblick auf einschlägige Forschungen die führende Nation. Hier wird auch die Umsetzung der Erkenntnisse vorangetrieben. Die Regierung hat bereits über vier Milliarden Dollar an Forschungsgeldern investiert und in den vergangenen zehn Jahren rund hundert regelrechte Therapiewälder im ganzen Land eingerichtet. Diese Bewegung verbreitet sich mittlerweile in ganz Südostasien. Taiwan und Südkorea sind hierbei ebenfalls auf einem guten Weg. Die Regierung von Südkorea hat bereits 140 Millionen Dollar für Therapiewälder ausgegeben.

Wirtschaftlich interessant wird dies, wenn es um die Gesundheitskosten und deren Reduzierung geht. Anhand von sehr sorgfältig erstellten Untersuchungen ließ sich zeigen, dass Krebs als Todesursache in waldreichen Gebieten weniger häufig vorkommt. Dabei wurden die modernen Möglichkeiten von Geoinformationssystemen genutzt, um durch das Einwirken vieler anderer Faktoren wie Rauchen oder sozioökonomisches Gefüge die Ergebnisse nicht zu verfälschen; tatsächlich stellte sich heraus, dass allein eine waldreiche Umgebung das Krebssterberisiko vermindert. Diese Ergebnisse auf der Makroebene werden durch Untersuchungen vieler Einzelfälle ergänzt, wo man nachweisen konnte, dass eine naturnahe Umgebung die Immunreaktion verbessert. Allein der Umstand, dass Menschen sich in der Natur oder einer naturnahen Umgebung aufhalten, stärkt demnach ihre Widerstandskraft gegen Krankheiten.

In einer interessanten Studie in den Niederlanden wurden die Krankenakten von 195 Ärzten mit insgesamt 345 143 Patienten durchforstet. Dabei suchte man nach den Zusammenhängen zwischen einer naturnahen grünen Wohnumgebung und der Sterblichkeit beziehungsweise Krankheitsanfälligkeit. Bei fünfzehn von vierundzwanzig Krankheiten lagen die Werte niedriger bei Menschen, die in einer Entfernung bis zu einem Kilometer von einem Grünbereich leben; diese Rate war übrigens bei den betroffenen ärmeren Menschen noch deutlicher ausgeprägt. Am meisten profitierten Menschen mit Angststörungen und Depressionen.

Die bereits oben erwähnte Psychologin Elisabeth K. Nisbet wies allerdings auch darauf hin, dass sie bei vielen Probanden, auch bei solchen, die spürbar und direkt einen Vorteil von ihrer Situation haben, das Bewusstsein und die persönliche Wertschätzung einer naturnahen Umgebung nur schwach ausgeprägt sind. Daraus resultiert wiederum, warum dieses Thema in der öffentlichen Debatte kaum eine Rolle spielt. Wenn man den Ursachen für diese Ahnungslosigkeit nachgeht, entdeckt man noch subtilere Zusammenhänge, die man gar nicht für möglich gehalten hätte. Bei der Untersuchung von Phobien gegenüber Spinnen und Schnaken hat man mit Probanden auch ganz sublime, unterschwellige Tests durchgeführt, indem man ihnen beispielsweise harmlose Videos vorgeführt hat, in denen Schlangen fast nicht vorkamen. Die Forscher hatten diese Videos so geschickt manipuliert, dass eine Schlange nur für wenige Millisekunden sichtbar war, eigentlich unterhalb der Wahrnehmungsgrenze. Trotzdem konnte eine Angstreaktion festgestellt werden. Von einer vergleichbaren Reaktion auf ebenso unterschwellig gezeigte moderne Gefahren wie nackte Elektrodrähte konnte keine

Rede sein. Zumindest bei diesem Experiment hatte die Natur einen messbaren Einfluss auf die psychisch-seelische Befindlichkeit der Probanden, und diese konnten sich selbst gar nicht erklären warum.

Einen weiteren Aspekt solcher Wahrnehmungsmängel kann man Untersuchungen entnehmen, die in Therapiewäldern in Japan hinsichtlich der dort vorkommenden Aromen angestellt wurden. Bäume und andere Pflanzen verströmen Unmengen von Duft- und Aromastoffen sowie anderen sogenannten sekundären Pflanzenstoffen, die durch unseren Geruchssinn, der bekanntlich sehr eng mit dem Gehirn verknüpft ist, direkt Eingang in unseren Körper finden. (Koffein und Nikotin sind bekannte sekundäre Pflanzenstoffe, ebenso das stark duftende Alliin in Knoblauch oder Isoalliin, das beim Aufschneiden von Zwiebeln zu Tränen reizt.) Die in Rede stehenden chemischen Verbindungen werden Phytonzide genannt; viele haben weitreichende Wirkungen auf das Gehirn, indem sie beispielsweise Stresshormone abbauen, schmerzlindernd oder angstlösend wirken. Besonders bemerkenswert sind Substanzen, die unser Immunsystem hochfahren, indem sie sogenannte Killerzellen aktivieren, die Infektionen wie Influenza und gewöhnliche Erkältungen sozusagen an der vordersten Abwehrfront bekämpfen. Gleichwohl sind viele dieser Phytonzide als Aromen bisher nicht nachweisbar. Wir können daher gar nicht direkt wahrnehmen, wie eine naturnahe Umgebung unser Immunsystem einfach dadurch anregt, dass wir frische Luft einatmen.

Die einschlägige Forschung in Japan hat außerdem entdeckt, dass diese Immunreaktion auch nachhaltig wirkt. Bei einer Probandengruppe, die aus japanischen Geschäftsleuten bestand, ergab sich nach einem Spaziergang durch einen Therapiewald ein um 40 Prozent erhöhter Anteil von Killerzellen. Und bei einer Nachuntersuchung einen Monat später war dieser Anteil immer noch um 15 Prozent gegenüber dem Durchschnittswert erhöht.

Inzwischen ist Ihnen vielleicht aufgefallen, dass also durchaus noch etwas »in der Luft liegt«, indem der Aufenthalt in der Natur

Auswirkungen auf uns hat, die in vieler Hinsicht an das anschließen, was wir bereits über Schlaf, Ernährung, Bewegung und sogar über Meditation gesagt haben. Aber es geht noch weiter. Wie bei den anderen großen Themen dieses Buches auch, setzen die Wissenschaftler für ihre Untersuchungen in diesen Zusammenhängen mittlerweile Magnetresonanztomografie (MRT) ein. Dadurch ließ sich feststellen, wo genau im Kopf sich diese Vorgänge abspielen; alles deutet auf den sogenannten Gyrus parahippocampalis. In diesem Bereich gibt es besonders viele Opioidrezeptoren oder Opiatrezeptoren – das sind spezielle Zellen, an denen Opioide, eine bestimmte Gruppe von chemischen Verbindungen, andocken können. Zu diesen Verbindungen gehören auch Drogen wie Morphium, die bekanntlich sehr starke Wirkungen auf das Gehirn haben.

»Das war für uns eine fast unglaubliche Entdeckung, als sich herausstellte, dass ein Aufenthalt in freier Natur wie eine Minimaldosis Morphium auf das Gehirn wirkt«, schreiben Selhub und Logan.

Koreanische Wissenschaftler haben inzwischen herausgefunden, dass durch eine rein urban geprägte Umgebung im Hirn vor allem Bereiche angesprochen werden, die mit Furcht und Depression verbunden werden, dass eine naturnahe Umgebung hingegen deutliche Wirkung auf den vorderen Gyrus cingulus und auf den Inselkortex hat. Dies ist ein wichtiger Bereich für die Empathie. Das wurde durch psychologische Tests untermauert, bei denen man die Probanden bittet, Geld an andere Menschen zu geben und es mit ihnen zu teilen, wie wir das bei den bereits erwähnten Untersuchungen im Zusammenhang mit Meditation schon gesehen haben. Und genau wie in diesen Fällen wurde auch hier keine Zielvorgabe gemacht und keine Methode vorgegeben, wie man mehr Empathie empfinden oder zeigen könnte. Genauso wie man durch einfache meditative Beruhigung der Gehirnströme stärker emphatisch empfinden kann, kann man das nach einem simplen Spaziergang durch den Wald.

Fast paradoxerweise sieht es so aus, als ob wir aufgrund all dieser vielfältigen Forschungsergebnisse in einen beinahe mystischen

Bereich der Biophilie vorstoßen, denn mittlerweile bewegen wir uns in Regionen des kaum mehr sinnlich Wahrnehmbaren. Gleichwohl gibt es bei diesem Thema nichts Mystisches oder Übernatürliches, sondern lediglich ganz reale physikalische Kräfte und physiologische Wirkungen, die unterhalb unserer Wahrnehmungsschwelle liegen – möglicherweise auch deshalb, weil wir aufgrund einer gewissen zivilisatorischen Deformation die Fähigkeit zu solchen Wahrnehmungen verloren haben. Möglicherweise nehmen Jäger und Sammler oder die Koyukon Alaskas, von denen wir im vorangegangenen Kapitel gesprochen haben, noch mehr davon wahr, und es übt auf sie eine große Anziehungskraft aus. Vielleicht sind sie noch viel enger mit der Naturwelt verwoben, weil sie durch ihre Lebensumstände noch ganz andere Wahrnehmungsmöglichkeiten haben, dank derer ihnen der Gorilla bei dem Basketballspiel nicht entgangen wäre und sie in einer Weise im Hier und Jetzt leben, die sie glücklich macht. Wir wollen uns diesbezüglich aber nicht weiter in Spekulationen verlieren, sondern überlassen das Ihren eigenen Betrachtungen.

Gleichzeitig sollte man nicht übersehen, dass es in der Medizin im weiteren Sinn eine Fülle unumstößlicher Hinweise und Beweise dafür gibt, wie »unsichtbare Kräfte« nachweisbare körperliche Veränderungen herbeiführen. Dazu muss man gar nicht erst teilweise geruchlose sekundäre Pflanzenstoffe bemühen. Menschen können auch die ultraviolette Strahlung des Sonnenlichts nicht sehen oder sonstwie wahrnehmen, mit deren Hilfe unsere Haut Vitamin D synthetisiert. Dennoch ist es eine Tatsache, dass die Haut eines nackten Menschen, der eine halbe Stunde lang der Sonnenstrahlung ausgesetzt ist, zehn- bis zwanzigtausend IUs Vitamin D produziert. Es wäre eine groteske Untertreibung zu sagen, der Körper braucht auch Vitamin D. Ihr Körper *muss* es einfach produzieren, andernfalls werden Sie krank.

Wie bereits erwähnt, stellt Vitamin-D-Mangel bei modernen Menschen ein zunehmend größer werdendes Problem dar. Als wir uns mit einer Ernährungswissenschaftlerin in Boston unterhalten haben, die reihenweise Bluttests von Stadtkindern aus ärmeren Schichten ausgewertet hat, rechneten wir damit, weitere Aufschlüsse bezüglich Blutzucker und Diabetes zu erhalten. Dem war auch so. Aber sie erklärte uns bei dem Gespräch auch, wie bedenklich das Vitamin-D-Defizit bei diesen Kindern ist. Michael Holick, ein Vitamin-D-Spezialist an der *Boston University School of Medicine*, sagte in einem Interview mit der *New York Times*, dass ungefähr ein Drittel aller weißen Amerikaner nicht genügend Vitamin D bilde; bei den Afroamerikanern sogar die Hälfte. Das sind die Durchschnittswerte. Bei vielen Einzelpersonen sind sie erschreckend gering.

Bei Kindern kann dieser in schweren Fällen zu Rachitis führen. Sowohl bei Kindern als auch bei Erwachsenen erhöht Vitamin-D-Mangel das Risiko für Dickdarm-, Brust- und Prostatakrebs; es steigt ferner für erhöhten Blutdruck und Herz-Kreislauf-Krankheiten, Osteoarthritis und Autoimmunkrankheiten. Wir sind der Überzeugung, dass sich all dies leicht vermeiden lässt, indem man mehr Zeit im Freien und vor allem in der Sonne verbringt; das ist der einfachste Weg, diesem Mangel abzuhelfen.

Das Interessante an diesem Befund ist aber, dass er offensichtlich erneut an all das anknüpft, wovon wir bisher gesprochen haben. Wenn wir über unsere Stellung in der Natur sprechen, kommen wir wieder automatisch auf hohen Blutdruck, Bewegungsmangel, Autoimmunstörungen und Depressionen zurück. Wir können sogar noch einen Schritt weitergehen. In einem wissenschaftlichen Aufsatz von S. C. Gominak und W. E. Stumpf wird genau dargelegt, wie es zur Behandlung von Schlaflosigkeit mit Vitamin D kam; Schlaftherapeuten hatten festgestellt, dass einige ihrer Patienten zufällig aus ganz anderen Gründen Vitamin D über Nahrungsergänzungsmittel einnahmen, und beobachteten gleichzeitig eine Verbesserung ihrer Schlafzyklen. Aufgrund dieser Beobachtung wurde eine über zwei Jahre laufende Studie mit 1500 Probanden mit allen möglichen Schlafstörungen angelegt, bei der sich herausstellte, dass die Hirnareale mit wichtigen Vitamin-D-Rezeptoren auch die Areale sind, die den Patienten ein positives Ergebnis ihrer Behandlung ermöglichten: einen ruhigen Schlaf.

Die Forscher zogen daraus den Schluss: »Aufgrund dieser Ergebnisse stellen wir die Hypothese auf, dass Schlafstörungen wegen des verbreiteten Vitamin-D-Mangels ebenfalls weite Verbreitung gefunden haben.«

Auch das ist bereits früher angeklungen: Erinnern wir uns an unsere Hypothese zur Hygiene, wonach bei den Menschen in den modernen Städten eine rasche Zunahme der Autoimmunkrankheiten einfach deswegen zu verzeichnen ist, weil sie in ihrer gebauten Umgebung auch in sanitär gepflegten Verhältnissen leben und dadurch nicht mehr in gleichem Maß den Herausforderungen der Naturwelt ausgesetzt sind? Unsere Spezies hat sich nun einmal im engen Kontakt und in der Auseinandersetzung mit der ganzen Skala von Mikroorganismen entwickelt, und wenn wir uns diesem Kontakt entziehen, dann hat das auf unser inneres Mikrobiom negative Auswirkungen. Um gesund zu bleiben, müsste unser inneres Ökosystem mit dem Ökosystem Natur in Kontakt bleiben. Auch das erreichen wir ganz einfach, indem wir Zeit in der freien Natur und nicht nur in sterilen, künstlich gebauten Umgebungen verbringen.

Dieses ganze Thema ist im Grunde so komplex, dass es für die meisten kaum zu begreifen sein dürfte, und vielleicht wird es niemandem gelingen, all diese Zusammenhänge jemals zu begreifen. Aber man muss dazu weiter keine besonders komplizierten Ratschläge erteilen. Wir haben seit jeher dafür plädiert, Kinder in einer möglichst naturbelassenen oder wenigstens naturnahen Umgebung aufwachsen und ruhig im Matsch spielen zu lassen und sie auch der Sonne auszusetzen. Die ganze hier aufgezeigte Forschung untermauert diesen Rat, und es macht den Kindern doch einfach Spaß.

Weitere Verstärkungseffekte

Diese Erkenntnisse sollten den öffentlichen Verwaltungen zumindest als Anregung dienen, die Städte offener zu bauen und mehr Grünanlagen zu planen, aber wir hoffen natürlich auch, dass Sie für Ihr eigenes Leben die eine oder andere Anregung mitnehmen können. Wenn man sich selbst schon mit einem einfachen Waldspaziergang so viel Gutes tun kann, warum sollte man nicht daran denken, mehrere dieser Wohltaten zu kombinieren, indem man etwa zum Meditieren ins Freie geht? Auf die richtige Ernährung kann man jederzeit achten und auch täglich einen Spaziergang machen – und warum sollte man sich keinen gesunden Schlaf gönnen? Auf diese Weise haben wir ein Szenario aufgebaut, in dessen Rahmen und in dem von uns dargestellten Sinn ein »Zurück zur Natur« leicht zu bewerkstelligen sein müsste. Es erübrigt sich fast, es zu erwähnen, aber man sollte natürlich auch einen unmittelbaren physischen Kontakt mit natürlichen Dingen haben.

Wenn uns schon mit Topfpflanzen in der Wohnung geholfen ist, bringen dann Bäume eine wesentliche Steigerung? Wie hoch hinauf soll man sich in den Bergen bewegen? Will ich mich wirklich auf einem Laufband mit Blick auf einen Fernseher in einem Fitness-Studio abstrampeln und allerlei Gerüche einatmen von – na ja, jedenfalls nicht von Bäumen und Blumen? Und macht das Laufen im Freien durch eine Gebirgslandschaft, was Selhub und Logan »Fitness hoch zwei« genannt haben, tatsächlich so viel aus?

Je weiter wir mit den Erklärungen und Beispielen in diesem Buch kommen, desto wichtiger werden Verstärkungseffekte. Erinnern Sie sich daran, als wir von Verstärkungseffekten sprachen? Beverly Tatum gebrauchte diesen Begriff, als sie davon sprach, wie sie allein durch vermehrten Schlaf auch auf andere Faktoren für verbessertes Wohlbefinden wie Ernährung und Bewegung aufmerksam wurde. So führt eins zum anderen. Im Leben der Autoren selbst war der direkte Kontakt mit der Natur das auslösende Moment, und zwar mit durchschlagender Wirkung. Rancho La Puerta hat sich in dieser Hinsicht für uns als eine Art Epizentrum erwiesen. Dort haben wir Beverly Tatum kennengelernt, aber auch die ganz bemerkenswerte Mitgründerin dieser Wellness-Anlage. Damals in den 1940er Jahren war sie noch eine ganz junge Frau; heute ist sie über neunzig. Sie kümmert sich nach wie vor um das von ihr gegründete Projekt Wellness Warrior, um von den Wurzeln her dasjenige zu tun, was notwendig ist, um unsere Gesellschaft gründlich umzukrempeln. Im Vordergrund stehen Fitness und Ernährung, und der Verstärker für beides ist der enge Kontakt mit der Natur, die gezielte Absicht, Menschen einen Rückweg in die wilde, ungezähmte Natur zu eröffnen; in erster Linie natürlich den Gästen und Kunden der Ranch, zu denen viele Prominente und wohlhabende Persönlichkeiten zählen. Szekely sagt, alles begann mit dem Berg bei Rancho La Puerta, mit anderen Worten, alles begann in der freien Natur. Szekely und diese Ranch spielen eine große Rolle im Leben von John Ratey, worauf wir noch zurückkommen werden.

Die Launen der Natur

Vielleicht sind Sie der Ansicht, die Natur sei launenhaft und unberechenbar und manchmal regelrecht bösartig, und bleiben aus diesem Grund lieber im Fitness-Studio. Wir finden hingegen, dass gerade diese Launen der Natur den echten Gewinn ausmachen, wenn Sie sich überlegen, so viel Zeit wie möglich in der freien Wildbahn zu verbringen. Zu einem ebenso beliebten wie romantisierten Bild von der Natur gehören zwitschernde Vögelchen, die an einem sonnigen Nachmittag in den Bäumen die warmen Sonnenstrahlen genießen. In diesem Disneyland von einer Naturlandschaft ist alles heiter und warm. Das hat mit der Wirklichkeit in der Natur nicht viel zu tun – im Gegenteil, wir würden die Vorteile eines engen Kontakts mit der Natur gar nicht ausschöpfen, wenn es so wäre. Diese Erkenntnis zeigt einmal mehr, auf welch unsicherem Grund die Vorstellung vom Menschen als Krone der Schöpfung gebaut ist; dieses Gedankenkonstrukt unterstellt, in den für uns unfassbaren Jahrmillionen und Jahrmilliarden ihrer Entwicklung hätte Mutter Natur kein anderes Ziel vor Augen gehabt als die Spezies Mensch, und dass ihr demzufolge an nichts anderem gelegen ist als an unserem Wohlergehen, und dass sie schon für uns sorgen wird. Der Evolutionsbiologe Richard Dawkins hat es so formuliert: »Die Natur ist nicht grausam, sondern einfach erbarmungslos indifferent. Das ist eine der bittersten Lektionen, die die modernen Menschen lernen müssen. Es fällt uns schwer, uns einzugestehen, dass die reale Welt und Natur weder gut noch böse, weder grausam noch wohlgesonnen, sondern einfach gefühllos, gleichgültig uns gegenüber ist. Leid ist für sie keine Kategorie, und es dient keinerlei höheren Zwecken.«

Es ist diese Indifferenz, auf die wir hinauswollen. Als im vorherigen Kapitel von Robert Sapolskys Pavianen die Rede war, wies das genau in die gleiche Richtung: Dabei hatte sich zu unserer Überraschung herausgestellt, dass durch routinemäßige, vorhersehbare Belohnungen weniger Glücksgefühle (gemessen anhand von Dopaminausschüttungen) hervorgerufen werden, als wenn die Belohnung durch Futtergaben unregelmäßig verabreicht wurden; erst dann erstrahlte das Gehirn im Glückszustand. Die Natur beeinflusst den Lauf der Dinge nicht zu unseren Gunsten; unser Gehirn und unsere Glückserwartungen mussten sich in der Evolution an unerwarteten Verläufen entwickeln.

Solche unregelmäßigen Verläufe stellen natürlich eine Herausforderung für unsere Wahrnehmungsfähigkeit dar. Indem unsere Achtsamkeit stimuliert und die Aufmerksamkeit erhöht wird, verbessert sich auch unsere Lebensqualität. Erinnern Sie sich an die Schilderung unseres Laufs auf dem Gebirgspfad in Begleitung des Hundes? Sie haben dabei sicherlich bereits erkannt, dass die wilde Naturlandschaft, durch die wir uns bewegt haben, ein wesentliches Element bei dieser ganzen Aktivität war, sogar der Schlüssel zu dem gesamten Erlebnis – dies waren sozusagen die äußeren Bedingungen, im Innern gepaart mit der vollen Konzentration des gesamten Gehirns auf die sehr unterschiedlichen und komplexen Bewegungsabläufe auf der sehr uneinheitlichen Bodenunterlage. Bei der Beschreibung der Szene sind wir ausführlich auf die physischen und physiologischen Besonderheiten der reinen Bewegungen eingegangen. Dazu zählten die Unebenheiten des Geländes sowie das schnelle Umschlagen des Wetters. Zu so einem Lauf im Gebirge gehören alle möglichen Schwierigkeiten, Hindernisse und Herausforderungen, durch die im Körper eine große Bandbreite von Muskeln und Bewegungen aktiviert wird. Für genau solche äußeren Bedingungen ist der menschliche Körper entwickelt worden, und genau das stimuliert das Gehirn, das sämtliche Bewegungsabläufe exakt koordinieren muss. Bewegung in der freien Natur wirkt wie ein Glücksspiel, bei dem man nie vorhersagen kann, was als Nächstes kommt, dementsprechend stellt sie eine unaufhörliche Abfolge von geistigen Herausforderungen dar, und wenn man »nicht aufpasst«, können die Konsequenzen ernst und schmerzhaft sein, angefangen beim Stolpern über einen gebrochenen Ast, ein Sturz über einen Abhang, eine Begegnung mit einem Bären, oder man kann in ein Schneegestöber geraten.

Trailrunning ist schon eine verrückte Sportart, und wir wollen keineswegs behaupten oder empfehlen, dass alle Leute jetzt damit beginnen sollten. Aber wir kommen deswegen noch einmal darauf zurück, weil sich anhand dieses Beispiels einige der grundlegenden Ideen dieses Buches gut veranschaulichen lassen. Läufer, die das regelmäßig machen, sind sicherlich genauso Sportenthusiasten mit speziellen Vorlieben wie Marathonläufer, Radrennfahrer, Gewichtheber und Fußballspieler. Es gibt bei ihnen aber eine Reihe von Besonderheiten, von denen wir glauben, dass sie auf den besonders engen Kontakt zu ursprünglicher Natur zurückzuführen sind und darauf, dass diese Sportart dem evolutionären Vorbild besonders nahe kommt.

Zunächst kann man feststellen, dass sich Trailrunning momentan rasanter entwickelt als jede andere Sportart in Amerika. Die Zeitschrift *UltraRunning* berichtet, dass im Jahr 2012 63 530 Ultramarathonläufer ins Ziel gelangt sind. Ultramarathonläufe gehen über eine längere Distanz als die klassischen Olympia-Marathons, meistens sogar wesentlich weiter als diese gut 42 Kilometer, und sie werden bevorzugt auf Gebirgsstrecken in Wüstengegenden oder in Wäldern gelaufen. Diese Zahl bedeutet einen Teilnehmeranstieg von 22 Prozent gegenüber dem Vorjahr und eine Verzwanzigfachung gegenüber 1980. Dabei handelt es sich keineswegs um eine Sportart bloß für junge Hengste mit überschäumendem Testosteron. Die Geschlechterverteilung ist ziemlich ausgewogen, und einige Wettläufe sind auch schon von Frauen gewonnen worden. Es gab große, bedeutende Veranstaltungen, bei denen die Sieger über Vierzigjährige waren, mit Teilnehmern über sechzig, ja über siebzig, die den Hundert-Meilen-Zieleinlauf erreichten. Wir sind der Meinung, dass die Begeisterung für diesen Sport daher rührt, dass die Menschen spüren, wie nahe sie dadurch der Vergangenheit aus der Zeit der Evolution kommen. Die Grundparameter des Trailrunning gerade im Gebirge sprechen offenbar tiefsitzende Bedürfnisse an.

Wie sich herausgestellt hat, wird darüber auch (im Internet) eifrig diskutiert. Nehmen wir beispielsweise eine Äußerung von William McBride auf der populären Trailrunner-Webseite *iRunFar*, der sich auffälligerweise an Erich Fromm anlehnt, dem wir, wie eingangs erwähnt, die Grundgedanken zu »Biophilie« verdanken. McBride macht sich Gedanken über seine auf den ersten Blick etwas widersprüchlich wirkende starke Neigung zu Aktivitäten in sozialen Netzwerken auf der einen Seite und zur Bergeinsamkeit auf der anderen Seite:

Unser Bedürfnis nach möglichst ursprünglichem Naturerleben und gleichzeitig nach Benutzung der modernsten Technologien zur Herstellung sozialer Kontakte scheint widersprüchlich zu sein, aber der Grund für beides entspringt der gleichen Wurzel, dem gleichen fundamentalen menschlichen Bedürfnis. Was wir wollen, ist Teilhabe. Wir möchten Teil eines größeren Ganzen sein. In *Die Kunst des Liebens* schreibt Fromm: »Ähnlich fühlt sich auch die menschliche Rasse in ihrem Kindheitsstadium noch eins mit der Natur. Die Erde, die Tiere, die Pflanzen sind noch des Menschen Welt. Er identifiziert sich mit den Tieren … Aber je mehr sich die menschliche Rasse aus diesen primären Bindungen löst, umso mehr trennt sie sich von der Welt der Natur, umso intensiver wird ihr Bedürfnis, neue Mittel und Wege zu finden, um dem Getrenntsein zu entrinnen.«

Ferner war Fromm der Überzeugung, dass dieses verheerende Getrenntsein von der Natur die Wurzel allen menschlichen Leids sei: »Die Erfahrung dieses Abgetrenntseins erregt Angst, ja sie ist tatsächlich die Quelle der Angst. Abgetrennt sein heißt abgeschnitten sein und ohne jede Möglichkeit, die eigenen Kräfte zu nutzen. Daher heißt abgetrennt sein hilflos sein, unfähig sein, die Welt – Dinge wie Menschen – mit eigenen Kräften zu erfassen. Das heißt, dass die Welt über mich herfallen kann, ohne dass ich in der Lage bin, darauf zu reagieren.«

Dieser Gedanke beginnt also mit der Natur und unserem Bedürfnis, Teil der Natur zu sein, wie wir ihn hier vertreten, eben weil die Natur uns gegenüber gleichgültig ist. Aber die Kehrseite davon erscheint genauso interessant und geradezu zwingend eben wegen unseres grundlegenden Bedürfnisses nach Teilhabe. Wegen unseres Wunsches, in einer perfekten Welt zu leben, stemmen wir uns gegen die Gleichgültigkeit der Natur, indem wir uns mit Menschen verbinden, die nicht gleichgültig sind, und indem wir uns gegenseitig unterstützen.

Kapitel 8
SIPPEN UND STÄMME

Das Molekül, das uns aneinander bindet

Diesen Teil der Geschichte, der zu den Lieblingspassagen unseres Buches zählt, haben wir uns bis hierhin aufgespart. Dass es zu diesem Thema überhaupt wissenschaftliche Untersuchungen gibt, mutet auf den zweiten Blick etwas merkwürdig an; man hält das Phänomen für so selbstverständlich, dass man sich gar nicht vorstellen kann, es könne damit Probleme geben. Die einschlägige Forschung entzündete sich nämlich an der erstaunlichen Frage, wie beim eng zusammengekuschelten Schlafen von Müttern mit ihren Kleinkindern die Sicherheit der Babys gewährleistet ist. Weder in der Vergangenheit noch in den Gesellschaften der Gegenwart wurde diese Frage je besonders erörtert. Die dann vorgenommenen wissenschaftlichen Untersuchungen konzentrierten sich auf die Lage der beiden Körper zueinander. Dabei stellte sich heraus, dass es dafür in der Tat eine spezifische Position gibt, bei der Mütter sich in bestimmter Weise schützend um das Kind legen und dies gleichzeitig eine so gut wie narrensichere Gewähr dafür bietet, dass Mütter sich nicht im Schlaf auf ihr Kind rollen und ihm dadurch Schaden zufügen. Die Befürchtung, dass es dazu kommen könnte, war der Auslöser für die experimentellen Untersuchungen.

Am Anfang unseres Buches ging es um eine Hündin und ihren Wurf. Die Hundemutter wusste nach der Geburt der Welpen instinktiv, was zu tun war, ohne vorher eine Ratgeberfibel lesen zu müssen. Das Gleiche gilt für Mütter, die mit ihren Babys schlafen, jedenfalls für einen bestimmten Teil von ihnen. Die Forscher haben herausgefunden, dass diejenigen Mütter, die ihr Kinder selbst stillten, ebenso instinktiv die Position maximaler Sicherheit einnahmen; das war auch bei Müttern mit ihrem ersten Kind so. Bei Müttern, die nicht selbst stillten, was das hingegen anders.

Die wichtigsten Hormone beim Geburtsvorgang und beim Säugen sind Prolaktin und Oxytocin; Letzteres bringt uns auf die richtige Spur. Nichts liegt näher, als eine Geschichte vom ersten Anfang an zu erzählen, und die Geschichte jedes Einzelnen von uns beginnt mit der Geburt. Die Mutter-Kind-Beziehung ist der Nukleus jeder menschlichen und gesellschaftlichen Bindung und Beziehung, unseres gesamten Verhaltens. Daraus erklärt sich, wer wir eigentlich sind. Oxytocin spielt auf jeden Fall *die* herausragende Rolle bei der Geburt und beim Säugen der Kleinkinder, doch dieses Hormon beeinflusst auch danach unser ganzes Leben.

Bewegung in Gemeinschaft

Als wir uns beim Verfassen des Manuskripts zu diesem Buch einige selbstkritische Gedanken machten und es uns dämmerte, dass irgendwo in der Geschichte noch eine große Lücke klaffte, erkannten wir, dass uns Eva Selhub höchstwahrscheinlich weiterhelfen konnte. Unser ungutes Gefühl war einer persönlichen Beobachtung entsprungen. Wir hatten uns mit Selhubs Forschungen ausgiebig vertraut gemacht und auch mit ihr und ihrem Co-Autor Alan C. Logan über deren gemeinsames Buch *Your Brain in Nature* gesprochen. Diesem verdanken wir sehr viel Information über Biophilie, die wir im vorangegangenen Kapitel besprochen haben. Davon abgesehen ist Eva Selhub Ärztin, hat die übliche klassische medizinische Ausbildung durchlaufen, wandte sich anschließend allerdings ziemlich rasch der Erforschung als weniger klassisch betrachteter Heilkräfte zu, namentlich der Natur, Ernährung, Bewegung und Sport sowie der Meditation und traditioneller Heilpraktiken wie Qigong. In ihrer Praxis hat sie viele Methoden und Denkansätze verfolgt, die wir auch in diesem Buch besprochen haben. Bei unserer ersten Begegnung war es aber ganz offensichtlich, dass sie sich mit etwas völlig Neuem beschäftigte, ja dass sie für sich selbst einen Riesenschritt nach vorn gemacht hatte, als hätte sie sich in körperlicher wie in geistiger Hinsicht einen enormen Vitalitätsschub verpasst. Wir wollten natürlich wissen, was das war.

So saßen wir an einem sonnigen Nachmittag in Boston plaudernd beisammen; Eva Selhub bestätigte unsere Wahrnehmung, indem sie sagte, sie sei in der Tat im Lauf der vergangenen Monate »ein ganz anderer Mensch« geworden. Die nächstliegende Erklärung dafür war ganz einfach. Sie hatte sich vor etlichen Monaten einer CrossFit-Gruppe angeschlossen, das ist jenes Work-out-Training, das wir bereits weiter oben angesprochen haben, bei dem in sehr unterschiedlichen Übungen verschiedene Bewegungsarten durchexerziert werden; also eine Art Ganzkörpertraining, wie es den durch die Evolution entwickelten Bewegungsmöglichkeiten des Menschen weitgehend entspricht. Doch dieses neuartige Work-out-Programm war nur die eine Hälfte der Geschichte. Damit ließ sich einiges erklären, aber es gab noch etwas anderes, und Selhub wollte hauptsächlich darüber mit uns sprechen.

Selhub räumte gleich ein, sie habe eine profunde Abneigung gegen Fitness-Studios und sie scheue auch vor Leichtathletik-Sportarten zurück, weil sie immer leicht in Wettkampf ausarten; da würde Kindern schon von klein auf im Sportunterricht ein völlig falscher Zugang eingeimpft. Was für Selhub das CrossFit-Work-out so besonders attraktiv macht, ist das Gemeinschaftserlebnis.

»Wenn man das Erfolgserlebnis hat, dass man etwas hinbekommt, von dem man immer dachte, man würde es nie hinbringen, verschafft einem das einfach ein Supergefühl; natürlich vergleicht man sich mit anderen, aber sie feuern einen auch an. Reiner Wettbewerb, nur um jeden Preis der Erste sein zu wollen, würde mich nicht reizen, aber bei CrossFit hat man eine Gemeinschaft. Der Team-Spirit ist der besondere Kick dabei«, erzählte sie uns. »Es ist wie eine große Familie. Da wuseln auch die Kinder herum, zu schauen wie ihre Eltern und die andern Teilnehmer trainieren, alle reden miteinander und albern herum. So sollte es meiner Meinung nach sein.«

So sollte es in der Tat sein.

Erinnern wir uns bei der Gelegenheit kurz an die Aufzeichnungen von Elizabeth M. Thomas über den Aufenthalt mit ihren Eltern und Geschwistern bei den Khoisan in der Kalahari in den 1950er Jahren. In ihrem Buch gibt sie ein Zitat aus den Aufzeichnungen ihrer Mutter wieder:

> Die Khoisan sind gegenseitig sehr anhänglich, ihr Bedürfnis nach Teilnahme und Zusammengehörigkeit ist sehr ausgeprägt … Trennung und Einsamkeit empfinden sie als unerträglich. Dieses elementare Bedürfnis nach Gemeinschaft und Nähe kommt in der Art und Weise, wie die Familien in ihren Lagern zusammenglucken, sehr deutlich zum Ausdruck. Dauernd berühren sie sich gegenseitig, lehnen sich mit den Schultern aneinander oder verschlingen die Füße. Dieses Zugehörigkeitsgefühl zur Gruppe vermittelt ihnen auch ein Gefühl von Sicherheit und emotionaler Wärme. Die Bedrohung durch Zurückweisung oder Feindseligkeit wird dadurch gebannt.

Solche sogenannten tribalistischen Strukturen von Stammesgesellschaften sind ein universelles kulturelles Phänomen. Die Paläoanthropologen sehen Tribalismus als ein herausragendes, typisches Merkmal der Menschheit seit ihren Uranfängen. Das enge Zusammengehörigkeitsgefühl von *Homo sapiens* war möglicherweise ein entscheidender Faktor, wenn nicht sogar *der* entscheidende Faktor für das Überleben als einzige Vertreter dieser unserer Art von Zweibeinern. Zugehörigkeitsbedürfnis und Zusammengehörigkeitsgefühl stecken uns zwar nicht in den Knochen, aber heutzutage können wir das Hormon Oxytocin dafür dingfest machen, das nicht nur von stillenden Müttern ausgeschüttet wird. Es kommt bei allen Frauen vor und bei Männern ebenso. Das ist es, was uns als Gemeinschaft zusammenhält. Oxytocin ist für uns ein Kernargument, um unsere These zu untermauern, dass unser Wohlbefinden auch von intakten Beziehungen zu anderen Menschen abhängt.

Das Bindemittel

Sue Carter überlegt einige Augenblicke, wie sie am besten anfangen soll. Das ist durchaus verständlich. Wo soll man anfangen, wenn man vierzig Jahre Forschungsarbeit über die Wirkungsweisen eines einzigen Moleküls zusammenfassen soll, noch dazu eines Moleküls, das im Zentrum aller Arten menschlichen Verhaltens steht (und des Verhaltens einiger anderer Spezies)? Oxytocin und einige verwandte chemische Verbindungen, vor allem das Peptidhormon Vasopressin, spielten in der Evolution seit beinahe unvordenklichen Zeiten eine Schlüsselrolle für elementare Lebensfunktionen. Die »Verwendung« dieser Hormone reicht weit hinter die Entstehung des Menschen, ja weit hinter die Entstehung der Säugetiere zurück. Sie greift sogar auf einen Zeitpunkt zurück, als sich Vorformen von Wirbelsäulen von einfacheren Lebensformen Wirbelloser abspalteten. Vasopressin ist eine uralte chemische Substanz, die vermutlich zu einer Zeit entstand, als sich alle Lebensformen noch im Wasser befanden; Vasopressin steuert den Wasserhalt in den Körpern von Lebewesen, insbesondere die Abgabe von Wasser aus dem Körper nach außen. Das Hormon erfüllt diese Funktion nach wie vor, auch bei Lebewesen auf dem Land einschließlich des Menschen (vor allem durch die Abgabe von Urin).

An diesem Nachmittag litt Sue Carter außerdem noch unter

einem Jetlag, da sie erst am Tag zuvor aus Marokko zurückgekehrt war. Trotzdem hatte sie sich bereit erklärt, unseren Termin wahrzunehmen. Das Gespräch fand in ihrem neu erbauten Privathaus am Rand der traditionsreichen Universitätsstadt Chapel Hill in North Carolina statt. Hierher hat sie auch ihr Büro verlegt, nachdem sie die längste Zeit ihres Berufslebens als Neurobiologin an der Universität Chicago geforscht und gelehrt hat. Sie macht es sich in einer Ecke eines überdimensionalen Sofas bequem, und kaum hat sie Platz genommen, springt ihr Japan Chin auf ihren Schoß. Schließlich entschließt sie sich, dort anzufangen, wo auch ihr Forscherleben in den 1970er Jahren begann: Damals beschäftigte sie sich mit Präriewühlmäusen, das sind unauffällige kleine Nagetiere, die sich im bodennahen Dickicht der nordamerikanischen Grassavanne bewegen, wo sie so gut wie nicht wahrgenommen werden, außer von Eulen und den Biologen.

Zunächst arbeitete Carter mit Feldbiologen zusammen, die sich mit damals in der Biologie typischen Problemstellungen beschäftigten, zum Beispiel dem Aufblühen und Zusammenbruch von Populationen sowie mit den körperlichen Voraussetzungen der Spezies; solche Problemstellungen spielten vor dem Hintergrund evolutionärer Vorstellungen seinerzeit in der Wissenschaft eine Rolle. Etwas konkreter gesprochen wollte man damals die ausschlaggebenden Faktoren für die körperliche Fitness von Lebewesen ergründen. Zu jener Zeit stellte man bei Präriewühlmäusen zyklenhaft Phasen starker Vermehrung fest, gefolgt von drastischer Abnahme der Populationen. Solche Phänomene versetzten die Biologen in Alarmstimmung, aber sie werden inzwischen besser verstanden als Teil eines normalen Populations-Auf-und-Abs, insbesondere bei Nagetieren. Den Forschern fiel bei diesen unscheinbaren Tierchen alsbald eine Besonderheit auf. Sie zeigten ein ausgeprägtes Sozialverhalten. Dessen Grundbaustein ist Monogamie, also eine auffällig starke Bindung jeweils eines Männchens an ein bestimmtes Weibchen, was bei Säugetieren eher die Ausnahme ist.

Eine besondere Kuriosität besteht darin, dass die nahe verwandten Wiesenwühlmäuse, die obendrein das gleiche Habitat bevölkern, aber trotzdem eine eigene Art bilden, nicht monogam leben. Außer auf Wühlmäuse spezialisierten Zoologen hätte wohl jeder Betrachter einschließlich der Eulen große Mühe, Präriewühlmäuse von Wiesenwühlmäusen zu unterscheiden, dennoch gehen die Präriewühlmäuse lebenslange Partnerbindungen ein, Wiesenwühlmäuse hingegen nicht. In den Siebzigerjahren glaubten die Wissenschaftler, Monogamie sei ein durch lange komplexe Evolutionsvorgänge entstandene Eigenschaft wie der aufrechte Gang oder Omnivorie (Allesfresser). Demnach läge hier eine bestimmte evolutionäre Entwicklung vor, die bei gleichen gegebenen Bedingungen zu einem vorhersagbaren Ergebnis führe. Diese Annahme wurde durch den eindeutig abweichenden Fall der Präriewühlmäuse über den Haufen geworfen.

Damals hatten die Evolutionsbiologen eine fertige Erklärung für die, wie gesagt, bei Säugetieren selten vorkommende Monogamie; diese beruhte auf der sexuellen Selektion. Der Grundgedanke geht dahin: Das Männchen bindet sich an ein Weibchen und investiert seine Energie in die Aufzucht der gemeinsamen Nachkommen, weil diese sein Erbgut weitertragen. Dies wiederum beruht auf dem berühmten Konzept vom »egoistischen Gen« von Richard Dawkins, wonach durch die Evolution diejenigen Gene selektiert werden, die weitergegeben werden können. Das heißt, diejenigen Lebewesen, die ihre Gene weitergeben können, werden gegenüber anderen Lesewesen bevorzugt. Das ist beispielsweise auch die Standarderklärung für die in der Tierwelt weit verbreitete Praxis der Nachkommentötung: Wenn Männchen sich mit einem neuen Weibchen paaren, töten sie oftmals deren bereits vorhandene Nachkommen, um sie durch eigene Nachkommen zu ersetzen. In den meisten Kulturen, auch in den westlichen Gesellschaften, entspricht die Todesrate von Kindern mit Stiefvätern ziemlich genau der entsprechenden Tötungsrate in der Tierwelt.

Bereits in ihren frühen Arbeiten äußerte sich Carter skeptisch gegenüber dieser Erklärung für die Monogamie bei Präriewühlmäusen. »Ich habe einfach zu viel soziobiologisches Datenmaterial gesehen und mich zu intensiv mit Evolutionsbiologie beschäftigt, um diese Annahme blindlings zu übernehmen, die Bildung von Nachkommenschaft und Weitergabe von Genen sei der Kern der Evolutionstheorie. Das stimmt meiner Meinung nach nicht. Vielmehr glaube ich, dass soziale Interaktion eine wesentliche Rolle spielt und als treibende Kraft hinter vielen Verhaltensmustern und Verhaltensaspekten steckt«, lautet ihr Resümee.

Damit hatte sie Recht, aber es dauerte noch bis weit in die 1980er Jahre, bis neue Erkenntnisse gewonnen werden konnten; erst seitdem standen neuartige Methoden der DNA-Analyse zur Verfügung. Auch wenn sie auf den ersten Blick und von außen gesehen ganz monogam erscheinen, zeigen eindeutige genetische Befunde von Würfen der Präriewühlmäuse, dass diese loyalen Männchen, die sich für ihre vermeintlichen Nachkommen aufopfern, um sie zu ernähren und zu schützen, in Wirklichkeit gehörnte Ehemänner sind. Bei ungefähr der Hälfte der Jungen handelte es sich nicht um ihre eigenen Nachkommen. Außerdem stellte sich erst in den 1980er Jahren heraus, dass dieser Anteil von circa 50 Prozent Fremdnachkommen im gesamten Tierreich sehr verbreitet ist, vor allem auch bei Vögeln, bei denen Monogamie viel öfter vorkommt. Je nachdem, wen man fragt und wann, wird man häufig genug die Antwort erhalten, Menschen verhielten sich überwiegend monogam, aber wenn man die Befunde der DNA-Analysen anschaut, sieht man, dass es sich im Großen und Ganzen genauso verhält wie in der Tierwelt. Sexuelle Monogamie? Diesen Begriff kann man streichen. Wühlmäuse bevorzugen wie viele andere Tiere auch Vernunftehen. Das muss nicht bedeuten, dass monogames Verhalten vollkommen obsolet wäre, aber man muss das Konzept differenzierter betrachten. Monogamie definiert jedenfalls nicht ein sexuelles Verhalten im Sinne einer evolutionären Adaption, die ihre Wurzeln in der genetischen Reproduktion hat. Vielmehr handelt es sich um eine soziale, also kulturell geprägte Adaption, die sich insofern als sinnvoll erweist, als sie eine weitere Generation hervorbringt, selbst eine Generation mit egoistischen Genen. Selbst wenn die eine Hälfte der Jungen in einem Nest nicht von Papa Präriewühlmaus abstammt, die andere Hälfte aber schon, sorgen stabile soziale Verhältnisse dafür, dass es allen besser geht.

Diese Erkenntnis brachte für die Biologen zunächst einmal eine große Verunsicherung, weil sie sich auf weniger solidem Terrain weiterbewegen mussten. Biologen sind daran gewöhnt, sich mit handfesten Themen und Fachbegriffen wie Beute-Basis, Tragfähigkeit, Schrittweite, Kieferlänge zu befassen. Bei Monogamie handelt es sich hingegen nicht um eine physische Eigenschaft, sondern um eine Verhaltensweise. Aus den Untersuchungen wiederum hatte sich ergeben, dass dieses Verhalten angeboren war, also nicht erlernt. Hinzu kam, dass die Präriewühlmausfamilien auf geradezu unheimliche Weise menschlichen Familien zu ähneln schienen, was sich niemand so richtig erklären konnte.

»Sie haben ein sozial-familiäres System, das dem der Menschen in wesentlichen Zügen sehr ähnlich ist: Dauerhafte Paarbindung, beide Elternteile kümmern sich um die Aufzucht der Jungen, Inzestvermeidung, erweiterter Familienkreis. All das sind auch Eckpfeiler der menschlichen Gesellschaft«, sagt Carter.

Aber das gilt nicht für alle und nicht für jeden sein ganzes Leben lang. Es gibt bei den Präriewühlmäusen nämlich doch verschiedene Lebensweisen, und diese ganze Fokussierung auf die sexuelle Reproduktion übersieht eine wichtige Tatsache: Nämlich die gar nicht kleine Anzahl von Präriewühlmäusen, die gar nicht sexuell aktiv sind. Es gibt eine große Gemeinsamkeit bei allen sozial lebenden Tieren, einschließlich der Ameisen und Termiten. Es war lange Zeit ein ungelöstes Problem, warum beispielsweise so viele Mitglieder eines Bienenstocks überhaupt nicht am Reproduktionsgeschäft beteiligt sind, sondern diese Aufgabe einigen wenigen besonders fruchtbaren Mitgliedern übertragen wird: der Bienenkönigin und einigen auserwählten Drohnen, die ihre Gatten sind. Die meisten Bienen kümmern sich ihr ganzes Leben lang nicht um die Erzeugung von Nachwuchs, und ähnlich verhält es sich mit den Wühlmäusen. Die meisten dieser Nager verbringen ihr Leben in einem Entwicklungsstadium, das Carter als »präpubertär« bezeichnet. Inzwischen haben die Biologen den Grund dafür herausgefunden: Ihre Entwicklung hängt davon ab, ob sie im passenden Zeitraum eine Partnerin finden konnten oder nicht. Die Wühlmauspaare finden durch Zufall zueinander, wenn sich beide noch in diesem präpubertären Stadium befinden; dann löst aber genau diese »romantische« Begegnung eine Reaktion aus, die sehr an pubertäre Vorgänge auch bei einer gewissen zweibeinigen Spezies erinnert. Vor allem die Männchen verwandeln sich innerhalb weniger Stunden vollkommen von einem unbedarften, sexlosen Wesen in einen äußerst anhänglichen, überfürsorglichen Partner, und diese Ehe hält dann für den Rest des Lebens. Sue Carter fand heraus, dass der Grund für diese Verwandlung eine Ausschüttung des Hormons Oxytocin ist, wozu vor allem bei Männchen noch Vasopressin hinzukommt. Das sind zwei eng verwandte Neuropeptide, biochemische Substanzen, die im Hypothalamus gebildet werden. Schon allein diese Entdeckung zeigt, wie wichtig diese Erkenntnisse für die Erklärung menschlichen Verhaltens sind. Oxytocin ist das verbreitetste, durch Gen-Einfluss erzeugte Molekül im Gehirn. Bei Wühlmäusen bewirkt es sozusagen auf Knopfdruck eine dramatische Transformation.

Und zwar, wie sich herausstellte, nicht nur bei Präriewühlmäusen. In vieler Hinsicht war es gerade diese Erkenntnis, welche die zentrale Funktion gerade dieses Moleküls für die Verhaltensweisen einer ganzen Reihe weiterer Lebewesen aus völlig unterschiedlichen, kaum miteinander verwandten Arten evident werden ließ. Ihre diesbezüglichen ersten Forschungsarbeiten an Präriewühlmäusen lösten in der Folge einen wahren »Tsunami« wissenschaftlicher Studien aus, wie Carter es nennt. Heutzutage wird tatsächlich in Hunderten von Laboratorien an diesem Hormonmolekül geforscht. Eines der

Experimente, mit denen schon früh ein weiterer Durchbruch erzielt wurde, war die Untersuchung der Wirkung von Oxytocin auf Ratten. Die männlichen Exemplare zeigen keinerlei Neigung, zu Hause herumzuhängen, bei der Hausarbeit zu helfen und sich an der Aufzucht der Jungtiere zu beteiligen. Von Natur aus sind Rattenmännchen eben das, was sie sind: Ratten. Doch unter dem Einfluss von Oxytocin-Gaben wurden sie monogam und kümmerten sich liebevoll um den Nachwuchs. Auch bei den nahen Verwandten der Präriewühlmäuse, bei den Wiesenwühlmäusen, bewirkte eine derartige Oxytocin-Impfung die gleiche Verhaltensänderung.

Die wissenschaftliche, labormäßige Beschäftigung mit Oxytocin setzte bereits Anfang der 1950er Jahre ein, also lange vor den Forschungen mit den Wühlmäusen. Damals wurde dieses Neuropeptid erstmals isoliert und synthetisiert und seine wichtige Rolle beim Geburtsprozess, bei der Laktation und sogar für die sexuelle Attraktivität erkannt. (Dafür ging der Chemie-Nobelpreis 1955 an den Franzosen Vincent du Vigneaud.) Weitere Forschungen in den Siebzigerjahren an Schafen und Ratten brachten dann den Beweis für die entscheidende Rolle, die Oxytocin für die Bindung von Lämmern und Jungratten an ihre Mütter spielt. Als dann auch noch gezeigt wurde, dass Oxytocin nicht nur bei so grundlegenden Dingen wie Sexualverhalten und Reproduktion eine Rolle spielt, sondern auch das Sozialverhalten der Präriewühlmäuse beeinflusst, dämmerte den Wissenschaftlern, dass dieses Molekül eine weitreichende Bedeutung hat.

Heute wird Oxytocin als das Sozialmolekül schlechthin betrachtet. Inzwischen hat sich nämlich herausgestellt, dass diese Substanz, die auf natürlichem Weg im tiefen Innern des Gehirns gebildet wird und dort auch ihre unmittelbarste Wirkung erzeugt, für Versuche gar nicht umständlich ins Gehirn injiziert werden muss, wie es am Anfang dieser Versuchsreihen gemacht wurde. Das Molekül entwickelt seine Zauberkräfte schon, wenn es als einfaches Nasenspray appliziert wird, denn durch die Nase haben wir eine sehr direkte

Verbindung zum Gehirn, was vor allem Kokain-Schnupfer sehr gut wissen. Verschiedene Substanzen, die wir einatmen, gelangen sehr schnell dorthin; das haben wir im Zusammenhang mit den Aromen im vorangegangenen Kapitel bereits erwähnt.

Oxytocin verstärkt und verbessert auch die sogenannte soziale Wahrnehmung, mit anderen Worten die soziale Kompetenz. So kann jeder beispielsweise leicht feststellen, welch große Rolle es für unsere sozialen Bindungen ausmacht, dass wir Gesichter wiedererkennen, und Oxytocin verbessert diese Fähigkeit. Dieser Zusammenhang ist wissenschaftlich bestätigt. Die Fähigkeit, eine emotionale Stimmung, wie sie in der Miene einer anderen Person zum Ausdruck kommt, richtig zu deuten, also die Gefühle anderer zu lesen, wird verbessert, unser Vertrauen in andere Menschen wird gestärkt. Auch der Stellenwert von zwischenmenschlichen Beziehungen erhöht sich dadurch für uns. Die Wissenschaftler haben herausgefunden, welche große Rolle Oxytocin in Geschäftsbeziehungen spielt, insbesondere beim Aufbau von Vertrauen. Das ist keineswegs so vage, wie man zunächst vielleicht vermutet. Von Wirtschaftswissenschaftlern oder Wirtschaftsfachleuten kann man leicht erfahren, wie sehr funktionierende Märkte auf Vertrauen aufgebaut sind; das ist der Klebstoff, der unser ganzes Wirtschaftsleben zusammenhält. Wenn man diesen Gedanken weit genug in der Evolution zurückverfolgt, erkennt man leicht, wie die gesamten Lebensumstände der Menschen tiefgreifend von unserer Fähigkeit, Vertrauen aufzubauen, beeinflusst sind. Man sieht dann, wie der Gruppenzusammenhalt Teil und Grundlage unseres evolutionären Erfolges war, ebenso wie die Fähigkeit zur Anpassung und zum Weiterwachsen. Das Wirtschaftsleben ist ganz auf Vertrauen gebaut – diese Tatsache lässt sich am überzeugendsten durch den Hinweise auf das Gegenteil nachweisen: In Gesellschaften oder in Ländern, wo Anarchie und Chaos walten, wird Vertrauen völlig unterminiert. In solchen Gegenden herrscht wenig Hoffnung auf eine gedeihliche wirtschaftliche Entwicklung.

Die Wissenschaft hat noch ein paar interessante Nebenaspekte in diesem Zusammenhang entdeckt. Menschen, die Geschäfte tätigen, erzeugen dabei sozusagen auch eine Spur Oxytocin. Wenn jemand einem anderen zehn Euro gibt, dann steigt die Oxytocin-Absonderung beim Empfänger kurz an. Das Erstaunliche dabei ist: Wenn die gleiche Person das Geld von einem Computer erhält, steigt das Oxytocin nicht an. Unser Lieblingsexperiment in diesem Zusammenhang hat Folgendes ergeben: Wenn Sie sich mit Ihrem Hund beschäftigen, steigt Ihr Oxytocin-Spiegel; das entspricht den Erwartungen. Aber der Oxytocin-Spiegel Ihres Hundes steigt noch viel stärker.

Wenn man all diese Erkenntnisse betrachtet, kann man leicht nachvollziehen, wie sich daraus eine überschäumende Begeisterung in der Wissenschaft ergibt. Einen Hinweis darauf liefert beispielsweise ein populäres Sachbuch, das kürzlich unter dem Titel *The Moral Molecul* (*Das Moral-Molekül*) erschienen ist – man muss zugeben, ein in jeder Hinsicht sehr vielversprechender Titel. Oxytocin scheint auf manche eine magische Anziehungskraft auszuüben, besonders beispielsweise auf Menschen mit Autismus. Eines der typischen Kennzeichen von Autismus ist gerade der Mangel an sozialer Kompetenz, die gerade bei Oxytocin im Mittelpunkt der Wirkungen steht. Wenn es an der Fähigkeit zum Erkennen und Deuten von mimischem Gesichtsausdruck oder anderen sozialen Fähigkeiten mangelt, kann man sich vorstellen, wie naheliegend es wäre, wenn der Doktor ein Rezept zur Oxytocin-Einnahme ausstellt. Tatsächlich ist schon einiges an experimenteller Forschung und Behandlung von Autisten in dieser Richtung passiert. Damit ergibt sich ein lohnendes Ziel ganz nach dem Geschmack der traditionellen Schulmedizin: ein Molekül, das sich leicht synthetisch herstellen lässt, und das als simples Nasenspray leicht verabreicht werden kann. Zudem handelt es sich um ein im menschlichen Hirn ohnehin häufig vorkommendes Molekül; somit wird eine erfolgversprechende Behandlung für eine der bislang so gut wie gar nicht therapierbaren Krankheiten in Aussicht gestellt. Und zu guter Letzt will man nichts anderes als Vertrauen, Empathie, Liebe und Verständnis erzeugen. Was wäre dagegen einzuwenden? Warum sollte man die pharmazeutische Industrie nicht für so etwas lieben?

In einem Artikel, der im Januar 2013 in dem angesehenen amerikanischen Wissenschaftsmagazin *Science* erschienen ist, kann man diesen Trend gut erkennen:

Es gibt nur wenige chemische Substanzen, die der menschliche Körper selbst produziert, die in letzter Zeit so viel Aufsehen erregt haben wie Oxytocin. In einigen Zeitungsartikeln, die kürzlich erschienen sind, wurde gemutmaßt, dass dank dieses Hormons Teamleistungen möglich wurden, die zum Gewinn der Fußballweltmeisterschaft führten. Auch wenn die stets nach Sensationen gierenden Medien gerne mal übers Ziel hinausschießen, beruht das doch auf einer gewissen berechtigten Zuversicht und Hoffnung auch der Wissenschaft hinsichtlich der Rolle, die dieses Hormon für das Sozialverhalten der Menschen spielen könnte.

Tja, möglich wär's, aber haben wir das nicht schon allzu oft erlebt, diese Hoffnung auf das »Allheilmittel«?

Carter kommentiert das folgendermaßen: »Die Leute wollen immer eine schnelle, eindeutige Antwort. Wenn wir jetzt schon wissen, wie es funktioniert und dass es funktioniert, warum machen wir dann nicht gleich ein Medikament daraus?« Und sie fügt hinzu, solch ein Vorgehen »kommt mir doch ziemlich arrogant und dumm vor«.

Vom Anbeginn der Forschungen mit den Präriewühlmäusen war man sich sehr wohl der Tatsache bewusst, dass man am Wesentlichen vorbeigehen würde, wenn man sich einseitig auf das typische Yin-Element Oxytocin fixiert und das Yang-Element Vasopressin vernachlässigte. Wobei die Aufteilung in Yin und Yang die Unterschiede vielleicht überbetont, denn bei beiden handelt es sich um Neuropeptide, die sehr ähnlich sind, sowohl im Hinblick auf die Funktion, die chemische Struktur, ja selbst hinsichtlich ihrer Evolutionsgeschichte. Beide sind für beide Geschlechter wichtig, aber Vasopressin hat einen definitiv männlichen Einschlag.

Das ist mehr als eine interessante Fußnote, da im menschlichen Körper ja alles mit allem verbunden ist. Forschung über Vasopressin spielt auch in ganz anderen Zusammenhängen eine Rolle: Es hat nämlich eine wichtige Funktion bei der Regulierung des Wasserhaushalts im Körper. Wenn man genauer hinsieht, erweist sich der Regulierungsmechanismus durch Vasopressin als sehr viel interessanter und geradezu richtungweisend, wenn wir an unsere Erörterungen über Sporttraining und Ausdauertraining zurückdenken. Dem Vasopressin verdanken wir die Fähigkeit zum Dauerlauf und zur Hetzjagd, wovon David Carrier gesprochen hat, jener Marathonläufer-Wissenschaftler an der Universität von Utah. Er berichtete davon, wie er gelernt hatte zu verstehen, dass der Mensch zum (Lang)Laufen geboren ist. Diese besondere Fähigkeit haben wir in einer Landschaft mit sogenanntem ariden Klima erworben, das sind relativ trockene Savannen. Die heutigen Buschleute praktizieren nach wie vor diese Art von Jagd in der Wüste. Anthropologen und anderen Menschen, die sie dabei beobachtet haben, ist aufgefallen, dass sie dabei praktisch nichts trinken. Elizabeth Thomas hat notiert, dass die Männergruppen, die zur Jagd gehen, und die Frauen, die tagelang auf Nahrungssuche unterwegs sind, an einem ganzen Tag in der Wüstenhitze nicht mehr als eine Straußeneierschale voll Wasser zu sich nehmen. Diese Buschmänner rennen also den ganzen Tag in der Gluthitze herum und trinken nicht mehr als das, was nach unseren Maßstäben ein moderner Langstreckenläufer jede halbe Stunde zu sich nehmen sollte. Der südafrikanische Forscher Tim Noakes hat dazu ein umfangreiche Studie erstellt, der sich eindeutig entnehmen lässt, dass dieser, verglichen mit den Buschmänner-Gewohnheiten, exzessive Wasserkonsum, zu dem man modernen

Läufern rät, genau das ist: exzessiv. Der Rat, reichlich Wasser zu trinken, ist laut dieser Studie schlichtweg falsch. In Wirklichkeit hydrieren wir nämlich dabei. Aus Noakes Analysen geht hervor, dass die nach einer Marathondistanz am stärksten dehydrierten Läufer am häufigsten zu den Gewinnern gehörten. Keiner der Teilnehmer hatte feststellbare medizinische Probleme wegen Dehydrierung, wohingegen bei jenen, die entsprechend den Ratschlägen Wasser oder Sportgetränke zu sich nahmen, oftmals ernsthafte Folgen auftraten bis hin zum Tod.

Anstrengender Ausdauersport, insbesondere Dauerlauf bei hohen Temperaturen löst erhöhte Vasopressin-Ausschüttungen aus, die bewirken, dass der Körper des Läufers kein Wasser verliert. Damit bewältigen die Buschmänner in der Kalahari ihre Jagdläufe sehr erfolgreich, andererseits beruhen einzelne Todesfälle bei unseren Marathonläufen auf der falschen Annahme, wir könnten und müssten die Vorkehrungen der Evolution überlisten, indem wir sie durch Hydrierung außer Kraft setzen.

Die Schlussfolgerung lautet, dass sowohl das »Beziehungsmolekül« Oxytocin, welches man als Nasenspray verwenden könnte, als auch das chemisch eng verwandte Vasopressin, wie eben gezeigt, bei stärkerer körperlicher Beanspruchung ausgeschüttet werden. Daraus ergibt sich ein weiterer Ansatz, wie körperliches Training sich direkt als Gehirntraining auswirkt. Mittlerweile dürfte es keine Überraschung mehr sein, wenn wir feststellen, dass Dauerlauf, jede Art von Bewegungstraining, soziale Beziehungen sowie Wohlgefühl und Wohlbefinden sich alle entlang gemeinsamer biochemischer Abläufe vollziehen. All diese auf den ersten Blick recht unterschiedlichen Phänomene stehen auf der chemischen Ebene miteinander in Zusammenhang. Wir tun gut daran, dies als einen wichtigen, unübersehbaren Hinweis aufzufassen, den die Evolution uns gibt.

Doch kehren wir zum Geselligkeitsaspekt dieser Körperchemie zurück. Alles, was mit Monogamie bei den Wühlmäusen zu tun hat, wird nicht allein durch Oxytocin-Ausschüttungen bewirkt, sondern durch die richtige Balance zwischen Oxytocin und Vasopressin. Bei diesen Vorgängen ist es keineswegs so, dass man hier eine direkte Verhaltensreaktion bei so und so viel Oxytocin-Ausschüttung beobachten kann; es gibt keine Angaben oder Regeln, wonach ein höherer Oxytocin-Spiegel zu noch kuscheligerem Verhalten führt. Die konkreten Auswirkungen und Verhaltensweisen beruhen auf einem komplexen Wechselspiel dieser beiden Neuropeptide – mindestens dieser beiden –, und daraus ergibt sich dann eine Ausschüttung weiterer Hormone. Das Ganze hängt vom jeweiligen Geschlecht ab.

Ein weiterer Aspekt spielt in diesem Zusammenhang eine noch größere Rolle. Oxytocin und Vasopressin sind biochemische Botenstoffe; sie geben sozusagen ein Signal ab. Damit diese Botschaft im Gehirn gelesen und verstanden werden kann, benötigt man dort entsprechende Rezeptoren. Von der Zahl und der Effizienz dieser Rezeptoren hängt es ab, wie das Gehirn die Signale liest und weiter umsetzt, indem diese für die Ausschüttung weiterer Neuropeptide sorgen, mit denen der Körper die entsprechenden geistigen Funktionen reguliert. Und in der Tat hat sich die Forschung schon von Anfang an auch mit diesen Rezeptoren befasst. Wie bereits erwähnt, war es den Wissenschaftlern beispielsweise gelungen, die umtriebigen und sexuell untreuen männlichen Wiesenwühlmäuse dazu zu bringen, sich wie die monogamen und familientreuen Präriewühlmäuse zu verhalten. Das gelang aber nicht, indem sie den Tieren einfach Oxytocin verabreichten und damit dessen Hormonlevel erhöhten, sondern indem sie die Wühlmaushirne genetisch so veränderten, dass sie über bessere Oxytocin-Rezeptoren verfügten. Oxytocin ist eine bei Wirbeltieren weit verbreitete Substanz, aber die Verhaltensunterschiede bei den verschiedenen Arten hängen zum Teil mit den verschiedenen Rezeptoren zusammen, nicht mit dem Oxytocin-Spiegel. So erklärt sich, warum ein charakteristisches Verhaltensmerkmal wie Monogamie sich nicht ab einem gewissen evolutionären Punkt wie eine gerade, leicht verfolgbare Linie durch die Abstammungsstammbäume zieht, sondern mal hier, mal da bei einzelnen Spezies auftaucht. Gene, die solche Rezeptoren bilden, sind wie Kippschalter, die mal ein- und dann wieder ausschalten.

Die Wissenschaftler sind im Übrigen auch der Meinung, dass es unterschiedlich ausgebildete Rezeptoren gibt; das ist ein Erklärungsversuch für Unterschiede innerhalb einer Art, warum also das eine Individuum anhänglicher ist als ein anderes. Das ist aber nicht die einzige Erklärung. Wie wir gesehen haben, kann es durch sportliches Training oder das Zusammentreffen mit dem richtigen Partner ebenfalls zu Oxytocin-Ausschüttungen kommen, doch die Gene spielen auf jeden Fall eine Rolle. Durch die Gene wird die Anzahl der Rezeptoren festgelegt. Insbesondere aufgrund dessen sträubt sich Sue Carter gegen eine gewisse simplifizierende Strömung in der gegenwärtigen Forschung, wonach wir alle nur einen kleinen Spritzer Oxytocin in der Nase bräuchten und das ganze Leben wäre Eiapopeia. Ihre diesbezügliche Zurückhaltung gründet auf exakter Forschung und persönlicher Erfahrung.

Eine von Carters Postdoktoranden, Karen Bales, schloss vor Kurzem eine Studie an Wühlmäusen ab, bei der man beobachten wollte, welche längerfristigen Auswirkungen Oxytocin-Gaben haben, weil man daran dachte, wenigstens autistischen Kindern in frühem Alter ein paar Spritzer Oxytocin zu verabreichen, um ihnen möglicherweise zu helfen. Die Tierversuche sollten mögliche Aus- und Nebenwirkungen zeigen. Solange die Tiere verhältnismäßig jung waren, funktionierte die Behandlung wie erwartet. Die pubertierenden und jungen erwachsenen Präriewühlmäuse waren anhänglich und fürsorglich. Doch als sie älter wurden, wich ihr Sozialverhalten von den üblichen Normen der so rücksichtsvollen und zuvorkommenden Präriewühlmausgesellschaft ab. Für diese Männchen wurde es immer schwieriger, sich partnerschaftlich zu verhalten. Wohl wegen der erhöhten Dosis in ihrer frühen Jugend wurden sie im fortgeschrittenen Erwachsenenalter zunehmend ungesellig.

Carter interpretiert das so, dass die erhöhte Dosis in der Jugend »herunterregulierend« wirkt; die Rezeptoren der jungen Präriewühlmäuse werden durch die Überdosis unempfindlicher. In fortgeschrittenerem Alter können sie normale Oxytocin-Ausschüttungen dann nicht mehr oder nur noch schwach wahrnehmen.

An diesem Punkt werden ihre Überlegungen dann sowohl sehr persönlich als auch sehr allgemein. Obwohl sie längst eine der weltweit führenden Oxytocin-Expertinnen war, wurde Sue Carter vor dreißig Jahren in einem Krankenhaus in Deutschland genauso wie alle anderen gebärenden Frauen behandelt. Sie erzählte uns, dass es damals noch relativ selten vorkam, dass Frauen eine synthetische Form von Oxytocin, das Mittel Pitocin, zur Einleitung der Wehen verabreicht wurde, vielleicht in 10 Prozent aller Fälle. Aber ihr wurde es gegeben.

»Das gibt mir sehr zu denken, und es gab mir auch damals sehr zu denken«, sagt sie. »Als Wissenschaftlerin wollte ich lieber genau wissen, was ich meinem Baby antue, wenn ich das zulasse. Andererseits hatte ich damals keine andere Wahl.«

Natürlich war es nicht so, dass die Ärzte dem Baby das Mittel direkt verabreichten; inzwischen wissen wir aber, dass dieses Molekül nur wenige Sekunden nach dem Versprühen des kleinsten Hauchs davon im Gehirn nachweisbar ist, und ein Kind im Mutterleib ist sehr eng mit der Quelle verbunden. Das hat Carter im Sinn bei dem Gedanken an jene Forschungsreihe mit den jungen Präriewühlmäusen und wie sich deren Verhalten als erwachsene Tiere entpuppte. Ein erst kürzlich erschienener Forschungsbericht stellt einen Zusammenhang zwischen einer Zunahme von Autismus mit Pitocin-Gaben bei der Geburt fest. Carter sagt, das Pitocin bei Geburten inzwischen routinemäßig verabreicht wird; sie schätzt bei 90 Prozent aller Fälle, obwohl es Anzeichen dafür gibt, dass diese Zahl abnimmt.

Gleichzeitig kamen durch die momentane Flut von Forschungsarbeiten auf diesem Gebiet weitere Nachteile eines zu simplen medizinischen Umgangs mit Oxytocin und Vasopressin ans Tageslicht;

sie mahnen zur Vorsicht. Die Erkenntnisse eröffnen zudem neue und etwas ernüchternde Einblicke in die Evolution und stellen in gewisser Weise eine Herausforderung an uns alle dar, ihre Weisheit zu begreifen. Sie konfrontieren uns mit Gewalt.

Aus unserem Bericht über die ersten Experimente mit den Präriewühlmäusen erinnern wir uns gerne, dass die fraglichen Hormone die Tiere zu monogamem, partnerschaftlichem und elterlich-fürsorglichem Verhalten veranlassten, keine Frage. Carter weist nun darauf hin, dass von Anfang an ebenfalls klar war, dass ein adoleszentes Präriewühlmausmännchen rasch aufhörte, sich wie ein niedliches, harmloses Feldmäuschen zu gerieren, nachdem es in einem chemischen Hormonsturm seine Pubertät hinter sich gelassen hatte. »Von da an mutiert er zum Präriewühlmausrambo«, erklärt sie uns. »Er verjagt und bekämpft sämtliche Eindringlinge notfalls bis zum letzten Atemzug; gleichzeitig ist er seiner Familie gegenüber ein fürsorglicher Vater und ein treuer Gatte.«

In einer Zusammenfassung des aktuellen Forschungsstandes zu Oxytocin berichtet das Wissenschaftsmagazin *Science* über eine Studie unter Leitung des Amsterdamer Professors Carsten De Dreu. Sie untersuchte die Wirkung einer nasal verabreichten Dosis Oxytocin anhand einer experimentellen Standardanordnung, bei der die Probanden um Geld spielen sollten.

Im Vergleich zu den Männern, die nur eine Salzlösung bekamen, verhielten sich die Männer, die Oxytocin eingeatmet hatten, altruistischer gegenüber ihren Teammitgliedern; gegenüber den Spielgegnern hingegen waren sie von vornherein negativ eingestellt. In einer 2011 in *Proceedings of the National Academy of Sciences* veröffentlichten Studie stellte De Dreus Team fest, dass Probanden unter dem Einfluss von Oxytocin Angehörige der eigenen ethnischen Gruppe (geborene Niederländer) bei einer Reihe von Aufgaben und Gedankenexperimenten am Computer bevorzugten; und in manchen Situationen kamen bei den Oxytocin-Probanden echte ethnische Vorurteile zum Vorschein (in diesem Fall gegenüber Deutschen und Arabern).

Es ist eben ein zweischneidiges Schwert.

Eines der Ziele der ganzen Oxytocin-Forschung bestand darin, erwünschten Eigenschaften wie Vertrauen, Empathie und Loyalität auf den Grund zu gehen, die heutzutage eher rar geworden sind. Wir wollen unsere Bewertung dessen, was man als »erwünscht« bezeichnet, mit einer Frage verknüpfen, die Sue Carter an uns stellte: Angenommen, die Wissenschaft wäre in der Lage, so eine Pille zu produzieren, die aus Menschen ausgesprochene »Gutmenschen« macht – würden Sie sie tatsächlich nehmen?

Man braucht nicht lange darüber nachzudenken, bevor man die Frage verneint. Misstrauen gegenüber Außenstehenden führt oft zu Gewaltanwendung gegen sie; und unter dem Blickwinkel der Evolution ist Gewalt nicht per se ein Problem. Gewalt kann nützlich sein und ist daher eine Anpassungsleistung. Gewaltanwendung ist manchmal überlebensnotwendig – das war schon immer so. Selbst heute, da wir Gewalt für nicht nutzbringend halten, ist sie unvermindert vorhanden und in vielen Situationen eben einfach überlebensnotwendig.

Die ersten Hinweise auf diese Schlussfolgerung kamen keineswegs aus der biochemischen Forschung oder gar aus der Evolutionstheorie. John Ratey behandelt als Arzt seit langer Zeit ausgesprochen gewalttätige Menschen; darin hat er viel Erfahrung gesammelt. In seiner Praxis kristallisierte sich ein bestimmter Punkt immer wieder deutlich heraus, insbesondere in Fällen häuslicher Gewalt. (Das ist bei Weitem kein nebensächlicher Punkt. Häusliche Gewalt ist die verbreitetste Form von Gewalt in modernen Gesellschaften.) Die großen Wutausbrüche und der Umschlag in tätliche Gewalt kamen immer wieder an einem ganz bestimmten Punkt: Wenn das Opfer, meistens die Frau, ernsthafte Schritte unternimmt, den Partner zu verlassen, von dem sie misshandelt wird. Diese konkret im

Raum stehende Drohung ist dann der Auslöser für völlig unkontrollierte Wut, die explosionsartig zum Ausbruch kommt. John Ratey brauchte lange, um es zu begreifen, aber dann wurde ihm klar, dass derartige Wutausbrüche letztlich der Selbstverteidigung dienen. Die Drohung des Partners, auszuziehen und das Haus zu verlassen wird als Bedrohung der häuslichen Existenz empfunden; die nachfolgende Gewalt – und mag sie noch so irrational und exzessiv sein – gilt der Verteidigung des eigenen Heims.

Wir wollen damit auf keinen Fall behaupten, dass diese Art von Gewalt gerechtfertigt sein könnte. Es handelt sich in der Tat um ein Versagen des Gehirns, das nicht weiß, wie es mit solch einer Drohung umgehen soll. Die Handlungsmechanismen des Gehirns im frontalen Cortex werden in diesen Situationen sozusagen als Geisel genommen, und dann läuft das Gewaltszenario ab. Natürlich ist das irrational und krank – aber die Prägung, die Grundanlage dafür, ist evolutionär bedingt. Es ist der gleiche Impuls, der dafür sorgt, dass wir uns zu Stämmen zusammenschließen, der den Grund dafür bildet, dass wir uns unter Gleichgesinnten am wohlsten fühlen und unbehaglich, wenn wir unter Fremden sind, ganz egal, ob wir Khoisan, Massai, Apachen, Samariter oder heutzutage Christen oder Muslims, Republikaner oder Demokraten sind, Immigranten, Opernfans, Gärtner, Volksmusikanhänger oder die Gruppe, die wir vom CrossFit her kennen. Misstrauen gegenüber Außenstehenden ist die Kehrseite jener sozialen Bindungsgefühle, denen wir es verdanken, dass wir den uns Nahestehenden Vertrauen schenken.

Die menschliche Kerneigenschaft

Wir haben diese Darstellung der Zusammenhänge von Tribalismus und Gewalt aufgrund der Wirkung von Oxytocin bewusst etwas breiter angelegt, weil Geburt, Ernährung und enges Verbundenheitsgefühl zu den menschlichen Urerfahrungen zählen. Bereits am Anfang des Buches haben wir die wichtigsten Etappen der menschlichen Evolution aufgezeigt und auf diesen zentralen Punkt hingewiesen. Nun möchten wir diesen Gedanken in erweitertem Kontext wieder aufnehmen.

Wir brauchen nur an moderne, klischeehafte Cartoonzeichnungen von Höhlenmenschen zu denken, auf denen der zottelige Höhlenmann einen dicken Knüppel in der Hand hält. Sie reflektieren genau unsere sehr einseitige Vorstellung von unseren Vorfahren und sind in Wirklichkeit nichts anderes als ein Reflex auf die von dem englischen Staatstheoretiker Thomas Hobbes geprägte Auffassung vom bösartigen, brutalen, hinterhältigen Wilden im Naturzustand (bevor sich die Menschen durch den »Gesellschaftsvertrag« zu vernünftigen, zivilisierten Staatsbürgern zusammenschlossen). Auch in der Paläoanthropologie, der noch recht jungen Wissenschaft von der stammesgeschichtlichen Entwicklung des Menschen, ist die Annahme, die Frühgeschichte unserer Spezies sei vor allem durch Gewalt gekennzeichnet, durchgängig vorhanden. Eine Hauptbeschäftigung dieser Wissenschaft ist die Suche und Auswertung von Knochenfunden. Da diese menschlichen Überreste oftmals Spuren von äußeren Verletzungen oder Knochenbrüchen aufweisen, wurden hier immer wieder permanente kriegerische Auseinandersetzungen hineininterpretiert.

Gleichzeitig kann man bei den uns nächstverwandten Primaten wie den vergleichsweise harmlosen Bonobos, insbesondere aber bei den Schimpansen Ausbrüche von Gewalt, ja bisweilen regelrechte Formen von Kriegsführung beobachten; das ist also in der Tat Teil der Natur. Wir haben es auch bei den Untersuchungen von Forschern wie Carrier gesehen, der sich vor allem mit der Anpassung unseres Körpers ans schnelle Laufen beschäftigt und dabei festgestellt hat, dass wir für das Schlagen und Speerwerfen ebenfalls körperlich sehr gut ausgestattet sind. Die Fähigkeit zur Gewaltausübung steckt also in der Tat in unseren Knochen und Muskeln. Daran ist nicht zu rütteln, und es spiegelt sich auch in den Schlagzeilen von heute, die sich wie die Bestätigung einer Menschheitsgeschichte aus Hass und Metzeleien liest. Der Evolutionspsychologe Steven Pinker vertritt die Auffassung, dass wir in einer vergleichsweise friedlichen Epoche leben, wenn man es mit anderen Zeitaltern in der Vergangenheit vergleicht, in denen einen das Ausmaß der Gewalt, mit dem die Menschen aufeinander losgegangen sind, oftmals sprachlos macht. Er meint, dass sich der Rückgang der Gewalt der stetig zunehmenden Zivilisation verdankt und dass die Menschheit ganz langsam lernt, auf Gewalt zu verzichten. Das wollen wir hoffen.

Pinker hat seinen Standpunkt mit statistischen Daten untermauert, und seiner Ansicht nach lässt sich dieser für die ganze Menschheitsgeschichte belegen. Allerdings sollte man aus gutem Grund eine wichtige Unterscheidung treffen: Die schlagendsten Beweise für diese gewaltgeladene Vergangenheit stammen aus den letzten rund zehntausend Jahren, denn erst seitdem die Menschen sesshaft wurden, sind Territorialansprüche und der Besitz von Land zu Fundamentalfaktoren der Gesellschaft und Geschichte geworden, seit Ackerbauern auch für größere Siedlungen oder gar Städte Überschuss produzierten, seit Könige Armeen aushoben und seitdem Waffen und Werkzeuge für Massenkriegsführung entwickelt wurden. Dass Jäger und Sammler sich gegenseitig umbrachten, kam natürlich auch vor, aber wohl eher nur, wenn die »Umstände« es erforderten. So hat man neuerdings beispielsweise auch Knochenbrüche und Verletzungen, die man früher als äußere Gewalt- oder Kriegseinwirkung interpretiert hat, teilweise mit moderneren Methoden und unter anderem Blickwinkel betrachtet. Danach ähneln viele von ihnen denen von modernen Rodeo-Reitern, also von Leuten, die sich auf Sport mit widerspenstigen Tieren einlassen.

Hier müsste man etwas klarer unterscheiden. Wenn man sagt, dass es unter den damaligen Umständen beim Leben in der Wildnis ziemlich rau zuging, muss dies nicht gleichbedeutend mit zwischenmenschlicher Gewalt sein.

Wir sollten also bei unseren Aussagen etwas präziser sein. Zunächst einmal ist festzuhalten, dass es sich bei der Jagd nicht um Gewaltanwendung in diesem Sinne handelt. Natürlich wird dabei getötet, und es fließt Blut; das ist völlig klar. Aber die mentale Verfassung eines Jägers ist völlig anders als die eines Mörders oder Kriegers. Das ist völlig eindeutig und kann anhand der Messung von Gehirnwellen nachgewiesen werden. Im Allgemeinen sieht sich ein Jäger keiner Gefahr ausgesetzt, auf die er mit Panik oder Aggression reagieren muss. Er befindet sich im sprichwörtlichen Jagdfieber, ist sogar von Empathie getragen. *Alles*, was wir über Jägervölker wissen, von den Höhlenmalereien in Südfrankreich bis zu den Jagdritualen der Bisonjäger in den nordamerikanischen Plains, läuft darauf hinaus, dass diese Menschen ihre Beute mit Respekt und Ehrfurcht betrachteten.

Ferner gibt es gute Gründe, die ebenfalls mit Gewalt verbundenen Abwehrhandlungen gegen Raubtiere gesondert zu betrachten. Was wir normalerweise meinen, wenn wir von Gewalt sprechen, hat kaum etwas damit zu tun, wenn Löwen oder Bären in die Flucht geschlagen werden müssen. Vermutlich beherrschten die Menschen diese Form von Kampf in der Steinzeit am besten. Diese reale Bedrohung hat den Menschen geprägt, das war auch notwendig, besonders im Hinblick auf die wehrlosen Kinder. Deswegen halten wir diese Formen von Gewalt für eine Anpassungsleistung der Zivilisation. So wird noch einmal klar, inwiefern Aggression als Kehrseite der Bindekräfte von Oxytocin betrachtet werden muss. Die evolutionäre Prägung besteht nicht nur darin, dass wir uns an unsere Mitmenschen binden und mit ihnen zusammenarbeiten, sondern auch darin, diese Bindung zu schützen und zu verteidigen.

Das hat nichts mit Aggression gegenüber anderen Menschen zu tun. Aber diese Argumente sollten eine Erklärung geben. Wieso gibt es Aggression auch dann, wenn die Gründe dafür nicht vorhanden sind? Weshalb sind wir in solchem Ausmaß sinnlosem Töten und Krieg ausgesetzt? Kann es sein, dass dies einfach so ist, weil wir so sind, wie wir sind, weswegen wir nun eine kulturelle Evolution im Rahmen der Zivilgesellschaften benötigen, um es uns abzugewöhnen oder in eine genetisch stumme Ecke unseres Erbgutes zu verbannen?

Es besteht durchaus die Möglichkeit, dass wir bei den Vorstellungen, die wir uns von der Evolution machen, vieles nicht berücksichtigt haben, weil wir nur das sehen, was wir sehen wollen. Der Höhlenmensch mit dem Knüppel in der Hand ist dafür zum geradezu ikonenhaften Sinnbild geworden. Wir waren völlig fasziniert von verletzten und gebrochenen Knochen, Speerspitzen und reihenweise verstümmelten Skeletten, auch wenn sich unsere Interpretation dieser Funde mittlerweile ändert. Bei unserem Versuch, die menschliche Evolution zu verstehen, haben wir die verschiedensten Scheuklappen aufgesetzt. Die Diskussion wurde von der Frage bestimmt, was kam zuerst, was war das Ausschlagebende, das uns vom Rest der Geschöpfe unterscheidet? Das große Gehirn? Der opponierbare Daumen und der Gebrauch von Werkzeugen? Gebrauch und Beherrschung des Feuers? Fischfang? All diese Deutungen werden immer an Merkmalen festgemacht, die heute als besonders männlich gelten.

Die Anthropologin Sarah Blaffer Hrdy, eine der interessanteren und nachdenklicheren Vertreterinnen ihres Fachs, liefert wichtige Neuansätze für die Interpretation der menschlichen Evolution unter dem Blickwinkel dessen, was Frauen tun. Dabei geht ihr Ansatz weit über eine simple geschlechtsspezifische Revision der Evolutionsgeschichte hinaus. Der Erfolg einer Spezies hängt in erster Linie davon ab, dass sie sich reproduziert. Wie bereits gesagt, steht *Homo sapiens* in der Naturwelt einmalig und einzigartig da; in bestimmter Hinsicht gibt es keinen Vorläufer. Kein anderes Geschöpf muss so viel Zeit und Energie für die Aufzucht seiner Nachkommen aufwenden wie wir. Für Hrdy ist das das entscheidende Kriterium für das Menschsein überhaupt. Sie verwendet dafür den Begriff »kooperative Fortpflanzung«: Die Gemeinschaft wirkt zusammen, um den Nachwuchs hochzubringen. »Ich will damit ganz deutlich hervorheben, dass kooperative Fortpflanzung eine *Vorbedingung* (Hervorhebung von ihr) für die Entwicklung dieser Merkmale bei den Hominiden darstellt. In der Natur ist nicht unbedingt ein Großhirn eine Voraussetzung für kooperative Fortpflanzung. Aber auf jeden Fall brauchten die Hominiden eine gewisse Arbeitsteilung und gemeinschaftliche Verantwortung für die Aufzucht der Kinder, um ein Großhirn zu entwickeln. Dafür war kooperative Fortpflanzung die Voraussetzung.«

Ihrer Ansicht nach ist unsere Fähigkeit zu Gemeinschaft und Zusammenarbeit, unsere Bindungsfähigkeit, das eherne Fundament, auf dem alles andere beruht. In ihrem Buch *Mütter und Andere: Wie die Evolution uns zu sozialen Wesen gemacht hat* bringt sie die Quintessenz ihrer Vorstellungen auf den Punkt: »Das Hirn braucht mehr Fürsorge, als die Fürsorge Hirn braucht.«

Gleichwohl liegt der Widerspruch zwischen der Fortdauer von Gewalt und der fundamentalen Bedeutung menschlicher Bindungen auf der Hand. Aber was wären wir Menschen, wenn wir nicht voller Widersprüche steckten? Hinter diesem Widerspruch verbirgt sich nichts weiter als ein noch grundlegenderer Aspekt der Evolution. Dieser wird gegenwärtig von den Evolutionsbiologen ausführlich und heftig diskutiert. In den letzten Jahren haben wir dadurch eine Menge neuer Einsichten in die Kräfte gewonnen, die uns antreiben. Viele Denkansätze im Zusammenhang mit der Evolution kreisen um Debatten über persönliche Fitness und darum, ob ein Individuum, als eine ganz konkrete Ausformung seiner Chromosomensätze, die unhintergehbare Grundeinheit bildet, in der Evolution stattfinden kann. Als immer weitere Untersuchungen über Ameisen, Termiten, Präriewühlmäuse und ähnliche Tiere, die wie die Menschen in Gemeinschaft leben, ins Blickfeld gerieten, wurden immer mehr Stimmen laut, die die Frage stellten, ob es vielleicht so etwas wie Gruppen-Fitness gibt: In dem Maß, wie wir in der Lage sind, erfolgreich zu kooperieren und einen Gruppenzusammenhalt zu bilden, verbessern sich auch unsere Überlebenschancen. Die Frage, ob es in der Evolution nicht eher auf eine Gruppenselektion statt auf eine Einzelselektion ankommt, wird nach wie vor lebhaft diskutiert. Und ob wir es wissen (oder wissen wollen) oder nicht – diese Frage wird auch in unserem Hirn täglich und in jeder Sekunde lebhaft debattiert. In der einen Situation ziehen wir nämlich einen größeren Vorteil daraus, wenn wir das tun, was für uns als Einzelindividuum gut ist, in einer anderen Situation, wenn wir das tun, was für die Gruppe gut ist. Es ist der Unterschied zwischen egoistischem und altruistischem Verhalten. Unter evolutionären Gesichtspunkten kann beides Vorteile bringen, und wir sind dazu verdammt, beiden Prägungen zu folgen.

An diesem Punkt erscheint es angebracht, wieder an den Evolutionsbiologen E.O. Wilson zu erinnern: »Die Lebensweise des Menschen ist ein Teil des Problems, das wir den evolutionären Entwicklungen verdanken, die uns geprägt haben. Das Schlimmste und das Beste in uns, Gut und Böse liegen eng beieinander. So war es immer, und so wird es auch immer bleiben. Wenn es möglich wäre, diesen Widerspruch auszulöschen, wären wir gar nicht mehr richtig menschlich.«

Kapitel 9

ZENTRALNERVENSYSTEM

Wie der Körper Gesundheit und Glück miteinander verbindet

Kehren wir noch einmal zurück in das Privathaus von Sue Carter nahe der Universitätsstadt Chapel Hill in North Carolina. Nachdem wir geläutet hatten, begrüßte uns ihr Gatte, ein Mann mit einem durchdringenden Blick, und bat uns herein. Mit der Bemerkung, er habe selbst noch einiges zu erledigen, zog er sich kurz darauf zurück, sodass wir unser Gespräch mit seiner Frau in aller Ruhe beginnen konnten. Einige Zeit später unterbrachen wir unser Gespräch für eine kleine Kaffeepause, und auch er tauchte wieder auf, und man hörte, wie er in der Küche herumkramte. Er zog eine Schublade nach der anderen auf; was er suchte, war der Tamper, der Drücker für die Espressomaschine. Ein typischer Fall von alltäglichem, häuslichem Kooperationsmangel.

»Sue hat die Gabe, immer alles so aufzuräumen, dass ich es nicht wiederfinde«, grummelte er drauflos. »Meiner Ansicht nach hat das damit zu tun, dass der eine davon ausgeht, der andere wird schon wissen, was ich tue. Das Problem, um das es dabei geht, ist die Interpretation von Absicht und in welcher Weise dies mein Verhalten beeinflusst.«

Man hätte nicht erwartet, dass die Suche nach einem Espresso-Tamper zu solch tiefgründigen psychologischen Verhaltensanalysen führt. Allerdings handelt es sich bei Sues Gatten um niemanden Geringeres als Stephen Porges. In seiner wissenschaftlichen Laufbahn hat er sich hauptsächlich damit beschäftigt, sozusagen die Schnur zu finden, welche die Erkenntnisse und Schlussfolgerungen, die wir in diesem Buch dargelegt haben, zusammenbindet. Seine Frau Sue forscht auf dem Gebiet der biochemischen Vorgänge im Zusammenhang mit sozialer Bindung und menschlichen Beziehungen. Porges erforscht die neuronale Struktur sozialer Bindungen und dabei insbesondere den Vagus, einen der Hirnnerven, der einen Teil des Zentralnervensystems bildet.

Man kann es sich so vorstellen, dass Sue Carter sich mit der Software beschäftigt und ihr Ehemann sich auf die Hardware spezialisiert. Wenn man sich mit dem Vagus befasst, hat man den Eindruck, dass hier alle Aspekte, die wir bisher behandelt haben, zusammenkommen und dass über diesen Nerv die entsprechenden Signale weitergeleitet und rückgeleitet werden. Bei diesen Vorgängen spielt er die Schlüsselrolle. Wo immer wir die ganze Bandbreite der Evolution in Betracht gezogen haben und ihre Absicht, für unser Wohlbefinden und Wohlgefühl zu sorgen, sind wir darauf gestoßen, welch große Bedeutung soziale Bindungen und Beziehungen für uns haben. Die Arbeit und die Funktionen all dieser verschiedenen Elemente – das Gehirn, die sportliche Bewegung, die Ernährung, Achtsamkeit, Schlaf – dienen letztlich immer nur dazu, nicht nur unser Bedürfnis, sondern die uns innewohnende Notwendigkeit miteinander zurechtzukommen, zu unterstützen, also alles, was zu Empathie und Altruismus führt. Mehr als alle anderen für den Menschen typischen Merkmale beanspruchen diese beiden die meiste Gehirnkapazität; vor allem dank ihnen sind wir, was wir sind, nämlich die am meisten auf Geselligkeit ausgerichteten Wesen unter allen geselligen Naturwesen. Sie bilden den zentralen Schlussstein der menschlichen Existenz. Wenn wir das genau analysieren, und zwar insbesondere im Kontext der Evolution – als Menschen selbst noch als jagdbares Beutefleisch für große Raubjäger in Frage kamen –, dann ergibt sich, dass das alles auch mit Stress, Angst, Panik zu tun hat, sprich mit all den Mechanismen, die für uns überlebenswichtig waren.

Elizabeth Marshall Thomas, jene Autorin, die große Teile ihrer Kindheit in enger Gemeinschaft mit den afrikanischen Jägern und Sammlern der Khoisan in der Kalahari verbracht hat, erwähnt in ihren Berichten sehr oft, was es für die Khoisan mit den Löwen auf sich hatte. Für die Khoisan, mit denen sie Umgang hatte, waren die Löwen in der Tat bedrohliche Raubtiere, was man generell für die meisten Völker oder Stämme sagen kann, die mit ihnen existenziell in Berührung kamen. Gleichwohl stellte sie bei den Khoisan eine Art subtiler Verbundenheit oder Beziehung mit jenen Herren der Nacht fest. »Jedenfalls hatten die Khoisan, die wir kannten, nur Löwen gegenüber wirklichen Respekt«, schreibt sie.

»Respekt«. Nicht »Angst« oder »Panik«, sondern »Respekt«. Thomas konnte selbst eine ganze Reihe von Begegnungen zwischen Löwen und Khoisan-Leuten beobachten; dabei hat sie niemals auch nur einem Anflug von Panik festgestellt. Niemand ist vor den Löwen davongerannt. Keiner ist in Todesfurcht erstarrt. Natürlich haben sie sich niemals auf einen Kampf mit den Löwen eingelassen. Elizabeth Marshall Thomas' Beschreibungen zeigen die elementarste Konfrontation mit tödlichem Potenzial, die man sich in der Natur denken kann. Aber dabei sehen wir keine Hinweise für Kampf, Flucht oder Erstarren, welche die biologisch fixierten Standardmechanismen in Paniksituationen sind. Stattdessen beobachtet man Respekt.

Wenn man genauer hinsieht, kann man noch mehr erkennen. Zwar kam es den Khoisan nicht in den Sinn, vor den Löwen zu fliehen; aber sie hielten sich an etwas, was Thomas ausdrücklich als »Protokoll« bezeichnet, und womit ein Schreitvorgang gemeint ist. Dieses Schreiten war ein ruhiges, nicht übereiltes Sich-Entfernen in einem bestimmten Winkel, also nicht einfach in die entgegengesetzte Richtung wie bei einer kopflosen Flucht eines beliebigen Beutetiers. Dazu gehörte auch, mit dem Löwen in ruhigem, wohlmoduliertem, respektvollem Ton zu sprechen und ihn als »ehrwürdiger Löwe« anzureden.

Richard Manning ist einmal ein Grizzlybär über den Weg gelaufen, und diese sehr direkte Begegnung lief ganz ähnlich ab. Auch er hielt sich an solch eine Prozedur, die von Verhaltensbiologen anerkannt ist und allgemein empfohlen wird, wenn man unverhofft mit einem starken Raubtier konfrontiert wird. Dieses Protokoll, diese geregelte Verhaltensweise, ist schon sehr, sehr alt, es hat heute noch seine Gültigkeit, und man kann daraus angesichts der Herausforderungen des modernen Lebens viel lernen – nicht nur hinsichtlich der Begegnungen mit Raubtieren. Stephen Porges geht davon aus, dass er die Entstehung dieses Protokolls im ältesten und am stärksten gewundenen Nerv des Körpers lokalisieren kann, im Vagus. Das Wort ist ganz bewusst verwandt mit »Vagabund«; es handelt sich um den »umherschweifenden« Nerv, ein Reisender, also auch ein Zeitreisender.

Der altertümliche Nerv

Porges ist unter seinesgleichen insofern ein seltenes Exemplar, als er ganz eigene Theorien über menschliches Verhalten aufgestellt hat, die aber viel Beachtung gefunden haben und sogar für konkrete Anwendungen genutzt werden. So haben wir beispielsweise in New York bei den Autisten am *Center for Discovery* Matthew Goodwin besucht, einen jungen, hochintelligenten Wissenschaftler vom renommierten *Massachussetts Institute of Techonology*. Auf der Grundlage von Porges' Annahmen hat Goodwin die gleiche Art von Technik, die sich auch in iPhones findet, dazu verwendet, plötzliche Anfälle oder Gewaltausbrüche bei Autisten zu ermitteln und vorherzusagen. Anhand solcher praktischer Anwendungen und Problemstellungen begann vor Jahrzehnten Porges' eigene Forschungsarbeit: Die Frage, die er sich stellte, lautete, ob es messbare, physiologisch nachweisbare Symptome oder Ausdrucksformen für unseren Geisteszustand gibt, so etwas wie einen Pulsfühler für den Grad unseres Wohlbefindens.

Der Nervus vagus ist der Einzige, der mit dem ursprünglichsten untersten Teil unseres Gehirns, dem Hirnstamm, verbunden ist und von dort ausgeht; dann folgt er einem einzigartigen und gewundenen Verlauf, dem er seinen Namen verdankt. Anders als die anderen Nervenbahnen in unserem Körper wie beispielsweise der Augennerv, der das Auge direkt mit dem Gehirn verbindet, erstreckt sich der Vagus zunächst durch unseren Hals, verzweigt sich anschließend und windet sich durch das Körperinnere bis hinunter in den Bauch, die Eingeweide und die Geschlechtsorgane; wem hierbei die Redewendung »aus dem Bauch heraus entscheiden« einfällt, der denkt schon in die richtige Richtung. Merkwürdigerweise dreht sich ein Teil des Vagus dann wieder nach oben und berührt Kehlkopf, Ohren und Gesichtsmuskeln. Woher kommt diese merkwürdige Verbindung zwischen ganz verschiedenen Organen und Körperfunktionen? Was hat unser Herz, das ja wirklich nicht mehr als ein Pumpmuskel ist, mit unseren Lachfältchen an den Augen gemeinsam?

Diese gewundene Nervenbahn, die dem Hirnstamm entspringt, durchläuft zuerst zwei Ganglien, und dadurch ist klar, wie altertümlich der Vagus ist. Es besteht eine direkte Verbindung zur Brust und zum Herzschlag, aber auch zu Strukturen, die ihren Ursprung in den Kiemen unserer weit entfernten Vorfahren in der Evolution haben. Er ist integraler Bestandteil des vegetativen Nervensystems, welches die unwillkürlichen Funktionen und Reaktionen unserer Organe reguliert, aber nicht nur diese. Zu den Hauptaufgaben dieses Systems gehört die Regelung der Körperreaktionen auf Bedrohung, bei Erschrecken und natürlich auf Löwen; hier liegt das Kontrollzentrum dafür, ob man sich dem Kampf stellt, die Flucht ergreift oder vor Schreck erstarrt.

Wenn es also zu einer Bedrohungslage kommt, sind bei jeder dieser strategischen Optionen alle vom Vagus berührten Bereiche involviert sowie das gesamte übrige vegetative Nervensystem.

Zum Beispiel beschleunigen sich sogleich Herzfrequenz und Atmung; beides trägt dazu bei, zusätzliche Energie für Kampf oder Flucht bereitzustellen. Das Verdauungssystem wird abgeschaltet, um Energie zu sparen. Das Gleiche gilt für die Geschlechtsorgane. Sowie für das Immunsystem. Die Gesichtsmuskeln werden aktiv, ziehen sich zusammen und verzerren das Gesicht zur Zornesgrimasse. Die Kehle verengt sich, um typische Alarm- und Warnlaute von sich geben zu können. Das ist Ihr Körper im DEFCON-1-Zustand. (DEFCON – *Defense Conditions* – bezeichnet in der amerikanischen Militärsprache verschiedene Zustände von Verteidigungs- und Alarmbereitschaft. DEFCON 1 ist die höchste Stufe: Maximale Einsatzbereitschaft.) Sobald die Bedrohung vorüber ist, sorgt der Vagus auch dafür, dass all das wieder zurückgenommen wird. Der gesamte Zyklus von Anspannung und Entspannung ist eine erworbene Eigenschaft und dient der erfolgreichen Gefahrenabwehr.

Die Entwarnung oder Entspannung wird oftmals für selbstverständlich gehalten, als erfolgte sie quasi automatisch, aber dem ist nicht so. Die Reaktion auf eine Bedrohung endet nicht einfach von selbst. Es bedarf einer ganzen Reihe von Signalen, um zum Normalzustand zurückzukehren. Wenn Menschen, insbesondere Kinder, wiederholt in Angst und Schrecken versetzt oder misshandelt werden, verlieren sie die Fähigkeit, zum Normalzustand zurückzukehren, beinahe so, als ob ein Schalter klemmt. Sie leben dann ständig in Panik. Wenn man sich die Abläufe im vegetativen Nervensystem näher betrachtet, wird rasch deutlich, warum sich so viele psychische Vorgänge auch im Körper manifestieren: in Verdauungsproblemen, Impotenz, Schwächung der Immunabwehr, hohem Blutdruck, Herzrasen, angespannter Miene.

Das Interesse an solchen körperlichen Auswirkungen geistig-seelischer Zustände war für Porges der Auslöser, sich intensiver mit dem Vagusnerv zu befassen. Der Grund, warum dieser dann sein Lebensthema wurde, lag in der Entdeckung, dass der Vagus in beide Richtungen »sendet«. In der Hauptsache handelt es sich um einen

Kontrollnerv, der den Organen beispielsweise signalisiert, dass sie sich entspannen können; aber er übermittelt umgekehrt auch Nachrichten an das Gehirn über den Zustand der Organe.

In der Naturwelt erscheint die Fähigkeit unserer Spezies, soziale Bindungen einzugehen und auf der Grundlage von Vertrauen und Verständnis miteinander umzugehen, zunächst einmal als wahrhaft bizarres Verhaltensmuster. Fast keine andere Art kann das so gut wie wir, und diejenigen, die ansatzweise entsprechende Fähigkeiten an den Tag legen, wie etwa Hunde, haben die Tendenz, unsere Gesellschaft zu suchen. Porges meint, der Grund dafür läge in evolutionärer Hinsicht darin, dass nur sehr wenige Arten die Fähigkeit haben, die Vagus-Bremse einzusetzen. Die Fähigkeit, sich mit der eigenen Gattin in ruhigem Ton über den Verbleib des Espresso-Tampers zu verständigen, verlangt vom vegetativen Nervensystem, zur gleichen Zeit zwei widersprüchliche Ziele zu verfolgen. Dass dies möglich ist, so sagt Porges, verdanken wir der Vagus-Bremse. Der Vagusnerv verbindet alle Organe, die wir benötigen, um einer existenziellen Bedrohung zu begegnen; umgekehrt ist die Vagus-Bremse ein Signal an das ganze System, sich zurückzuhalten und entspannt Kontakt aufzunehmen.

Wie sich herausgestellt hat, gibt es dafür sogar einen einfachen Maßstab. Man kann es am Grad der Anspannung oder dem Fehlen von Anspannung der Gesichtsmuskeln ablesen, man hört es an der Tonlage der Stimme, und man merkt es an der Atemfrequenz. Im Mittelpunkt dieses Vorgangs steht aber das Herz selbst, genauer gesagt ein kleines, feines Signal, das den Namen Atemrhythmusstörung trägt. Wenn die Vagus-Bremse eingesetzt wird, verlangsamt und beruhigt dieses Signal den Herzschlag, ebenso wie alles andere auch; der verstärkte Atemdruck sowohl beim Einatmen wie beim Ausatmen zieht das Herz mit einer kleinen rhythmischen Asymmetrie zusammen, einem kleinen Unterschied zwischen Kontraktion und Expansion. Das ist die Atemrhythmusstörung, und die kardiale Synkope lässt sich auf einer grafischen Kurve aufzeichnen;

das kann man ablesen wie in einem Buch. Außerdem, erklärt Porges, gibt es so etwas wie einen Vagustonus, der vollkommen dem Muskeltonus entspricht. Dieser Tonus zeigt die individuelle Fähigkeit eines Menschen, die Vagus-Bremse einzusetzen, klar und deutlich an. Man kann ihn an der Amplitude der Arrhythmie erkennen. Menschen, denen es leichtfällt, soziale Bindungen einzugehen, haben einen hohen Vagustonus.

Zunächst einmal denkt man angesichts solcher Erkenntnisse an eine ganze Reihe von ganz geläufigen Redewendungen in unserer Sprache und es stellt sich heraus, dass sie mehr sind als bloße Redewendungen. Strikte Rationalisten mögen Aussagen wie »Ich bin nicht mit dem Herzen bei der Sache« oder »Das hat er sich zu Herzen genommen« für schwammiges Gefasel halten. Für eine streng mechanistische Denkweise ist das Herz nichts anderes als eine Pumpe; wie die Umwälzpumpe Ihrer Heizung im Keller. (In der Wissenschaft spricht man daher inzwischen auch von einer Art »zweitem Gehirn« im Körper: das enterische Nervensystem oder Eingeweidenervensystem). Es ist schon seit Längerem bekannt, dass das Verdauungssystem über ein robustes eigenes Nervensystem verfügt, doch allmählich erkennt man auch, dass dieses System sehr viel mehr tut, als die Verdauungsvorgänge zu regulieren. Es besteht aus einem eigenen Geflecht von Nervenzellen und spielt allem Anschein nach eine Schlüsselrolle im Hinblick auf unser Wohlgefühl – sowohl in körperlicher wie in geistiger Hinsicht. Auch bei unseren Entscheidungsprozessen spielt es eine zentrale Rolle. So bekommen Begriffe wie »Bauchgefühl« eine geradezu wissenschaftlich fundierte Bedeutung.

Allem Anschein nach kam in unserer Sprache schon immer ein instinktives Verständnis solcher Vorgänge zum Ausdruck, weil ein unbewusstes Wissen von dem vorhanden war, was wir heute in Diagrammen, Grafiken und Impulsen auf Bildschirmen aufzeigen können: dass Herz und Bauch sehr eng mit unserem Gefühlsleben verbunden sind. Doch vielleicht ist das schon ein bisschen weit gegriffen angesichts der Faktengrundlage, die wir bisher geliefert haben. Es mag ja ganz interessant sein, dass der Herzschlag uns derartige messbare Anhaltspunkte liefert – aber was dann? Es mag noch ein bisschen raffinierter sein als Atemfrequenz, galvanische Hautreaktion oder eine Verzerrung unserer Gesichtsmuskeln zu einer Miene, die jeder Hund versteht.

Dagegen erhebt Porges vehement Einwände. Die Vagus-Bremse kann über den Atem kontrolliert werden; diese Verbindung ist so eindeutig ablesbar wie Zeigerausschläge auf einem EEG. Bis zu einem gewissen Grad können wir unseren Atem beeinflussen. Es geht also nicht nur um das bloße Nachmessen von Erregungszuständen. Es geht um die Kontrolle von Erregung und umgekehrt um die Gesundheitsprobleme, die aus dem Mangel aus Kontrolle erwachsen.

Wir verfügen seit Langem über überzeugende Hinweise auf die Wechselwirkungen zwischen unserem körperlichen Befinden und psychischer Gesundheit. So bedarf es keiner wissenschaftlichen Ausbildung, um zu erkennen, dass man eher zum Lächeln geneigt ist, wenn man sich körperlich wohl fühlt. Umgekehrt weiß man in der Depressionsforschung seit Langem, dass diejenigen Stellen im Gehirn, die depressive Zustände registrieren, plötzlich eine Besserung vermerken, wenn man sich zum Lächeln zwingt. Wenn sich sonst nichts in Ihrem Leben verändert hat – wie ist so etwas möglich? Inzwischen ist die Neurowissenschaft in diesem kleinen, interessanten und vielsagenden Punkt gut vorangekommen. Es hat sich herausgestellt, dass man diesen Trick mit einem halbherzigen, erzwungenen Lächeln nicht hinbekommt; diejenigen Neuronen im Gehirn, die Glücksgefühle signalisieren würden, leuchten dann beim Test nicht auf. Wenn solch ein absichtlich aufgesetztes Lächeln so intensiv ist, dass sich Augenfältchen bilden, mit anderen Worten, dass auch die Muskeln in den Augenwinkeln miteinbezogen sind, dann werden diese Neuronen nachweislich aktiviert. Denn die Muskeln in den Augenwinkeln liegen noch im Einzugsbereich des Vagusnervs.

Im Zusammenhang mit der Atmung kommen diese Zusammenhänge sogar voll zum Tragen. Über diese körperliche Reaktionsform haben wir eine gewisse Kontrolle und können dadurch im umgekehrten Weg auch die Warnreaktionen des vegetativen Nervensystems beeinflussen. Porges erklärt, was er als aktiver Musiker, als Hornbläser, schon vor langer Zeit erkannt hat: Indem man beim Spielen des Instruments mithilfe des Atems den Rhythmus der Musik kontrolliert, aktiviert man gleichzeitig das Gehirn; diese Art der Musikausübung wirke wie eine Therapie für den Geist. Seiner Meinung nach sind genau die gleichen Elemente und Mechanismen beim Pranayama-Yoga wirksam, bei dem es vor allem um die Kontrolle des Atems geht.

Atemkontrolle spielt beim Yoga durchgehend eine große Rolle, außerdem bei Meditationsübungen und sogar bei der modernen evidenzbasierten Medizin, also bei wissenschaftlich untermauerten Praktiken wie bei Kognitiver Verhaltenstherapie. Sich entspannen. Tief einatmen. Diese Art der Atemkontrolle löst eine entsprechende Reaktion im Gehirn aus, durch die wir instinktive Furcht- und Gefahrreflexe dämpfen können. Das kann man bei einer ausdrücklich zu diesem Zweck betriebenen Praktik wie Yoga deutlich erkennen; das Gleiche gilt für manche altehrwürdigen Praktiken wie Chorgesang oder gregorianische Choräle. Heute durchaus unterhaltsame Musikrichtungen wie Bluegrass oder Blues haben ihre Wurzeln in den Gesängen afrikanischer Sklaven, welche ihnen halfen, ihr bedrückendes Schicksal besser zu ertragen.

Dem Ganzen liegt eine Art musikalischer Generalbass zugrunde. Porges spricht von Prosodie, dem melodischen Rhythmus, der für Musik, Gesang, Poesie und Choräle charakteristisch ist. Bei uns kommt diese immer dann sehr schnell und sehr deutlich zum Vorschein, wenn wir zu Tieren oder zu Babys sprechen, und es ist sozusagen die Sprache der Urbeziehung zu unseren Müttern. Prosodie kommt auch sehr stark in der Art und Weise zum Ausdruck, wie die Khoisan die Löwen zu besänftigen suchen.

Damit wird klar, warum wir scheinbar kurioserweise unter den ältesten Überbleibseln, den Knochen und wenigen Artefakten unserer frühen Vorfahren ausgerechnet Flöten aus Kranich- oder Schwanenknochen finden. Diese Funde, die zeigen, dass schon in so früher Zeit Musik gespielt wurde, gehen bis zu fünfzigtausend Jahre zurück; sie stehen am Anfang dieses plötzlichen Aufblühens einer kulturellen Entwicklung, die das spezifisch Menschliche am modernen Menschen hervorbrachte. Seitdem ist Musik ein integraler Bestandteil in allen Kulturen zu allen Zeiten. Das bedeutet aber auch, dass etwas Essenzielles verloren geht, wenn der Kranichknochen durch einen iPod ersetzt wird. Was wir verlieren, ist das elementare Glück und Wohlgefühl, mit anderen Menschen im Kreis zu sitzen und den Atem und den Rhythmus zu spüren, der die Musik trägt.

Der Psychiater und Neurowissenschaftler Iain McGilchrist vertritt den Standpunkt, dass in der menschlichen Evolution die Fähigkeit zum Musizieren der Entwicklung der Sprechfähigkeit vorausgegangen ist, und zwar einfach deshalb, weil musikalische Ausdrucksfähigkeit wichtiger und schlicht notwendiger war und weil dies in der Natur bereits bei anderen Geschöpfen wie Vögeln oder Walen vorgebildet war. Sprache brachte dann nur noch die Kommunikationsfähigkeit. Musik und Komponenten von Musik wie Prosodie und melodischer Tonfall erleichterten es, miteinander Kontakt aufzunehmen, sogar mit Tieren, selbst mit Raubtieren. Und dazu benötigt man auf jeden Fall den Atem.

Verbindung zu körperlichem Wohlbefinden

Angesichts der Verflechtungen und Verzweigungen des Vagusnervs könnte man annehmen, die Atemtechnik könnte über das seelisch-emotionale Wohlgefühl hinaus noch andere positive Wirkungen haben; dies liegt insofern nahe, als viele der modernen körperlichen

Leiden den Einflussbereich des Vagus und des vegetativen Nervensystems befallen. Wenn Sie Yoga praktizieren oder in einem Gesangsverein mitmachen, kann das durchaus Auswirkungen auf Ihre Verdauungsprobleme oder Ihre chronischen Nackenschmerzen haben, denn beide sind mit den gleichen Nervenbahnen verbunden, die auch das Atmen regulieren.

Aber welche Art von Übungen soll man dafür machen – heftig atmen? Porges meint, das müsse man differenziert betrachten. Wenn man dabei etwas falsch macht, können die Übungen die emotionale Reaktion in die falsche Richtung treiben, denn der Körper kann immer nur mit einer Erregung oder Anspannung reagieren – und das ist das Gegenteil von Entspannung. Das ist keineswegs so widersprüchlich, wie es auf den ersten Blick zu sein scheint. In der Tierwelt gibt es meist nur die Alternative zwischen sehr stark angespannt und völlig entspannt. Unser komplexes und sehr differenziertes vegetatives Nervensystem hingegen erlaubt es dem Menschen, beide Zustände gleichzeitig zu erreichen und zu beherrschen. Die elementarste Situation, in der die beiden scheinbar widersprüchlichen Zustände problemlos ausgehalten werden, ist die sexuelle Vereinigung; hier liegt einerseits ein ganz elementarer Erregungszustand mit erheblich beschleunigtem Puls vor, und gleichzeitig erfordert sie die größtmögliche emotionale Entspannung: Offenheit und Vertrauen. Die Fähigkeit normal entwickelter, gesunder Menschen, gleichzeitig erregt sein zu können und eine Bindung einzugehen, wie es sich bei der sexuellen Vereinigung und in abgeschwächter Weise bei allen anderen Formen von zwischenmenschlichen Beziehungen manifestiert, ist einzigartig in der Naturwelt.

Nach Porges' Ansicht hat das übrigens sehr direkte Auswirkungen auf die Art, wie Sie Ihr Work-out im Fitness-Studio betreiben. Es bringe nichts, wenn man sich lediglich auf ein Laufband oder ein Trainingsbike hievt, sich dabei auch noch Kopfhörer in die Ohren stöpselt, um sich gegen Umgebungsgeräusche abzukapseln und sich über den Fernsehschirm die übliche Litanei von Horrorbildern der

Nachrichtensender reinzuziehen. Porges meint, dass damit lediglich das Reptilhirn aktiviert wird. Bei einer derart abstrahierten Form von Schnelllauf reproduziert man nichts anderes als das durch die Evolution tief eingeprägte Verhaltensmuster »Flucht«. Durch diese reduzierte Form des Laufens, die sich von lockerer Bewegung in freier Natur deutlich unterscheidet, werden im Körper nur die Signale für Panik aufgerufen. Die besseren Alternativen wären Gruppentraining oder Mannschaftssport, wie es die Menschen seit eh und je betrieben haben. Wenn man es also recht versteht und richtig umsetzt, gehören die Erregungszustände, die Teil der Fluchtreaktion sind, natürlich dazu, aber gleichzeitig werden eben auch die auf Gemeinschaftlichkeit und Zwischenmenschlichkeit ausgerichteten Kontaktaktivitäten zu Mannschaftskameraden oder Wettkampfrivalen ausgelöst und außerdem die ganze sensorische Palette all jener Reize, die unter freiem Himmel und in der Natur auf einen einströmen. Damit werden sowohl körperliche Anspannung wie auch die menschliche Bindungsfähigkeit aktiviert. Das führt dazu, dass Herz, Körper, Geist komplett in einen Vorgang involviert sind, den man als aufwendiges Sozialtraining bezeichnen könnte. Wenn man es so betrachtet, ergibt sich daraus eine weitere gute Begründung, die Begeisterung von Eva Selhub und Matt O'Toole für CrossFit-Work-out zu teilen. Wenn man diesen Komplex tiefgründiger betrachtet, entwickelt man noch mehr inneres Verständnis für so uralte Aktivitäten wie die Hetzjagd, die notwendigerweise immer nur in Gruppen durchgeführt werden konnte und eine sehr sublime Verständigung und innere Beteiligung der Gruppenmitglieder untereinander erforderte. Um bei der Hetzjagd erfolgreich zu sein, muss ein geradezu instinktives Verständnis und Vorausahnen für das Verhalten und die nächsten Bewegungen des Beutetiers vorhanden sein; diese Fähigkeit wird von Wissenschaftlern als eine Spielart von Empathie gedeutet.

Traumatische Belastungen

Einen der besten Einblicke in die Bedeutung all dieser Vorgänge erhält man durch ein Fenster, durch das die meisten von uns lieber nicht schauen würden, denn man blickt in alptraumhafte Abgründe. Zum einen ist der Vagusnerv zwar das zentrale Steuerungsinstrument für den Aufbau von Vertrauen und zwischenmenschlichen Bindungen, aber er ist auch das zentrale Steuerungsinstrument für die Panikreaktion; in solchen Situationen verhalten sich die meisten Menschen leider so, als hätten sie lediglich ein Reptilhirn.

Stephen Porges ging bei unserem Gespräch ausführlich auf das Thema Trauma ein, wobei er anerkennend vermerkte, dass er den Forschungen seines befreundeten Kollegen Bessel van der Kolk viel verdankte. Dieser gilt heute als die führende Kapazität unter den Traumaforschern.

Van der Kolk stammt aus den Niederlanden, ging aber schon als Student zur Aus- und Weiterbildung als Psychiater nach Boston. Dort war er mit der Behandlung von Veteranen des Vietnamkrieges befasst. Diese Männer hatten aufgrund ihrer Erlebnisse psychische Probleme. In Kolks Anfangszeit gab es hinsichtlich des Ursprungs dieser Probleme nur vage Vermutungen; man sprach in einer nach dem Ersten Weltkrieg entwickelten Terminologie noch von »*shell shock*« (durch Granaten und deren Druckwellen verursachter Schock) oder von »Kampfmüdigkeit«, früher auch von Kriegszitterern. Doch im Zusammenhang mit der Behandlung von Vietnamveteranen entwickelte die Psychiatrie das diagnostische Vollbild der sogenannten Posttraumatischen Belastungsstörung PTBS, woran Kolk wesentlichen Anteil hatte.

Im Anschluss an diese Arbeiten begann Kolk, sich insbesondere mit Posttraumatischen Belastungsstörungen bei Kindern zu beschäftigen. Im Zusammenhang damit hat er in den USA ein vom US-Kongress gebilligtes nationales Netzwerk zur Erforschung eines sogenannten »Entwicklungstraumas« begründet. Die Unterschiede zwischen PTBS bei Kindern und Erwachsenen sind signifikant, und bereits darin liegt die wichtigste Erkenntnis zu diesem gesamten Forschungsgebiet. Wenn Kinder missbraucht werden, ist die Gehirnentwicklung noch nicht abgeschlossen; sie sind gerade auch in psychischer Hinsicht noch sehr verletzlich. Der Missbrauch führt dazu, dass die neuralen Reaktionsmuster von Kampf, Flucht und Erstarren besonders tief eingeprägt werden. Das wiederum bedeutet, dass die Auswirkungen und Folgen einer kindlichen Posttraumatischen Belastungsstörung nicht nur bis weit ins Erwachsenenalter latent vorhanden sind, sondern das Erwachsenenleben meist sogar dominieren. Auf sehr überraschende Weise weist uns das einen Weg zu erkennen, worunter wir heutzutage leiden.

Der Dreh- und Angelpunkt des Ganzen war eine bahnbrechende Studie, die von den *Centers for Disease Control and Prevention* durchgeführt wurde, einer speziellen Gesundheitsbehörde in den USA zum Gesundheitsschutz und zur Gesundheitsförderung, die in etwa dem Robert-Koch-Institut in Deutschland entspricht. Darin wurden bei 17000 Erwachsenen, die in Kalifornien im Angestelltenverhältnis arbeiten, die Fälle von Missbrauch und Vernachlässigung im Kindesalter untersucht und mit den in den USA häufigsten Ursachen für vorzeitigen Tod abgeglichen, als da wären Herz-Kreislauf-Krankheiten, Diabetes, Schlaganfall und Leberzirrhose – das sind auch diejenigen Krankheiten, die in Amerika die höchsten Gesundheitskosten verursachen. Die Ergebnisse waren aufsehenerregend. Zunächst einmal stellten die Forscher zu ihrem Erstaunen fest, wie groß das Ausmaß von Misshandlung im Kindesalter ist; erstaunlich viele Menschen waren mit Formen von körperlicher, geistiger und sexueller Misshandlung konfrontiert und/oder haben Erfahrungen mit gewalttätigen oder alkoholisierten Eltern gemacht. Außerdem stellte sich heraus – und das ist noch wichtiger –, dass sich aufgrund der Misshandlungen nicht nur generell schlechte Gesundheitsverläufe im Erwachsenenalter prognostizieren ließen, sondern dass der Grad und die Dauer der Kindesmisshandlung direkt mit der Schwere der späteren Krankheiten korrespondieren; Epidemiologen sprechen in diesem Zusammenhang regelrecht von »Dosierung«.

Einiges davon lässt sich ohne Weiteres erklären und nachvollziehen. Menschen, die als Kinder gelitten haben, neigen als Erwachsene zu allen möglichen Arten der »Selbstmedikation«, indem sie Alkohol, Drogen und Zigaretten konsumieren, und dieser Konsum führt wiederum zu den bekannten negativen Folgen für die Gesundheit. Aufgrund des statistischen Materials konnte nicht nur dieser indirekte Zusammenhang nachgewiesen werden, sondern auch direkte körperliche Reaktionen auf Misshandlungen im Kindesalter. Das mag einem merkwürdig vorkommen, bis man feststellt, dass am häufigsten Herz- und Lungenkrankheiten auftreten, außerdem Verdauungsprobleme und eine Schwächung der Immunabwehr; all das fällt wiederum in den Bereich des Vagusnervs.

»Das Trauma lebt im Körper weiter«, hat Kolk wiederholt formuliert. Das bezieht sich sowohl auf den Vagus wie auf Kolks eigene Laufbahn. Er ist dafür bekannt, dass er trotz seiner Ausbildung und seiner langjährigen Erfahrung als Psychiater keinen Hehl daraus macht, dass er nach dem, was er über Traumata gelernt hat, aufgehört hat, als Psychotherapeut zu praktizieren. Jedenfalls was Gesprächstherapien anbelangt, nimmt er kein Blatt vor den Mund und bezeichnet sie als »Gequassel«.

An einem kalten grauen Regentag besuchten wir ihn in seinem Bostoner Stadthaus mit einer der typischen unverputzten Ziegelsteinfassaden. Dort vergräbt er sich gerne in einem ziemlich bescheidenen Arbeitszimmer im Erdgeschoss. Wir wollten von ihm wissen, wie er Patienten denn sonst behandelt, wenn nicht mit Gesprächstherapie. Wie lässt sich ihr Zustand verbessern?

»Traumata sind im Grunde nichts anderes als eine Form der Erstarrung; jedenfalls führen sie zu einer Art von Immobilisierung«, antwortete er. »Was meiner Erfahrung und meiner Ansicht nach funktioniert, ist, Menschen dazu zu bringen, sich im Einklang mit der Zeit, mit gewissen Rhythmen zu bewegen.« Nachdem er sich jahrzehntelang mit diesen Problemen auseinandergesetzt hatte, erzielte er die besten Ergebnisse dadurch, dass er seine Patienten dazu brachte, sich zu bewegen.

Misshandelte und traumatisierte Menschen, insbesondere natürlich misshandelte Kinder, verfallen meistens in die sozusagen natürliche Panikreaktion und erstarren. Das ist das primäre Hilfsmittel, das die Evolution uns für solche Situationen zur Verfügung stellt. Die Trauma-Reaktion besteht nicht darin, dass wir geisteskrank werden oder unsere Neuronen oder Gene versagen. Es handelt sich vielmehr um eine ganz »normale« Reaktion auf eine unnormale Situation. Gleichzeitig sind wir durch die Evolution dahingehend programmiert, dass wir zum Normalzustand zurückkehren können, wenn die Gefahr vorüber ist; mit anderen Worten, wir sollten uns wieder – im weitesten Sinn – in Bewegung setzen. Dies gilt für die Einzelbedrohung, den Ausnahmefall. Bei Kindern, die dauerhaft Misshandlungen ausgesetzt waren, ebenso wie bei Soldaten, die unter PTBS leiden, besteht das Problem darin, dass sich die Bedrohung und die Panik auslösenden Ereignisse immer und immer wiederholen. Sie werden Teil ihres Lebens. Im Lauf der Zeit sind die biochemischen und neuronalen Systeme, die für die Rückkehr zur Normalität sorgen sollen, damit überfordert. Der Alarmzustand lässt sich nicht mehr abschalten, sondern rastet sozusagen ein. Der Körper verfällt in eine Art Krampfzustand. Das muss nicht in eine komplette Paralyse ausarten, aber irgendwelche Teile des Körpers erstarren, weil eine panische Angst davor besteht, sich zu bewegen.

Porges hat es folgendermaßen ausgedrückt: »Immobilisierung ohne Furcht, ohne äußeren Anlass – das charakterisiert den Zustand der Gesellschaft. Dem gegenüber steht Immobilisierung aus Furcht, also wegen einer Bedrohung – das ist das Charakteristikum des Traumas.«

An diesem Punkt formuliert Kolk den Übergang von der biologischen Evolution, mit der wir uns bisher hauptsächlich beschäftigt haben, zu dem Konzept einer kulturellen Evolution. Laut Kolk haben Menschen die Folgen von Panik und psychischen Traumata immer schon verarbeiten müssen, mit Sicherheit, seit es Löwen gibt, und mit großer Sicherheit seit sie Krieg gegeneinander führen. Um damit zurechtzukommen, haben wir bewährte, im wahrsten Sinne des Wortes sehr altbewährte Methoden entwickelt. Kolk hat sich nach solchen Methoden umgesehen, und er hat sie dort gefunden, wo man sie erwarten würde. Sie stehen völlig in Übereinklang mit seiner grundlegenden Forderung, dass sich die Patienten rhythmisch bewegen und dabei ihren Atem kontrollieren und die Vibrationen ihrer Stimmbänder wahrnehmen. Er selbst praktiziert Yoga und verschreibt es seinen Patienten. Auch für die alte chinesische Praktik des Qigong hat er sehr viel übrig, eine Form ritualisierter Bewegungen. Meditation kommt selbstverständlich auch in Frage. Ebenso alle möglichen Formen des Tanzes und des Singens. Seine besondere Aufmerksamkeit und sein besonderes Interesse gelten dem Theater. Er verweist auf einige konkrete Theaterprojekte an Highschools in problematischen Wohngegenden, wo die Schüler, von denen viele selbst Opfer von allen möglichen Formen von Gewalt und Misshandlungen waren, selbst Musiktheaterstücke schreiben, proben und aufführen; das ist für sie eine Art Therapie. Eines dieser Projekte mit der Bezeichnung »Shakespeare im Hof« wird von der Schauspielerin Tina Packer geleitet; dort hat man sich auf Shakespeare kapriziert und evoziert und betont ganz bewusst den urtümlichen Rhythmus und die erdigen Schwingungen solcher Wörter wie »Mörder«, »Vater«, »Blut«, um deren emotionalen Gehalt an das Publikum zu vermitteln.

Das ist keineswegs etwas Neues. Kolk verweist auf die Ursprünge des westlichen Theaters in der griechischen Tragödie. In den damaligen Vorstellungen wurden beim Publikum sehr viel mehr Emotionen freigesetzt als in modernen Theatern. Seiner Ansicht nach müssen sich Theaterrituale wie im antiken Griechenland in Gesellschaften mit sehr viel Gewaltpotenzial entwickelt haben, weswegen sie auch heute noch Anklang finden. Diese Elemente passen bestens zu dem, was wir über emotionale Traumata sowie Feinheiten und Wirkungsweisen unseres vegetativen Nervensystems wissen und weiter dazulernen. Kontrolliertes Atmen, Rhythmus, Bewegung des ganzen Körpers, erzählendes Sprechen, zwischenmenschliche Bindungen – all das sind physische Impulse, die im Sinne des Wortes unser Innerstes berühren.

Und ganz nebenbei erwähnt Kolk, »dass die Leute meistens anfangen zu kichern, wenn sie sich in einem bestimmten Rhythmus bewegen sollen«. Lachen sticht Trauma.

Jenseits von Stress

Wenn wir von Bedrohung und Gefahr sprechen, benutzen wir ganz schnell ein Wort, das inzwischen völlig abgegriffen, inhaltsleer und unpräzise geworden ist. »Stress?« Porges zieht die Augenbrauen hoch. »Diesen Begriff sollten wir überhaupt nicht mehr in den Mund nehmen. Ich halte das für ein ganz unpassendes Wort.«

Aber jetzt ist es passiert, und wir haben diese Pandorabüchse geöffnet. In diesem Zusammenhang haben wir bisher einen anderen Begriff verwendet, der gut zum Ausdruck gebracht hat, was wir sagen wollten. Wenn man allerdings die ganze Vorstellung von Stress außer Acht lässt, dann verliert auch die Vorstellung von Homöostase, von Selbstregulierung, Rückkehr zum Gleichgewichtszustand, weitgehend ihren Sinn, aber genau darauf wollten wir jetzt hinaus. Homöostase? Selbstregulierungssystem? Das ist doch ein alter Hut. Völlig von gestern. Machen wir lieber mit Allostase weiter.

Da mittlerweile ein paar clevere Geschäftsleute im Bereich Haustechnik eine neue Art von Thermostaten auf den Markt gebracht haben, lässt sich für den Unterschied zwischen Homöostase und Allostase zum besseren Verständnis leicht eine Analogie bilden.

Homöostase wirkt im Körper wie ein konventioneller Thermostat; in einigen Fällen reagiert sie tatsächlich genau wie dieser.

Wenn Sie sich an einem heißen Tag körperlich anstrengen und Ihre Körpertemperatur über 37 Grad steigt, dann fangen Sie an zu schwitzen, und der Schweißfilm sorgt dafür, dass Sie schnell wieder auf die Normaltemperatur runterkühlen. So funktioniert Homöostase, ein Mechanismus, um im Körper einen Gleichgewichtszustand an einem bestimmten Punkt aufrechtzuerhalten. Das gilt im Übrigen auch für Puls, Atmung, Blutdruck, Hunger, Durst und so weiter und so fort. Es funktioniert genauso wie bei dem Heizungsthermostat an der Wand. Sie stellen eine bestimmte Temperatur ein, und prompt springt das Heizgerät oder die Klimaanlage an, um die gewünschte Temperatur herzustellen und aufrechtzuerhalten. So ungefähr hat es seit hundert Jahren in der Haustechnik funktioniert.

Die hochmodernen High-Tech-Thermostate hingegen erinnern sich an die Temperaturänderungen, die Sie hin und wieder vorgenommen haben, und zwar nicht einfach durch ein simples Speicherprogramm. Sie sind in der Tat imstande zu lernen, sich zu erinnern und Ihr Verhalten vorherzusagen. Sie wissen also, wann Sie an einem kalten Tag aus dem Bett kriechen und schalten rechtzeitig die Heizung ein – genauso wie Sie es selbst tun würden. Entsprechend der neuen Lehre in der Medizin, erklärt das auch viel besser, wie der Körper funktioniert; der Körper kann es sogar noch viel besser als der hypermoderne Thermostat, denn anders als dieses Gerät verfügen wir über ein Großhirn. Der Neurowissenschaftler Peter Sterling hat den wesentlichen Unterschied in seiner Einleitung zu einem bahnbrechenden Forschungsaufsatz zu diesem Thema beschrieben, in dem die Grundlagen für ein Konzept gelegt werden, das unseren diesbezüglichen Überlegungen wirklich weiterhilft.

Die Voraussetzungen, auf denen das Standardmodell für Selbstregulierungsvorgänge, die Homöostase, beruht, sind unzureichend: Die Aufrechterhaltung eines wie immer vordefinierten

Zustandes oder Gleichgewichts sind *keineswegs* Sinn und Zweck der Selbstregulierung. Deren Ziel ist vielmehr die permanente *Anpassung* eines lebendigen Organismus (oder Systems), um dessen Überleben und Reproduktionsfähigkeit zu gewährleisten. Selbstregulierungsmechanismen müssen effizient sein; Homöostase, also die reine Fehlerkorrektur durch Rückmeldung, ist aber einfach zu ineffizient. Auch wenn man in der Natur überall solche Rückmeldemechanismen antrifft, heißt das noch lange nicht, dass es sich dabei um den wichtigsten Regulierungsmechanismus handelt.

Bei dem neueren Konzept, der Allostase, versteht man unter effizienter Regulierung das rechtzeitige Erkennen von Bedürfnissen; der Organismus, der Körper kann sich dann darauf einstellen, bevor das Bedürfnis oder ein Problem entsteht.

Mit anderen Worten ist Homöostase lediglich in der Lage, Stabilität zu gewährleisten, aber im Leben und in der lebendigen Natur führt Stabilität in die Sackgasse. Für einen Organismus ist der einzige vollkommen stabile Zustand der Tod. Die Systeme des Körpers müssen so eingestellt sein, dass Wachstum und Veränderung möglich sind, und das ist natürlich mehr als die einfache Anpassung an bestehende Verhältnisse oder äußere Bedingungen (wozu auch die Umwelt zählt). Ihr Körper, dieser lebendige Organismus, muss mit den gegenwärtigen Herausforderungen fertigwerden, gleichzeitig muss er Fähigkeiten und Kapazitäten aufbauen, um auch gegen künftige Herausforderungen gewappnet zu sein.

Wir haben diese Funktionsweise im Prinzip schon kennengelernt; sie geht noch weit über das Beispiel mit dem intelligenten Thermostat hinaus. So ein Thermostat ist lediglich in der Lage, ein bestimmtes Merkmal in Ihrem Haus zu überwachen und zu regulieren. Ihr Körper hingegen besteht aus einer ganzen Anzahl von Systemen, die zudem ineinandergreifen: Kreislauf, Verdauung, Immunsystem, Nervensystem, Hormonsystem und so weiter. Sterling zieht einen Vergleich, den jeder Autodesigner bereits kennt: Wenn jedes System im Auto auf eigene Energieressourcen angewiesen wäre, und wenn man dafür jeweils eigene Energiekapazitäten vorsehen müsste, dann wäre das Gesamtsystem hoffnungslos überladen und ineffizient. Deswegen ist es besser, wenn sich die verschiedenen Systeme im Bedarfsfall gegenseitig Energie ausleihen, wie wir bereits gesehen haben. Bei Kampf, Flucht und Erstarren werden beispielsweise das Verdauungs- und das Immunsystem kurzerhand abgeschaltet, damit deren Energie von den Muskeln genutzt werden kann.

Aufgrund dieses Prinzips können wir uns nun erklären, warum es keinen rechten Sinn ergibt, eine bestimmte Fehlfunktion oder eine bestimmte Krankheit nur punktuell zu behandeln. Die Belastung, die durch ein Problem in einem bestimmten Teil des Körpers entsteht, kann durchaus auch in einem anderen Teil in Erscheinung treten. So können psychologische Probleme wie Posttraumatische Belastungsstörung Auswirkungen auf das Verdauungssystem haben und dort auch durchaus behandelt werden. Auch unter diesem Gesichtspunkt erweist sich Carol Worthmans Behauptung, dass wir für Schlafentzug mit Stress bezahlen, erneut als richtig. Der Körper reguliert sich ständig mit irgendwelchen Anpassungen, um irgendwelche unmittelbaren Bedürfnisse zu befriedigen; das Gesamtsystem wird vom Gehirn kontrolliert und ausbalanciert. Gleichzeitig arbeitet dieses System vorausschauend, und zwar sowohl kurzfristig, also im Hinblick auf jahreszeitliche Schwankungen, wie auch langfristig im Hinblick auf grundsätzliche Veränderungen des Lebens.

Ein bekanntes Beispiel für kurzfristige Veränderungen ergibt sich, wenn die Tage im Frühjahr länger werden. Dann reagiert der Körper auf die zunehmende Sonneneinstrahlung, indem er mehr Pigmente produziert, die uns vor dem noch weiter zunehmenden Sonnenlicht im Sommer schützen. Wie die meisten Säugetiere beim Nahen des Winters Fett speichern, ist ein weiteres Beispiel.

Im Zusammenhang mit den wichtigen Themen, die uns durch

das ganze Buch begleitet haben, sind diese langfristig angelegten Selbstregulierungsmechanismen ein entscheidender Punkt. Man kann anhand von Beispielen, die wir bereits erwähnt haben, auch erkennen, was mit »langfristig« tatsächlich gemeint sein kann. Wie wir weiter oben erwähnt haben, hat man beispielsweise nachgewiesen, dass ein zu geringes Geburtsgewicht ein zuverlässiger Indikator für spätere Fettleibigkeit ist. Der Fötus registriert bereits im Mutterleib die Bedingungen, die zu seinem geringen Geburtsgewicht führen, als Hinweis auf späteren, dauerhaften Mangel an Ernährung; daran passt sich sein Körper an, indem er besonders gute Fähigkeiten entwickelt, Fett zu speichern. Dabei handelt es sich also weder um eine Krankheit noch um eine Fehlfunktion, sondern um eine Adaption. Das niedrige Geburtsgewicht der Mutter ist bereits ein wichtiger Indikator für das niedrige Geburtsgewicht eines Fötus; weshalb sich solche Anpassungsprozesse über Generationen fortpflanzen können.

Wir gehen immer davon aus, dass Eigenschaften durch die Gene von einer Generation an die nächste weitergegeben werden. Die Wissenschaftler haben lange Zeit sehr viel auf genetische Veranlagung zurückgeführt, und selbstverständlich spielen Gene in unserem Leben eine wichtige Rolle. Es stimmt aber auch, dass den Genen eine so große Bedeutung zugeschrieben wurde, weil seinerzeit so viel über Gene bekannt war. Das ist ein bisschen so wie bei der Suche nach den Wagenschlüsseln unter der Straßenlaterne, wo das meiste Licht ist. In der jüngsten Vergangenheit hat sich ein ganz neues Forschungsfeld aufgetan und rapide an Bedeutung gewonnen: In der Epigenetik beschäftigt man sich damit, wie Gene von der Umwelt beeinflusst und wie Veränderungen weitervererbt werden. Dieser Forschungszweig wird in der Zukunft noch einiges an Erkenntnissen zutage fördern und noch vieles aufhellen, was wir bis jetzt noch nicht genau verstehen, aber einen Schlüsselmechanismus kann man schon jetzt benennen, und wir haben seine Wirkung bereits in einigen Zusammenhängen gesehen.

Erinnern wir uns an die Bedenken von Sue Carter hinsichtlich der Oxytocin-Gaben, die Wühlmaus-Welpen nasal verabreicht worden waren, was bei den erwachsenen Tieren dann zu merkwürdigen Verhaltensweisen geführt hat. Sie sprach davon, dass die Rezeptoren »herunterreguliert«, unempfindlicher werden. Der Körper der Wühlmäuse produzierte nach wie vor Oxytocin, aber das Gehirn reagierte auf diesen Überschuss, indem es die Fähigkeit spezialisierter Rezeptorzellen, diese Signale zu erkennen, abschaltete – weswegen man von Herunterregulieren spricht. Sterling hat dies als einen Schlüsselmechanismus identifiziert, mit dem sich der Körper auf Änderungen in der Umwelt anpasst: die Rekalibrierung der Instrumente.

Er schreibt darüber in einem Aufsatz: »Wenn der Blutzuckerspiegel ständig erhöht ist und daraufhin ständig Insulin ausgeschüttet wird, dann antizipieren die Insulin-Rezeptoren irgendwann erhöhtes Insulin und stellen den Regelkreis neu ein. Der Lernschritt, den das System in dem Fall vollzogen hat, lautet: Der Blutzuckerspiegel *soll* hoch sein.« Das ist absolut fatal für die Insulinresistenz, einer der Hauptgründe für eine ganze Anzahl der schlimmsten Gesundheitsprobleme unserer Zeit wie Fettleibigkeit, Typ-2-Diabetes und Herzkrankheiten. Das ist bei vielen Menschen die Reaktion auf jene fundamentale Veränderung unserer Lebensbedingungen, die durch die industrialisierte Landwirtschaft und den Konsum von Fertignahrung hervorgerufen wird.

Zu dieser Art von Adaption an veränderte äußere Bedingungen gehört im Übrigen auch das Wachstum. Dabei handelt es sich ebenfalls um einen Mechanismus des Überausgleichs als Reaktion auf einen Stresszustand. Wenn Sie eine längere Strecke bergauf laufen oder im Fitness-Studio einen Satz Bankdrücken mit erhöhtem Gewicht absolvieren, dann geht es genau um diesen Prozess. Muskelaufbau erfolgt in der Art und Weise, dass wir vorhandene Muskeln überbeanspruchen, einzelne Muskelfasern sogar zerreißen, sie über ihre Grenzen hinaus »stressen«. Der Körper versteht dies als eine

Aufforderung, mehr Muskeln aufzubauen, um den neuen Anforderungen in der Zukunft gerecht werden zu können, und demzufolge baut er mehr Muskelmasse auf. Das Gleiche passiert im Übrigen auch im Gehirn: Chemische Substanzen, die die Hirnmasse aufbauen, produzieren neue Zellen und sorgen dafür, dass vorhandene Neuronenzellen stärker werden.

Sterling führt diesen Gedanken in seinem Aufsatz weiter, indem er darauf hinweist, dass das Gehirn all diese Kontroll- und Ausgleichsmechanismen keineswegs wie ein sturer Autopilot ausführt, sondern dass dabei unser Bewusstsein und unser Wohlgefühl auch eine Rolle spielen. Dem Gehirn würde ständig eine ganze Anzahl von Karotten an Stöcken vor die Nase gehalten. Bei jeder dieser Karotten gehe es darum, dass das Hirn und damit der ganze Körper auf etwas reagiert oder sich adaptiert. Auch der Schmerz gehöre zu diesen Reizauslösern – wahrlich ein sehr großer Stock –, aber interessanter ist eigentlich, bis zu welchem Grad diese verschiedenen Anpassungsvorgänge direkt mit den Dopamin-Zyklen im Gehirn verbunden sind, sprich mit jenen Glücks- und Freudezyklen, die die Belohnungsfunktion des Gehirns bilden. Sterling verwendet das gleiche Argument wie Robert Sepolsky, als wir mit ihm über Meditation gesprochen haben. Demzufolge beschert uns nicht eine erwartete Belohnung die größte Freude, sondern eine unerwartete. Wir freuen uns über jede Art von Herausforderung und werden durch Dopamin-Aussschüttung sowohl achtsamer als auch konzentrierter. Dopamin wirkt als jene Karotte, die uns vorantreibt, damit wir die Herausforderungen des Lebens und Überlebens meistern – kurzfristig wie auch langfristig.

Die Kehrseite dessen sind Angst und Schrecken, ausgelöst durch elementare Bedrohungen. Zumindest in den langen Zeiträumen der Evolution war die verbreitetste und grundlegendste Bedrohung das Problem, ob es gelingen würde, rechtzeitig die nächste Mahlzeit zu beschaffen. Wenn das gelang, gab es zur Belohnung noch einen Spritzer Dopamin obendrauf, sozusagen die tägliche Dosis.

Sterling schreibt dazu: »Die Empfindlichkeit für Dopamin nimmt bei uns inzwischen auch ab, weil die Dopamin-Rezeptoren, wenn sie an konstant hohes Niveau gewöhnt sind, auch herunterreguliert werden. Das mag der Hintergrund sein für Goethes berühmte Bemerkung: ›Alles in der Welt lässt sich ertragen, nur nicht eine Reihe von schönen Tagen.‹

Indem wir uns aber inzwischen einen Gesellschaftszustand fabriziert haben, in dem wir in existenzieller Hinsicht nichts anderes mehr als eine Reihe von schönen Tagen erleben, haben wir uns auch der Belohnung durch Dopamin beraubt. Demzufolge wird gedankenlos nach Ersatz dafür gesucht. Die einen gehen Bergsteigen, die anderen fahren mit der Achterbahn. Sehr viel weiter verbreitet ist allerdings eine Palette von Suchtmitteln von Alkohol bis hin zu Drogen, die uns eine Art Dopamin-Zyklus vorgaukeln, die von abgeschalteten Rezeptoren reguliert werden, was nur dazu führt, dass immer mehr davon benötigt wird.

Wenn man das verhindern will, wäre es keine schlechte Idee, den Stress, das, was wir gemeinhin als Stress bezeichnen, nicht völlig aus unserem Leben zu verbannen. Das wahre Problem, das, was uns wirklich umbringt, ist die ständige, andauernde, ununterbrochene Abfolge von Anforderungen. Das haben wir immer wieder betont. Man kann gelegentlich mal zu spät ins Bett gehen oder sogar eine Nacht durchmachen. Vielleicht tut es einem gelegentlich sogar ganz gut. Aber man kann das nicht andauernd machen. Man kann sich an einer erstaunlichen Palette von verschiedenartigsten Lebensmitteln gütlich tun und sogar gelegentlich ein Stück Schokoladentorte genießen. Aber ständiger Konsum von Cola im XXL-Becher wird Sie mit Sicherheit umbringen. Jeder, der regelmäßig joggt, weiß, dass an Ruhetagen Muskel aufgebaut wird. Wenn man sich jeden Tag vor Löwen in Acht nehmen muss, lernt man, besser mit Löwen umzugehen. Wenn man sich im Leben hin und wieder einer Herausforderung stellt, dann macht man sich immun – fast im medizinischen Sinn – gegen Stress.

Damit nehmen wir ein zentrales Stichwort dieses Buches wieder auf: Abwechslungsreichtum. Erinnern wir uns, wie wir von Anfang an auf dieses typische Merkmal menschlicher Lebensweise hingewiesen haben: Wir besitzen die Fähigkeit, unter extrem unterschiedlichen äußeren Bedingungen zu leben. Wenn wir nun diese Fähigkeit haben, in einer Bandbreite von Möglichkeiten und Abwechslungsreichtum leben zu können, wie kommen wir beiden Autoren dann dazu zu behaupten, das moderne Leben mit all seinen Möglichkeiten und all seinem Abwechslungsreichtum – Weizen, Zucker, Landwirtschaft, iPads, Lärm und all dem anderen, was dazugehört – würde uns umbringen? Die Antwort liegt zum Großteil darin zu entscheiden, wer und was jeder von uns ist.

Auf der Grundlage von Sterlings Ausführungen zur Allostase haben der Neuroendokrinologe Bruce S. McEwen und die Forscherin Linn Getz ein Konzept personalisierter medizinischer Behandlung entwickelt, bei dem jegliche erreichbare Information über einen Patienten verwendet werden soll, um über allfällige Behandlungsmethoden zu entscheiden. Dieses Konzept findet einige Anerkennung in der Schulmedizin, aber üblicherweise sieht und formuliert man es eher im Zusammenhang mit Genetik. Demzufolge würde man vor der medizinischen Behandlung eines Patienten sein Genom sequenzieren und die Behandlung auf seine Erbanlagen abstimmen.

McEwen und Getz argumentieren aber nun, dass mit solch einer labormäßigen Vorgehensweise epigenetische Ansätze sowie die Lebensanamnese eines Patienten gar nicht berücksichtigt werden und dass diese Einflüsse sehr viel wichtiger sind. So behaupten sie beispielsweise, es gäbe »Orchideen«-Kinder und »Löwenzahn«-Kinder: »Löwenzahn«-Kinder gedeihen überall, »Orchideen«-Kinder nur im Treibhaus. Nach diesem Konzept werden die Menschen nach ihrer individuellen Toleranz gegenüber Veränderungen und Herausforderungen unterschieden, durch die sie im Leben geprägt wurden. Doch mit einiger Anstrengung und gutem Willen können auch Orchideen es schaffen, sich auf der Skala Richtung Löwenzahn zu bewegen. Das ist eine Art Wachstum. Das ist der Aufbau von Widerstand durch Immunisierung gegen Stress. Das ist ein Weg zurück in die Wildnis.

Dieses Konzept weckt die Erinnerung an ein Beispiel, das wir am Anfang verwendet haben, um deutlich zu machen, worauf wir mit diesem Buch hinauswollen. Es handelt sich um jene Standardsituation, mit der Studenten immer wieder vor Augen geführt wird, worum es bei gesunder Kindesentwicklung geht: Die Mutter und ihr Kleinkind befinden sich alleine in einem Zimmer. Der Kleine klammert sich an die Mutter, weil ihm das Kraft und Halt und Mut einflößt. Nachdem er sich dessen vergewissert hat, macht er neugierig ein paar selbstständige Schritte, weil er eine Herausforderung sucht. Sobald er durch etwas Unerwartetes überrascht wird, fürchtet er sich und rennt schutzsuchend zurück zur Mutter. Wenn es eine gute Mutter ist und sie ihn wieder beruhigt hat, macht sich der Kleine erneut auf den Weg und diesmal mit mehr Zuversicht und Kraft. Das ist Wachstum.

Das gilt nicht nur für Kleinkinder. Unsere evolutionäre Prägung ist nichts anderes als unsere Grundlage für Zuversicht und Kraft, mit anderen Worten: die Mutter. Sammeln Sie diese Kraft und wagen Sie dann den Schritt nach vorne, um den Abwechslungsreichtum und die Wunder dieser Welt zu erforschen. Das ist der Schritt in die Wildnis. Falls Sie das irritiert, dann ziehen Sie sich wieder zurück, ruhen Sie sich aus und wachsen Sie im Kreis der Menschen, die Ihnen nahestehen und denen Sie vertrauen.

Ob Sie angespannt oder entspannt sind, gestresst oder relaxt – Wohlbefinden hängt nicht davon ab, ob jemand sicher und satt ist und es bequem hat. Es geht vielmehr darum, den Weg zwischen diesen beiden Zuständen zu finden, die rechte Balance, und sich mit Leichtigkeit und Anmut zwischen den beiden Polen zu bewegen. Wohlbefinden bedeutet, dass man gelernt hat, mit den Löwen zu sprechen.

Kapitel 10

PERSÖNLICHE BEMERKUNGEN

Was wir gemacht haben und was Sie tun können

Es ist also gar nicht so einfach, an die wahren Quellen unseres Glücks zu gelangen. Sie liegen zum einen tief im Körper, der ein äußerst komplexer Organismus ist, zum anderen aber auch in dem Auf und Ab und im Hin und Her unserer individuellen Lebensgeschichte. Daraus lässt sich nur der eine Schluss ziehen, dass sich nämlich keine generellen Vorgaben und Angaben für das Wohlbefinden jedes Einzelnen machen lassen. Angesichts dessen ist die Versuchung groß, eines unserer Lieblingszitate des großartigen Journalisten A.J. Liebling abzuwandeln und es dabei zu belassen: »Es lohnt sich nur, gut zu leben, und wie du das anstellst, ist deine Sache.«

Aber damit würden wir uns doch um die Sache herumdrücken. Es gibt einen besseren Weg, als von außen Ratschläge zu erteilen: Unser Körper und unser Geist sind dank der Evolution mit wunderbaren Voreinstellungen ausgestattet, die nur darauf warten, für unser Glück und Wohlbefinden zu sorgen. Es ist unsere Aufgabe, auf diese Voreinstellungen achtzugeben und ihnen nicht im Weg zu stehen. Wir haben es eingangs bereits einmal formuliert: Warum erscheint uns dieser Gral des Wohlbefindens so flüchtig, schier unerreichbar, und warum ist es dann ausgerechnet den uranfänglichen Jägern und Sammlern, die nie etwas von all den Wundern der Wissenschaft gehört haben, gelungen, diesen Zustand zu erreichen, den wir vergebens anstreben?

Tja, lebendige Organismen sind nun einmal sehr komplexe Systeme, aber es ist nun wirklich an der Zeit, in einen anderen Modus zu wechseln und gemäß unserem Versprechen zu liefern: eine Quintessenz aus all diesen Darlegungen und Erklärungen für Ihren alltäglichen Gebrauch. Wir beiden Autoren haben im Lauf der vielen Jahre, die wir nun bei Veranstaltungen vor Publikum aufgetreten sind, die Erfahrung gemacht, dass die Leute oft eine ganz gezielte Frage stellen, aus deren Beantwortung man sich nicht herauswinden kann, indem man sagt, man wolle niemandem irgendwelche Vorschriften machen. Diese Frage lautet: »Und was machen *Sie* persönlich dafür?«

Wir beide sind nicht hergegangen und haben im stillen Kämmerlein Theorien ausgebrütet, um daraus unter Zuhilfenahme von Forschung, Recherche, geistigem Austausch und logischen Schlussfolgerungen dieses Projekt zurechtzuzimmern. Die Themen dieses Buches haben sich im Laufe eines aktiven, bewussten Lebens ergeben. Dieses Buch war nicht als akademisches Exerzitium für uns Autoren gedacht, sondern es entstand mitten aus unserem Leben. Daher werden wir Ihnen nun jeder für sich etwas aus unserem persönlichen Leben erzählen, vor allem aus den vergangenen Jahren, wo wir mit unserem Körper den einen oder anderen Selbstversuch unternommen haben, um auszuprobieren, wie unsere Theorien in die Praxis umgesetzt werden können und funktionieren. Tatsache ist, dass sich unser beider Leben in den Jahren, in denen wir an diesem Buchprojekt gearbeitet haben, gründlich verändert hat; und zwar zum Besseren. Wir glauben und hoffen, dass unsere Erfahrungen Ihnen als eine Art Leitfaden für Ihr eigenes Vorgehen dienen können.

John Ratey

Wie es sicherlich bei vielen von Ihnen auch der Fall ist, beschreiben Wörter wie Hektik und übervoller Terminkalender meinen Alltag – zu viel zu tun und zu wenig Zeit. In erster Linie betreibe ich eine psychiatrische Praxis in Boston, daneben habe ich aber auch Lehrverpflichtungen, ich halte Vorträge auf der ganzen Welt, ich schreibe Bücher und Fachaufsätze. Leicht erschwerend kommt die Ehe mit meiner Frau Alicia hinzu, die als TV-Produzentin in Los Angeles tätig ist, sodass ich häufig zwischen amerikanischer Ostküste und Pazifikküste hin und her pendeln muss.

Im Laufe der Jahre habe ich zweifellos viele Sünden begangen, indem ich nicht immer ausgeschlafen zur Arbeit gegangen bin, Hot Dogs und Limonade im Gehen zu mir genommen habe, war nachts noch zu aufgeregt, weil ich noch stundenlang vor dem Bildschirm saß, um Mails zu beantworten, Nachrichten aus aller Welt anzuschauen, die neuesten Fachartikel zu lesen und über die Football-Ergebnisse der New England Patriots auf dem Laufenden zu bleiben. Im Großstadtdschungel von Boston oder Los Angeles muss man sicher lange suchen, bis man mal ein Stück »Natur« findet. Und es war gerade in naher Vergangenheit wirklich nicht leicht, ausreichend Zeit für das Zusammensein mit meinem »Stamm« zu reservieren, der sich durch die Ankunft meines ersten Enkelkindes in für uns alle sehr bedeutender Weise vergrößert hat.

Aber die Dinge lassen sich auch ändern. Wenn es mir gelingt, die in diesem Buch entwickelten Ideen in mein eigenes hektisches Leben einzubauen und damit wirklich etwas für meine Gesundheit und für mein Wohlgefühl zu erreichen, dann können Sie es auch.

Natürlich war mein Leben nicht immer so zerrissen und schnelllebig. Wenn ich auf meine Kindheit zurückschaue, erkenne ich nun, wie »wild« es damals zuging, ohne dass mir das im Geringsten bewusst war. Aufgewachsen bin ich in Beaver im Bundesstaat Pennsylvania; das ist eine Kleinstadt außerhalb von Pittsburgh, am

Zusammenfluss von Beaver und Ohio, wo es noch ziemlich beschaulich zuging, vor allem in unserer Wohngegend. »Gemeinschaft« war sehr wichtig. Beaver war damals einer jener Orte, wo fast jeder jeden kennt und wo man sich umeinander kümmert. Natürlich gab es auch dort die unvermeidlichen Eigenbrötler und Muffel, aber im Großen und Ganzen waren die Leute voll in Ordnung. Unsere Mahlzeiten waren noch völlig natürlich und wurden frisch zu Hause zubereitet. Meine Mutter hatte einen Gemüsegarten, und der Geschmack frischer Tomaten und Zwiebeln, von Blattsalat und Karotten war etwas Selbstverständliches. Für uns Kinder und Jugendliche unterlagen die Schlafenszeiten einem strengen Regiment. Fernsehen wurde kurz gehalten, und davon, dass die jungen Menschen unablässig an der virtuellen Welt kleben, war noch nichts zu spüren. Statt sich mit Videospielen die Zeit zu vertreiben oder »Freunde« zuzutexten, hing ich meistens mit meinen Kumpels Fred und Joe zusammen, und wir waren andauernd draußen unterwegs. Es kommt mir so vor, als hätte jedes Kind in der Stadt von dem Moment an, wo es selbstständig laufen konnte, in den *Little League* mitgespielt, den Baseball-Ligen für Kinder. Wir waren oft im Freien, rannten durch die Wälder, spielten Cowboy und Indianer, erprobten unsere architektonischen Fähigkeiten, indem wir im Hof hinterm Haus die herabgefallenen Blätter zu gigantischen Burgen auftürmten, oder begnügten uns mit Nichtstun, indem wir einfach am Ufer des Ohio in der Sonne saßen und Karpfen und Katfisch angelten.

Erst als ich erwachsen wurde, verstand ich dann wirklich mehr von Schlaf, Ernährung, Bewegung, Natur, Meditation und von der Bedeutung zwischenmenschlicher Beziehungen. Während des Studiums hatte ich das Glück, mich ausgiebiger und unter Anleitung einiger der bedeutendsten Kapazitäten mit diesen Themen und Forschungsgebieten befassen zu können. Gleichzeitig, so sehe ich es rückblickend, entfernte ich mich immer schneller und immer weiter von der unbeschwerten Wildheit meiner Kindheit und Jugend.

Regelmäßiger und ausreichender Schlaf war das Erste, was mir nach dem Umzug von Beaver an die Universität zum Medizinstudium abhandenkam. Als Student und während der Facharztausbildung am *Massachusetts Mental Health Center* überforderte ich mich völlig. Wenn es nach mir gegangen wäre, hätte ich vierundzwanzig Stunden am Tag und sieben Tage in der Woche studiert, denn diese renommierte Lehr- und Forschungsstätte war damals das Mekka der Psychiatrie. Dort lernte ich den weltberühmten Schlafforscher Dr. Allan Hobson kennen. Es hat schon etwas Ironisches, dass ausgerechnet ein Schlafforscher für mich mittlerweile fast schlaflosen jungen Forscher zum persönlichen Freund, Ratgeber und Mentor wurde. Wir verbrachten Tag und Nacht im Labor, beobachteten Versuchstiere, um das Verhalten in der Einschlafphase mit REM-Schlaf zu erkunden und herauszufinden, was im Schlaf eigentlich vor sich geht. Dies war einer der Anfangsgründe der Neurowissenschaften. Schlafforschung stand damals im Mittelpunkt des allgemeinen wissenschaftlichen Interesses, und die Erwartung ging dahin, dass wir bald herausfinden würden, was es mit Schlaf alles auf sich hat. Wie wir in diesem Buch festgestellt haben, kennt die Wissenschaft die Antwort bis heute nicht. Wir wissen nur, dass wir Schlaf brauchen.

Ich wusste zwar, dass der Körper täglich acht Stunden Schlaf braucht, aber in meinem ganzen Erwachsenenleben war mir das nie vergönnt. Ich bildete mir viel darauf ein, mit wenig Schlaf auszukommen, und gab auch noch damit an. Das war falsch. Mittlerweile sehe ich zu, dass ich so viel schlafe wie möglich.

Der Leiter und »die Seele« der ganzen Abteilung war Elvin Semrad. Er legte allergrößten Wert darauf, dass wir eine intensive Beziehung zu unseren Patienten aufbauen, uns in ihre Situation, ihre Psyche und ihren körperlichen Zustand einfühlten. Wir sollten uns weniger mit Theorien und Büchern abgeben, uns lieber den Patienten widmen und uns dabei auch selbst beobachten. Für ihn ging es bei der medizinischen und psychiatrischen Betreuung nicht um das

Abarbeiten von Symptom-Checklisten, sondern um Zuwendung und darum, die Patienten selbst dazu zu bringen, ihrem Schmerz und ihren Problemen gegenüber achtsam zu sein.

Der Aufbau und die Pflege zwischenmenschlicher Beziehungen gehört für mich zu den Grundprinzipien meines Lebens. Wenn ich alleine leben und arbeiten müsste, würde ich schlecht funktionieren, daher habe ich meine Familie, Freunde und Mitarbeiter so oft wie möglich um mich. Mein Freund und Mitarbeiter Ned Hallowell ist ein Meister der Beziehungspflege und des Netzwerkens; er sorgt aktiv dafür, dass man kleine Rituale entwickelt, um sich regelmäßig mit Freunden zu treffen, und sich auch wirklich die Zeit dafür nimmt. Man muss an solchen Ritualen und Terminen eisern festhalten, sonst verflüchtigt sich der Zusammenhalt schnell. Ich habe immer nach weiteren Kontakten zu Leuten gesucht, die mich interessierten und beruflich weiterbrachten. Bessel van der Kolk und einige andere initiierten eine Gesprächsrunde, die sich hauptsächlich mit Themen wie Trauma, Achtsamkeit und Neurowissenschaft beschäftigte. Die Mitglieder der Gruppe trafen sich zwanzig Jahre lang jeden zweiten Montag im Monat; es wurden häufig Gastredner eingeladen, die zu ganz verschiedenen Themen Vorträge hielten. Ich habe meine Bücher auch nie alleine verfasst, sondern immer in Kooperation, so wie dieses hier mit Richard Manning.

Bereits als junger Student konnte ich beobachten, welche innere Kraft in Bewegung steckt und wie sie zum emotionalen Wohlbefinden beiträgt. Damals las ich einen Aufsatz in einer Fachzeitschrift über ein Krankenhaus in Norwegen, wo Patienten mit depressiven Störungen die Wahl hatten zwischen der Einnahme damals brandneuer pharmazeutischer Wundermittel (Antidepressiva, die die Noradrenalin-Ausschüttung anregen) oder dreimal täglich Sporttraining. Laut dem Artikel zeigte sich im Ergebnis kein Unterschied zwischen den beiden Behandlungsmethoden. Daran musste ich während meiner Facharztausbildung in Boston immer wieder denken. Damals mauserte sich der Boston Marathon zum Großereignis, und jeder, aber auch wirklich jeder trainierte für den Marathon oder joggte zumindest regelmäßig.

Mitte der 1970er Jahre waren die Endorphine entdeckt worden, und alle Welt sprach plötzlich vom Endorphin-Rausch und wie man damit Depressionen lindern oder gar beseitigen könnte (einfaches Ursache-Wirkung-Denken war damals noch die Regel). Einige Zeit später kam wieder etwas Neues auf: Man erfuhr von Arzneistoffen, die annäherungsweise die gleiche Wirkung haben sollten wie regelmäßiger Sport und Meditation. Dabei handelte es sich um Betablocker, welche die Wirkung von Stresshormonen hemmen. Betablocker erwiesen sich als sehr hilfreich in Fällen von Aggressivität, Gewaltausübung, autistischem Störverhalten, Selbstschädigung, Stressanfälligkeit und sicherlich auch bei Aufmerksamkeitsdefizit. Die geradezu als Wundereffekt zu bezeichnende Wirkung von regelmäßigem Sport auf Aufmerksamkeit und Wahrnehmung führte zu einer gewissen Spezialisierung und zu einer Reihe von Fachartikeln über das Aufmerksamkeitsdefizitsyndrom ADHS, dann zur Beschäftigung mit Hirnforschung selbst und dann wieder zurück zum Sport, was den wesentlichen Inhalt meines letzten Buches *Spark: The Revolutionary New Science of Exercise and the Brain* ausmacht. Nachdem ich über tausend Quellen für dieses Buch durchgearbeitet hatte, fing ich an, trotz meines überladenen Terminkalenders mehr Sport zu treiben. Ich gehe regelmäßig zum Laufen und daneben auch noch ziemlich oft ins Fitness-Studio, um auch den übrigen Körper ausreichend zu trainieren. Außerdem wandere ich sehr gerne, und im Urlaub bewege ich mich auch sehr viel, entweder in den Bergen oder am Wasser.

Trotz meiner langen Ausbildung und Erfahrung und obwohl ich so viel Kontakt zu führenden Kapazitäten an der Harvard Universität und am *Massachusetts Institute of Technology* in Boston gehabt hatte, hatte ich noch gar keinen Begriff davon, wie sehr alles mit allem zusammenhängt. Das wurde mir erst durch eine zufällige Begegnung in einem Fitness-Studio in einer Kleinstadt am Michigansee klar. Hier lernte ich Casey Stutzman kennen, die mir eine Sicht der Dinge eröffnete, die ich nie für möglich gehalten hätte.

Als ich dort mit meiner Frau den Urlaub verbrachte, fügten sich die einzelnen Puzzleteile wie von selbst zusammen. Das Ferienhaus von Alicias Familie liegt sozusagen mitten in der »Wildnis«, inmitten der Natur. Das Ufer des dem Michigansee unmittelbar benachbarten Huronsees befindet sich praktisch vor der Haustür. Es war eine Wonne, endlich mal richtig auszuschlafen. Wir blieben so lange im Bett, bis wir nicht mehr müde waren. Es war die ideale Umgebung, um die Zweisamkeit zu genießen und die Welt draußen abzuschalten. Um einen Internetzugang zu haben, musste man mit dem Wagen in die nächstgelegene öffentliche Bücherei fahren.

Für uns sind Sport und Training ein selbstverständlicher, alltäglicher Teil unseres Lebens geworden; wo immer wir uns in der Welt gerade aufhalten, halten Alicia und ich gleich nach einem Fitness-Studio oder einer geeigneten Laufstrecke Ausschau. Das war seinerzeit in Harrisville in Michigan nicht anders. Von dort aus musste man eine Dreiviertelstunde nach Alpena fahren, das war die nächstgelegene größere Ortschaft mit circa dreizehntausend Einwohnern – auch das sozusagen irgendwo im Nirgendwo. Wie es der Zufall will, ist Richard Manning ausgerechnet hier aufgewachsen. Das Fitness-Studio, das wir hier aufsuchten, wurde auch als Rehabilitationszentrum des Bezirkskrankenhauses betrieben. Hier trafen wir den vor Begeisterung sprudelnden Spitzentrainer Casey Stutzman. Er war stets auf dem Laufenden und bot seinen Kunden immer die neuesten Trainingsmethoden. Bei ihm machten wir Bekanntschaft mit Tabata und TRX, lange bevor es in unseren schicken Spas in Boston und in Los Angeles eingeführt wurde. Casey bringt es fertig, jede einzelne Kursstunde mit so viel Spaß und gleichzeitig mit so viel sportlicher Herausforderung zu gestalten, dass wir uns jedes Jahr auf diese Ferienwoche am See und die Work-outs mit ihm freuen. Nach einer besonders anstrengenden Stunde erzählte ich ihm von unserem Buchprojekt, für das wir gerade den Vertrag unterschrieben hatten. Daraufhin gab er sofort die Geschichte von seiner Frau Mary Beth zum Besten, deren Leben sich durch eine komplette Umstellung ihrer Ernährung grundlegend verändert hat. Daraufhin stellte er ebenfalls seine Ernährung um und hat seitdem viel mehr Energie, Freude am Leben und macht alles viel bewusster und konzentrierter. Das hat mich überzeugt; ich änderte meinen Speiseplan und sorgte dafür, dass ich noch mehr Zeit im Freien verbrachte.

Wie viele meiner Kollegen hatte ich seit Jahren darauf geachtet, möglichst wenig Kohlenhydrate und Transfette zu mir zu nehmen, aber von nun an machte ich das noch konsequenter. Als Erstes achtete ich darauf, sämtliche Getreideprodukte von meinem Speiseplan zu tilgen. Das bedeutete: nie mehr Pizza, Pasta, Cracker, Chips und Reis. Zu guter Letzt verzichtete ich auch auf Brot, das ich bis dahin regelrecht verschlungen hatte. Ich aß täglich mehr Obst und Gemüse und gewöhnte mich an Nüsse als einfachen, leicht zu erreichenden Snack zwischendurch. Außerdem fiel mir auf, dass mein Magen empfindlich auf Kaffeesahne reagierte, also verzichtete ich auch darauf und empfinde schwarzen Kaffee mittlerweile als einen Genuss.

Nach sechs Wochen hatte ich bereits zehn Pfund verloren und war schon wieder nahe an dem Gewicht, das ich in der Highschool hatte. Dabei war ich nie besonders übergewichtig gewesen, sondern hatte nur körpermittig ein bisschen zugelegt, wie die meisten Menschen in meinem Alter.

Alicia bezeichnet mich scherzhaft als »Pseudo-Paläo«, weil ich mir immer noch gerne in einer Bar oder in einem Restaurant einen Manhattan genehmige. Aber was meine sonstige Ernährung anbelangt, versuche ich wirklich sehr konsequent zu sein, was angesichts meiner vielen Dienstreisen nicht ganz einfach ist. Inzwischen stelle ich fest, dass sich auch in Restaurants und selbst auf Flughäfen die Dinge ändern. Immer häufiger findet man Low-Carb-Mahlzeiten auf den Speisekarten oder lokal angebaute Produkte.

Mittlerweile muss ich sogar aufpassen, dass mein Gewicht nicht unter die Marke aus Highschool-Zeiten fällt. Dann kann ich mir zur Abwechslung auch mal ein schönes Abendessen mit einem vollen Nudelteller gönnen, oder ich esse mal einen oder zwei Tage lang »normal«. Ich habe festgestellt, dass ich mit allem, was mit meiner Ernährung zu tun hat, inzwischen viel bewusster umgehe und dass ich aufgeschlossener bin für ganz neue Geschmäcker und ganz andere Produkte. Meine Nahrungspalette hat sich erweitert; sie ist viel abwechslungsreicher geworden.

Ich möchte ausdrücklich hervorheben, dass ich kein Paläo-Diät-Fanatiker bin und nie ein Hungergefühl aufkommen lasse. Ich habe festgestellt, dass ich im Allgemeinen viel bessere Laune habe und energiegeladener geworden bin. Das nachmittägliche Tief, wie ich es vor dieser konsequenten Ernährung ohne Kohlenhydrate kannte, ist verschwunden. Ich kann besser schlafen, habe mehr Lust auf Sport und Bewegung, und trotz meines angespannten Terminkalenders mache ich nicht schlapp. Beste Voraussetzungen, dabei zu bleiben.

Etwa zu der Zeit, als meine »Verwilderung« begann, schloss ich mich einem Großprojekt an, bei dem es darum ging, die Auswirkungen von »bewusster Lebensweise« auf 360 junge Leute, Heranwachsende im *Center for Discovery* in Harris im Bundesstaat New York, genau zu beobachten. Auf dem Gelände einer rund hundert Morgen großen Farm im Catskill-Gebirge wurde ein wirklich erstaunliches Programm durchgezogen, das das schwierige Leben dieser Jugendlichen verändert hat.

Die meisten dieser jugendlichen Schüler hatten bereits andere Behandlungsprogramme durchlaufen und standen unter Dauermedikamentierung, oder es waren eher verhaltensorientierte Behandlungen, bei denen es Schokolade als Belohnung gab. Dementsprechend übergewichtig waren die meisten – allerdings viele aus ganz unterschiedlichen Gründen. Hier nun wurde ihre Ernährung grundlegend umgestellt. Das meiste, was sie zu essen bekamen, wurde auf der Farm selbst angebaut; Limonaden, Transfette und Süßigkeiten waren komplett gestrichen. Sie verbrachten so viel Zeit wie möglich im Freien und waren mehr als die Hälfte des Tages wirklich in Bewegung. Es wurde strikt auf die Einhaltung der Schlafenszeiten geachtet, und der Zugang zu Internet, Fernsehen und dergleichen so weit wie möglich beschränkt. Diese Methode wirkte wahre Wunder. Bei manchen ging es sehr schnell, bei anderen dauerte es seine Zeit. Das gestörte Verhalten reduzierte sich, die Jugendlichen nahmen sichtbar ab, die Zeit, in der sie mit irgendeiner Aufgabe oder einem Job beschäftigt waren, verlängerte sich deutlich, und ihr Sozialverhalten verbesserte sich.

Ich meinerseits bin froh und glücklich darüber, dass ich engen Naturkontakt in Rancho La Puerta genießen kann. Vor ungefähr siebzig Jahren haben Deborah Szekely und ihr Mann dort ein naturnahes Paradies begründet. Dort wird in erster Linie Sport getrieben und köstliche Diätnahrung zubereitet – das meiste wird auf dem ausgedehnten Gelände selbst angebaut, die Ranch liegt inmitten einer blumenreichen Berglandschaft, wo sich viele Kaninchen und Katzen tummeln. Die meisten Gäste verbringen viel Zeit mit Schlaf – schon allein deshalb, weil man hier nach Einbruch der Dunkelheit sonst nichts machen kann. Es gibt kein Telefon, keine Fernseher und nur einen kleinen Bereich mit Internetzugang. Man glaubt zu spüren, wie das Oxytocin durch den Körper strömt, wenn man den Stress hinter sich lässt und immer ruhiger wird. Am Morgen unternimmt man oft eine Wanderung auf den fünf bis sechs Kilometer entfernt gelegenen Mount Kuchumaa. Angeboten werden Boot Camp, Zirkeltraining, African Dance, Zumba, Yoga, Pilates oder Tai Chi. Bei einem einwöchigen Aufenthalt entwickelt sich eine Stammesgesellschaft ganz eigener Art.

Eine große Hilfe bei der Umsetzung meines persönlichen Gesundheitsprogramms war für mich stets der Gedanke, was passieren würde, wenn ich meine Grundsätze für ein naturnahes, »wildes« Leben nicht in meinen Alltag integrieren würde. Ich achte stets darauf, diese Dinge in meine täglichen Routinen einzubauen, egal, ob ich unterwegs oder zu Hause mitten im Großstadtleben von Boston oder Los Angeles bin. Ich stehe immer so rechtzeitig auf, dass mir genügend Zeit für einen Lauf oder einen Spaziergang bleibt, bevor der Arbeitsalltag beginnt. Und nachdem ich den Tag mit Patienten in meiner Praxis hinter mir habe, gehe ich gerne zum Joggen am Ufer des Charles River in Boston. Wenn ich bei Alicia in Los Angeles bin, fahren wir lediglich zehn Minuten zum Franklin Canyon Park, wo man unter Bäumen oder am Wasser entlang sehr schön wandern und das hektische Leben in der Stadt hinter sich lassen kann. Manchmal fahren wir auch zu den berühmt-berüchtigten Santa Monica Stairs an der Pazifikküste, eine Holztreppenanlage, wo die wahren Jogging-Fans unermüdlich auf und ab laufen und dabei die grandiose Aussicht auf das Meer genießen. Ich achte viel mehr als früher auf ausreichend Schlaf und fahre rechtzeitig am Abend sämtliche digitalen Geräte herunter. Außerdem stelle ich mich gerne neuen Herausforderungen: neuen Fitness-Aktivitäten, vor allem, wenn sie spielerisch daherkommen, aber genauso gern neuen Projekten und neuen geistigen Herausforderungen. So bleibe ich auch bei den Spaziergängen im Wald oder wenn ich mich in einer ungewohnten Umgebung bewege, stets wachsam und achtsam.

Richard Manning

Den Ruf der Wildnis oder zumindest ein Leben in freier Natur fand ich immer schon anziehend. Man sollte daher annehmen, dass ich mir bereits vor langer Zeit über die Vorzüge eines naturnahen Lebens im Klaren gewesen sein sollte und nicht erst sechzig Jahre alt werden musste, um die Kräfte, die in der Natur stecken, für meine Gesundheit und mein eigenes Wohlbefinden zu entdecken. Aber erst jetzt fühle ich mich zum ersten Mal in meinem Leben wirklich fit, nehme keinerlei Medikamente und bin den Umständen entsprechend glücklich und optimistisch gestimmt. Ich wiege weniger als zu der Zeit, als ich in der Highschool war; vergangenes Jahr musste ich mich kleidungsmäßig komplett runderneuern, und ich nehme jetzt an Marathon-Trailrunnings in den Bergen über Stock und Stein und Eis teil. Alkohol trinke ich gar keinen mehr. Das ist alles völlig neu für mich.

Andererseits hat sich dieser Wandel in meinem Leben und in meiner Lebensführung unterschwellig seit Langem angebahnt. Er ist ein Ergebnis lebenslanger Beschäftigung mit diesen Themen, und die Arbeit an diesem Buchprojekt hat nun alles so intensiviert, dass sich genügend kritische Masse aufbauen konnte, die im praktischen Leben zu dem Wandel geführt hat. Als Journalist und Autor galt für mich immer der Grundsatz, dass so lange kein Grund besteht, ein Buch zu schreiben, solange keine Aussicht besteht, dass sich dafür auch für mich selbst etwas ändert. Dieses Buch nun hat alle diesbezüglichen Erwartungen übertroffen.

Es ist schwer zu sagen, wo genau der Wendepunkt lag, an dem es mir wie Schuppen von den Augen fiel. Möglicherweise stand es im Zusammenhang mit der Anschaffung einer Pulsuhr für fünfzig Dollar. Mit einem Mal wurde mir klar, dass ich nicht einfach nur einzelne Schritte unternehme, um ein Problem zu lösen, sondern dass jeder weitere Schritt ganz neue Möglichkeiten aufzeigte, um wie viel besser das Leben sein konnte. Ich erkundete eine Welt voller neuer Möglichkeiten.

Die Pulsuhr habe ich John zu verdanken. Wir hatten uns im Sommer 2010 durch unseren gemeinsamen Freund Bessel van der Kolk kennengelernt. Daraufhin las ich *Spark*, wo die Anschaffung einer solchen Uhr empfohlen wird, aber es ist darin auch von vielen anderen wichtigen Dingen die Rede. Zu der Zeit hatte ich mir selbst eingestehen müssen, dass ich fett und behäbig geworden war. Es wurde höchste Zeit, ernsthaft und konsequent mit dem Lauftraining anzufangen, was ich zwischendurch zu oft begonnen und dann wieder abgebrochen hatte. Das habe ich dann auch gemacht; bald plagten mich aber Wehwehchen hier und kleinere Verletzungen da.

Und die Ergebnisse fallen dementsprechend mager aus, wenn man sich täglich zum Laufen zwingen muss, als würde man eine bittere Pille schlucken. Die Pulsuhr war der erste Schritt, damit die Pille nicht mehr ganz so bitter schmeckte. Ungeübte und unerfahrene Läufer sind am Anfang immer viel zu schnell unterwegs. Das ist eine Qual beim Laufen und erst recht in der Zeit dazwischen. Wenn man zu früh zu schnell läuft, bewegt man sich bald im anaeroben Bereich; für diese Unbesonnenheit zahlt man schmerzhaftes Lehrgeld, vor allem, wenn der Körper schon älter und dick geworden ist. Im Ergebnis fühlt man sich erst mal schlechter, nicht besser, aber dank einer Pulsuhr hält man sich besser im Zaum. Mit ihrer Hilfe zügelt man leicht das Tempo, sodass man im aeroben Bereich bleibt. Damit fühlt man sich allmählich immer besser.

Ich war nach wie vor dick und regelrecht depressiv, auch im medizinischen Sinn, aber immerhin bewegte ich mich inzwischen. Dann las ich Christopher McDougalls Buch *Born to Run*, das einen tiefen Eindruck auf mich machte und meine »Natur«-Saite wieder um Klingen brachte. Die wichtigste Botschaft dieses Buches lautete für mich, dass diese Lauferei, zu der ich mich längst hingezogen fühlte, schon durch die ganze Evolution irgendwie vorprogrammiert war. Evolution – damit konnte ich etwas anfangen. Außerdem eröffnete mir das Buch ganz neue Perspektiven, insofern, als es gar nicht nötig war, sich auf Asphaltpisten mitten im Verkehrslärm mit rücksichtslosen Autofahrern herumzuplagen. Zum Laufen konnte man auch in die Berge gehen – und das war eine Gegend, die ich kannte und liebte. Schließlich lebe ich im dünnbesiedelten Montana, und hier kann man wirklich noch von der »Wildnis um die Ecke« sprechen. Das ist der Grund, warum ich mich hier so wohlfühle.

Das Buch erzeugte bei mir aber noch mehr Resonanz. Ich hatte mir schon seit Langem über den Gesundheitszustand unserer Umwelt Gedanken gemacht und dazu Artikel und Bücher verfasst. Mir ging es insbesondere darum, wie die Landwirtschaft unsere natürliche Umwelt und unseren Körper verändert. Das findet sich zusammengefasst in meinem 2005 erschienenen Buch *Against the Grain: How Agriculture Has Hijacked Civilization* (*Wider das Getreide: Wie die Gesellschaft zur Geisel der Landwirtschaft wurde*). Für mich persönlich war das längst nicht mehr nur reine Theorie. Ich hatte für meine persönliche Ernährung schon Mitte der 90er Jahre angefangen, auf Kohlenhydrate zu verzichten, und im Übrigen war ich von klein auf als Jäger unterwegs. Bei uns zu Hause wurde seit jeher viel Wildfleisch gegessen; in Montana dann vor allem Hirsch, Reh und Elch sowie gelegentlich Gabelbockantilope. Aber genauso wie John war ich kein Fanatiker, was die Ernährung angeht, und ließ mir gelegentlich auch mal einen Teller Pasta schmecken. Kritischer war hingegen mein Wein- und Bierkonsum.

Die Gedanken über den Zusammenhang zwischen Evolution und Laufen in McDougalls Buch entsprachen genau den Argumenten, die ich im Hinblick auf Ernährung und Landwirtschaft entwickelt hatte: Wir fügen unserem Planeten und unserem eigenen Leben Schaden zu, wenn wir die Bedingungen, unter denen sie in sehr langwierigen Prozessen entstanden und von denen sie geprägt sind, weiterhin ignorieren. Nachdem mir diese Parallelen sofort aufgefallen waren und unmittelbar eingeleuchtet hatten, zog ich daraus für mich zwei weitere Konsequenzen: Wenn diese Argumente in Hinblick auf Ernährung und Bewegung zutrafen, müssten sie auch für andere Bereiche gelten wie Schlaf und Gemütszustände. Und: Wenn diese Aspekte für unser Wohlbefinden eine solch überragende Bedeutung hatten, dann musste es um mehr gehen als um intellektuelle Erörterungen und Gedankenspiele – man musste sie im konkreten Leben umsetzen.

An dieser Stelle kommt der Joker ins Spiel: Neurofeedback, was inzwischen eine anerkannte Methode zur Behandlung von Depressionen geworden ist.

Noch bevor ich den Begriff »Depression« kannte, hatte ich dafür schon als Kind meine eigene Bezeichnung: die schwarze Hand. Ich beobachtete, wie sie sich immer wieder über meinen Vater senkte, wie er von Zeit zu Zeit ohne äußeren Anlass in brütendes Schweigen und reizbare Stimmung versank, manchmal wochenlang, so schien mir. Es dauerte nicht lange, bis sich das auch auf mich übertrug, und schließlich erfuhr ich, dass dieser Zustand Depression genannt wird. Manche sprechen von »grundloser Traurigkeit«, was es durchaus trifft, doch man kann ja auch mit guten Gründen depressiver Stimmung sein. Bevor ich jenes Buch geschrieben habe, hatte ich mich bereits seit Jahrzehnten mit diesem Thema beschäftigt. Dazu gehört auch die weltweite Verschmutzung und Vernachlässigung der Umwelt, das Armutsproblem, die Ohnmacht korrupter und zerfallender Regierungen. Und ich habe darüber nicht nur geschrieben. Ich bin ein bodenständiger Journalist, der seine Themen vor Ort recherchiert, daher kenne ich von meinen Reisen einige der schlimmsten und trostlosesten Gegenden der Welt.

So bin ich schließlich zum dauerhaften Mitglied im Stamme der Prozac geworden (ein in den USA viel verwendetes Antidepressivum). Wie so viele andere habe ich diese Pillen jahrelang ununterbrochen geschluckt, und selbst die Ärzte machten mir keinerlei Hoffnung, dass sich daran je etwas ändern würde. Dann hörte ich etwas über Neurofeedback. Diese Technik ist eine Variante des guten alten EEGs, allerdings wird dabei nicht einfach passiv die Hirnaktivität gemessen. Der Therapeut markiert dabei bestimmte Bereiche im Gehirn und ermittelt die Gehirnaktivitäten anhand von Frequenzverteilungen. So kann man sozusagen unterbeschäftigte Nervenbahnen feststellen. Der Patient beobachtet auf einem Computerbildschirm seine eigenen Hirnstrommuster, was an ein Videospiel erinnert. Wenn er diese unterbeschäftigten Nervenbahnen benutzen kann, wird er belohnt – das sind ganz einfache Belohnungen wie hellere Farben oder lautere Musik. Man weiß nicht, warum Patienten bei dieser Laboranordnung beinahe willentlich in der Lage sind, diese Nervenbahnen zu aktivieren, um die Belohnung zu erhalten, aber es funktioniert. Da Depression, wie einige andere Probleme auch, daher rührt, dass man immer wieder in die alten Nervenbahnen zurückfällt, hilft das Neurofeedback, die Depression zum Abklingen zu bringen.

Ich fühlte mich allmählich wieder besser, aber es geht mir hier nicht um diese Methode. Es gibt nachgewiesenermaßen verschiedene Wege, Depression zu lindern, und Prozac ist einer davon. Wenn ich auf diese drei Jahre zurückschaue, in denen ich keinerlei Medikamente mehr genommen habe, glaube ich, das Wesentliche dabei war, dass ich diese Verbesserung nicht als Heilungsprozess, sondern als Chance begriffen habe; sie verschaffte mir Luft zum Atmen, eine feste Grundlage, von der aus ich weitermachen konnte.

Mittlerweile bin ich zu der Ansicht gelangt, dass Neurofeedback genauso wie Medikamente, der Trick zur Selbstüberlistung mit der Pulsuhr und Laufbänder in Fitness-Studios eines gemeinsam haben: Sie bieten keine dauerhafte Lösung. Ich bin gar nicht grundsätzlich dagegen, aber man muss sie in der richtigen Weise zu nutzen wissen, übergangsweise wie ein Bauherr ein Gerüst als Stütze und Werkbühne aufstellt, bis Fundament und Mauern solide genug gemauert sind. Dann kann das Gerüst wieder entfernt werden. Wenn ich mit dem Neurofeedback zu früh aufgehört hätte, hätte ich wohl den Rest meines Lebens im Gerüst gelebt und nicht in dem echten Haus.

Von nun an hatte ich eine völlig andere Einstellung zu der ganzen Sache gewonnen. Und ich hoffe sehr, dass wir Ihnen dies als zentrale Botschaft dieses Buches vermitteln und weitergeben können. Ich verabschiedete mich von der Einstellung, dass ich einen Fehler korrigieren oder einen Mangel ausgleichen müsse, nach dem Motto: Nimm die Pille und alles ist in Ordnung. Mir war klar geworden, dass ich nur einen kleinen Schritt gemacht hatte, der aber dazu führte, dass es mir schon besser ging. Doch wie viel Luft war da noch nach oben – um wie vieles besser könnte es mir noch gehen? Wo waren die Grenzen? Wo sind die Grenzen für Glückserleben?

Wir schreiben den 25. Juli 2011. Ich nehme keine Medikamente, wiege 95 Kilo. Eine kleine Knieverletzung ist inzwischen so weit

verheilt, dass ich loslaufen kann. Ich will heute mit meinem Lauf-
programm anfangen und von jetzt an auch die Finger vom Alkohol
lassen. Ich binde mir die Pulsuhr ans Handgelenk. Ich habe mir
vorgenommen, in fünf Monaten an einem Marathonlauf teilzuneh-
men, der an Silvester in Bellingham im Bundesstaat Washington
veranstaltet wird. Er wird *Last Chance Marathon* genannt, die letzte Chance im Jahr. Das Training dafür beginnt jetzt. Das macht
weiter keine Umstände, und es braucht keinen ausgeklügelten Plan.
Schon so viele Leute haben es vorher gemacht, und auch von medizinischer Seite ist längst klar, wie jemand wie ich – älter, übergewichtig und ohne Kondition – am besten vorgehen sollte. Bleib immer im aeroben Bereich. Finde zunächst heraus, wie weit du laufen
kannst, ohne dich zu überanstrengen. Anschließend verlängere diese Strecke um höchstens 10 Prozent pro Woche. Ein langer Lauf pro
Woche genügt, ausdauernd und langsam. Lege im Laufe einer Woche auch einige Ruhetage ein, an denen du überhaupt nicht läufst.
Pausiere zwischendurch vielleicht sogar eine ganze Woche lang. Dafür gibt es inzwischen auch Apps. Die Daten werden automatisch
erfasst, und es funktioniert ganz gut. Als es so weit war, bin ich den
Marathon tatsächlich bis zum Ende gelaufen. Ich bin zwar langsam
gelaufen, aber ich habe bis zum Schluss durchgehalten. Inzwischen
wog ich nur noch 84 Kilo, rund zehn Kilo weniger als am Anfang
des Trainings fast ein halbes Jahr zuvor.

Was sollte ich als Nächstes machen? Natürlich konnte ich an weiteren Rennen teilnehmen. Ich meldete mich für einen Dreißig-Mei-
len-Lauf an, einen Ultramarathon, fast fünfzig Kilometer, im April
2012. Den schaffte ich zwar auch, aber ich war hinterher völlig am
Boden. Nicht nur einmal, nein, zweimal krachte ich voll gegen die
Mauer. »Die Marathon-Mauer« ist ein schrecklicher Zustand, bei
dem Ermüdung, Desorientierung und geistige Verwirrung zusammenkommen. Langstreckenläufer erleiden das, wenn sämtliche Glukose so weit aufgebraucht ist, dass ein bestimmter Mindestwert für
das Gehirn unterschritten wird. Ich hatte zwar die Standardratschlä-

ge befolgt, was man auf der Strecke zu sich nehmen sollte; dazu zählen kalorienreiche Sachen und sogenannte Glukose-Gels. Eigentlich hätte ich es besser wissen müssen, denn mittlerweile kannte ich die Gefahren von hochkalorischer Nahrung. Aber irgendwie war ich der Meinung, das spielt bei diesen Formen von Ausdauerleichtathletik keine Rolle, daher hielt ich mich daran. Nach dieser Erfahrung mit dem Ultra fing ich noch einmal von vorne an, von nun an bewegte ich alles in eine ganz unvorhergesehene Richtung und ermöglichte mir die, wie ich meine, wichtigste Entdeckung.

Die Gründe meiner Zweifel hinsichtlich Glukose-Gels und massiv mit Kohlenhydraten gedopten Marathonläufen fand ich ganz ähnlich formuliert in *Born to Run*: dass sich die Lauftechnik des Menschen auch ohne Schuhe entwickelt hat und dass wir sie demzufolge gar nicht benötigen und dass es vielleicht mehr Schaden stiftet als Nutzen bringt, in stark gepolsterten, steifen Schuhen mit Absätzen zu laufen. Ich hatte mein Training gleich in minimalistischen »Barfuß«-Schuhen begonnen. Das hatte sich ausgezahlt. Sicher verdanke ich es diesem Umstand, dass ich es ohne Verletzung bis zum Ultramarathon geschafft habe. Bis zum heutigen Tag bin ich in dieser Hinsicht »Minimalist« geblieben, und ich bin auch insofern froh darüber, weil ich mittlerweile weiß, dass diese Art des Laufens ohne Einschränkungen einfach mehr Spaß macht. Man kann es nicht anders ausdrücken. Man lacht viel mehr und freut sich dabei.

Was hat es also nun mit den Glukose-Gels auf sich? Natürlich haben steinzeitliche Jäger und Sammler nicht alle halbe Stunde süßen Maissirup aus kleinen Plastikbeuteln gesaugt, genauso wenig wie sie ihre Füße in Lederkästchen eingeschnürt haben. Hatte darüber bisher schon mal irgendjemand nachgedacht? Wie sich herausstellte, war dies sogar schon geschehen. Zu nennen sind insbesondere Peter Defty und die Forscher Steve Phinney und Jeff Volek. Sie haben eine Ultra-Low-Carb-Diät entwickelt, die sie »Ketogene Diät« nennen. Diese Bezeichnung ist von denjenigen Fettsubstanzen abgeleitet, die der Körper tatsächlich verbrennt und verbraucht.

Dabei werden dem Körper nur noch fünfzig Gramm Kohlenhydrate pro Tag zugeführt, das entspricht einem Apfel oder einer Karottenbeilage beim Mittagessen. Fett wird so zum hauptsächlichen Brennstoff, und nach einigen Wochen passt sich der Körper dieser stark reduzierten Kohlenhydratzufuhr an. Das Gehirn, das am meisten auf Glukoseversorgung angewiesen ist, baut im Körper gespeicherte Fettsäuren in der Leber zu Ketonkörpern ab; von nun an basiert der metabolische Zyklus auf Fett. Das dürfte die größtmögliche Annäherung an die Ernährungsweise unserer Vorfahren vor der Erfindung des Ackerbaus gewesen sein. Die Ketogene Diät gehört in die gleiche Reihe wie andere Low-Carb-Diäten, beispielsweise die Paläo-Diät oder die Zone-Diät, unterscheidet sich von diesen aber dadurch, dass sie Milchprodukte zulässt. Über Molkereiprodukte und Laktose müssen Sie sich in der Tat Gedanken machen, wenn Sie die für Sie richtige Diät finden wollen. Ich selbst habe keine Probleme mit Laktose und esse gerne Joghurt und Käse, daher ist dies das Richtige für mich.

Mein Ziel war, lange Läufe bestreiten zu können, ohne auf Zuckerflüssigkeiten angewiesen zu sein und ohne andererseits in hyper- oder hypoglykämische Zustände zu verfallen. Das hat funktioniert. Es war einfach und ging ganz schnell. Inzwischen kann ich sieben Stunden am Stück laufen, ohne etwas zu mir nehmen zu müssen und mache mir auch keine Gedanken darüber. Seither habe ich mehrere Marathons über vier Stunden absolviert und bin nie mehr in die Marathon-Mauer gelaufen. Laut sämtlichen gängigen Ernährungsratschlägen für Langstreckenläufer kann das gar nicht der Fall sein, und doch ist es so, und es geht sogar ganz leicht.

Gleich nachdem ich meine Ernährung umgestellt hatte, fing ich auch an, Gewicht zu verlieren, obwohl ich weiter nichts Besonderes tat, um abzunehmen, und auch meine üblichen Laufroutinen nicht änderte. Damals lief ich, genauso wie heute, ungefähr vierzig Meilen pro Woche, also gut sechzig Kilometer. Aber vom ersten Tag der Ketogenen Diät an verlor ich ein, zwei Pfund die Woche, immer weiter, Schritt für Schritt, völlig kontinuierlich, bis ich 72 Kilo erreicht hatte. Dabei blieb mein Gewicht seitdem und schwankt nur noch geringfügig um diesen Wert. Ich zähle weder Kalorien noch gelaufene Kilometer noch irgendwelche Nahrungsmengen. Ich verzichte lediglich konsequent auf Zucker, sämtliche Getreideprodukte und esse keinerlei vorgefertigte Speisen wie Tiefkühlkost oder sonstige Konserven. Statt dessen viele Nüsse, Käse – schöne, fette Weichkäse, die schon zerlaufen –, Schinken, Eier, Wurst, Sauerrahm und Gemüse. Hochglykämische Früchte wie Bananen esse ich auch nicht, aber sonst jede Art von Obst wie Äpfel, Birnen, Beeren, frisch und natürlich ungesüßt. Sehr viel Wildfleisch. Mindestens einmal die Woche Fisch, vor allem Lachs. Bio-Rindfleisch. Von all den genannten Sachen esse ich, worauf ich Lust habe, und bin glücklich damit. Ich wiederhole noch einmal ausdrücklich, dass ich keine Kalorien zähle. Und ich bin niemals hungrig.

Diese neue Ernährungsweise wirkte sich unverhofft auch auf meinen Geist positiv aus, wobei ich gar nicht behaupten will, dass die Verbesserung meines Gesamtzustandes nur auf die neuen Essgewohnheiten zurückzuführen ist. Vielleicht waren sie nur der Schlussstein in einem Gesamtgebäude. Wie erwähnt, hatte sich ja allein durch Sport und Training einiges verbessert und dann natürlich durch das Langstreckenlaufen. Man muss aber auch hervorheben, dass es nicht um punktuelle, zeitweilige Maßnahmen geht, wie bei einer Therapie, sondern um eine völlig neue dauerhafte Lebensgrundlage.

Wie auch immer, es war klar, dass es irgendwie funktioniert hatte. Meinem Geist und meinem Gemüt ging es allmählich besser. Die Depression war verschwunden. Diese Veränderungen kann man eben nicht mehr als Therapie oder Heilmaßnahme bezeichnen. Sie sind Teil meines ganz neuen Lebens.

Natürlich habe ich an dieser Stelle nur die groben Umrisse meines Lebens in dieser Phase des Wandels nachzeichnen können. Vieles andere, was vielleicht noch eine Rolle gespielt hat, ist hier unerwähnt geblieben: Ich lebe in einer stabilen Ehe, und ich wohne in Montana, wo eine wahrhaft wilde, unberührte Natur praktisch vor jeder Haustür auf einen wartet. Als Freiberufler gehe ich einer weitgehend selbstbestimmten Arbeit nach, ohne ständige äußere Terminzwänge. Wir haben einen Hund, der mich natürlich immer beim Laufen begleitet. Gemeinsam mit Freunden spiele ich in einer Band. All das spielt sicherlich auch eine Rolle, vielleicht mehr als man denkt. Und aus all diesen Gründen können wir anderen keine Ratschläge oder fertigen Rezepte mit auf den Weg geben. Ebenso wenig lassen sich diese Themen exakt epidemiologisch aufbereiten. Dazu sind die Dinge von Mensch zu Mensch zu unterschiedlich, und sie verändern sich zudem im Lauf der Zeit.

Unsere Vorschläge für Sie

Stellt sich also zuletzt die Frage, was können Sie damit anfangen? Wir hoffen, dass inzwischen klar geworden ist, dass nur Sie selbst diese Frage beantworten können. Es sollte mittlerweile aber genauso klar geworden sein, dass es genügend Hinweise und Beweise dafür gibt, in welche Richtung vernünftige Ratschläge gehen müssen, wenn Sie Ihre Situation verbessern wollen.

Als Erstes sollten Sie Ihren Hebel finden. Können Sie sich noch daran erinnern, wie wir vom »Hebel« gesprochen haben? Beverly Tatum hat diesen Begriff eingeführt, als sie darüber berichtet hat, wie sie ihre Schlaflosigkeit bewältigt hat; von dort kam sie dann auch auf Ernährung und Sport zu sprechen. Allein die Tatsache, dass sie den Computer spätestens um zehn Uhr abends heruntergefahren hat, führte in mehrfacher Hinsicht zu einer Verbesserung ihres Gesundheitszustands. Für Mary Beth Stutzmann war Ernährung der Hebel, insbesondere Kohlenhydrate. Man muss den ersten Schritt wagen. Ernährung, Mikrobiom, Bewegung, Ruhe und Schlaf, Achtsamkeit, Gemeinschaft, Biophilie – das alles sind Teile eines Ganzen. Da wir nicht wissen können, welcher Ihr Hebel sein könnte, empfehlen wir aus unserer persönlichen Erfahrung heraus, in erster Linie auf die Ernährung und auf die Bewegung zu achten oder auf beides. Man schafft es ohne große Umstände, in die richtige Spur zu kommen. Hier sind einige Grundsätze, die man leicht beherzigen kann.

Lebensmittel und Ernährung

Essen Sie niemals raffinierten Zucker, gleich in welcher Form. Fruktose, die in frischem Obst enthalten ist, ist in Ordnung, wenn man sie in Maßen zu sich nimmt. Aber nicht als Fruchtsäfte. Achten Sie besonders darauf, in Wasser aufgelösten Zucker strikt zu meiden; dazu zählen alle Limonaden, Energy-Drinks und Säfte, die Zucker enthalten. Essen Sie kein Getreide wie etwa Haferflocken oder Getreidekörner, und essen Sie nichts, was aus Getreide gebacken oder sonst hergestellt wird. Ihr Körper kann ausreichend Kalorien aus Fett gewinnen, aber vermeiden Sie Pflanzenfette, die in der Natur fast immer als Öl vorliegen und dann gehärtet werden, also die sogenannten Transfette. Essen Sie keine Fertignahrung, Tiefkühlkost, Konserven. Essen Sie kein Fast Food. Suchen Sie sich Nahrungsmittel aus, die viel Omega-3-Fettsäuren enthalten wie Eier, Biofleisch, Fische wie Lachs und Nüsse. Laben Sie sich an einfachen, frischen und frisch zubereiteten Gemüsen und an Obst. Achten Sie auf abwechslungsreiche Kost. Essen Sie, so viel Sie wollen. Genießen Sie es.

Bewegung

Suchen Sie sich eine Sportart, die Ihnen Spaß macht. Das ist das Wichtigste. Etwas, das Sie ohne große Umstände ausüben und in Ihren Tagesablauf einbauen können. Achten Sie darauf, dass dabei möglichst verschiedenartige Bewegungen ausgeführt werden und der ganze Körper in Aktion ist wie beim Trailrunning oder bei CrossFit-Work-outs. Wenn es nicht anders geht, kann man auch schon mal im Studio trainieren, aber besser wäre es, nach draußen zu gehen. Sport unter freiem Himmel ist wie Sport hoch zwei. Spüren Sie die Sonne, aber auch Wind und Regen auf Ihrem Gesicht. Stampfen Sie durch den Schnee. Spüren Sie die Kälte. Spüren Sie die Hitze. Spüren Sie wirklich mal Durst. Setzen Sie sich in Bewegung. Versuchen Sie, gemeinsam mit anderen Leuten Sport zu treiben. Scheuen Sie nicht vor so altehrwürdigen Bewegungsformen wie Gesellschaftstanz, Qigong oder Tai Chi zurück. Schaffen Sie sich eine Pulsuhr an, und achten Sie auf Ihr Herz. Gehen Sie am Anfang behutsam vor. Planen Sie Ruhetage und auch einmal eine Ruhewoche ein. Und hören Sie nicht auf, neue Dinge auszuprobieren, bis Sie das gefunden haben, was Ihnen wirklich Freude bereitet.

Wenn Sie sich darauf einlassen, finden Sie auch sicher Ihren Hebel. Folgen Sie diesem Pfad, und Sie werden sehen, wie eins das andere nach sich zieht. Denken Sie daran, dass Sie dabei nicht Listen abhaken und alles unter Kontrolle halten müssen. Sie müssen weder der Schnellste noch der Beste sein. Vielmehr sollten Sie Ihre Möglichkeiten ausloten und Ihr Potenzial erkunden. Man muss sich dabei immer vorantasten. Machen Sie einen Schritt. Sichern Sie sich ab. Dann machen Sie den nächsten. Sie machen es ja nicht auf Anweisung, und es soll auch keine Pflichtübung sein. Es ist eher wie eine Erkundung, eine Entdeckungsreise. Irgendwann sind Sie dann ein paar Wochen dabei. Fühlen Sie sich schon besser? Möchten Sie, dass es Ihnen noch besser geht? Dann schauen Sie sich um, was Sie sonst noch tun möchten. Können Sie dank Ihres Hebels inzwischen besser schlafen? Sind Sie achtsamer geworden? Haben sich die Beziehungen zu Ihren Mitmenschen verbessert und vermehrt? Das sollte so sein. Wenn nicht, wird sich schon bald was entwickeln.

Einen kleinen Wermutstropfen gibt es in diesem Zusammenhang: Je mehr man versteht, was getan werden sollte und was man machen kann, desto weniger Lust hat man, noch etwas darüber zu schreiben. Jemand hat einmal gesagt (die Quelle ist umstritten), der Versuch, über Musik zu schreiben oder zu sprechen ist so, als wollte man Architektur durch Tanzbewegungen vermitteln. Bei den Zen-Buddhisten ist ein Ausspruch im Umlauf, der im Prinzip das Gleiche zum Ausdruck bringen soll: Über Meditation kann man nicht nachdenken, man kann es nur tun. Das gilt genauso für Wohlbefinden. Egal, was Ihnen zu schaffen macht oder worunter Sie leiden: Es wird nicht weggehen, wenn Sie darüber nachdenken oder Bücher darüber lesen. Gut und gesund zu leben ist eine Sache des Tuns.

Ab diesem Punkt können wir Ihnen als Autoren nicht mehr weiterhelfen. Diese Erkenntnis haben wir durch unsere eigenen Erfahrungen in der freien, ja wilden Natur gewonnen. Wir beide haben uns immer viel im Freien aufgehalten, lange Touren unternommen und dabei viel über das Leben gelernt. Eine dieser Lektionen lautet, dass jeder seinen Weg finden muss. Das ist die Lektion der Wildnis, und um sie wirklich zu verstehen, muss man ins Freie gehen, sich treiben lassen und einen Weg finden, der zu einem passt.

Wir konnten Ihnen nur den Anfang dieses Weges zeigen. Das haben wir mit diesem Buch versucht. Wir wollten Ihnen zeigen, dass es mehrere Möglichkeiten und Pfade gibt, den Berg zu erklimmen, und Sie, wie gesagt, an den Startpunkt führen. Von jetzt an sind Sie auf sich allein gestellt.

DANKSAGUNGEN

Dieses Buch ist von Anfang an in Gemeinschaftsarbeit entstanden. Gemeinsam bedanken sich die Autoren bei einer Reihe von Menschen, die das Projekt mit Rat und Tat und ihrer Hilfe begleitet haben.

Als Erstes danken wir natürlich all jenen, die uns mit Informationen versorgt haben, die für die Entwicklung unserer Themen und Thesen wichtig waren. Etliche haben wir bereits im Text genannt oder zitiert. Auch die wichtigsten Quellen und bahnbrechende Bücher haben wir genannt. Außerdem haben uns viele Menschen Zeit für Interviews eingeräumt und weitere wichtige Ideen und Informationen geliefert. Dazu gehören: Jennifer Sacheck, eine Ernährungswissenschaftlerin an der privaten Tufts Universität in Boston; Frank Forencich, Wissenschaftsautor in Portland im Bundesstaat Oregon, der sich viel damit beschäftigt, welche Rolle Bewegung und Spiel im Leben der Menschen einnimmt; Daniel Lieberman lehrt in Harvard und ist bekannt für seine Thesen über den Zusammenhang zwischen Laufen und Evolution; Bryon Powell ist der Betreiber der Webseite iRunFar, die sich hauptsächlich mit Trailrunning beschäftigt; Nikki Kimball, eine Spitzensportlerin im Trailrunning und eine Jägerin; Martha Herbert forscht am Massachusetts General Hospital und ist bekannt dafür, dass sie den Nachweis über einen Zusammenhang zwischen Ernährung und Autismus geliefert hat; Richard Deth beschäftigt sich ebenfalls mit Autismus-Forschung an der Northeastern-Universität in Boston; Alan Logan hat gemeinsam mit Eva Selhub das Buch *Your Brain on Nature* verfasst.

Die Mitarbeiter des *Center for Discovery*, eine sehr fortschrittliche Einrichtung zur Behandlung und Betreuung von Autisten, haben uns in jeder Hinsicht unterstützt. Besonderer Dank geht an Terry Hamlin, Matthew Goodwin und Jenny Foster.

Wie es bei den meisten Büchern der Fall ist, wurde auch dieses in seiner Entstehung intensiv von Experten aus der Verlagsbranche betreut. Unser Agent Peter Matson von Sterling Lord Literistic hat uns sehr dabei geholfen, für dieses Projekt wirklich den geeigneten Verlag zu finden. Tracy Behar, unsere Lektorin beim Verlag Little, Brown hat viel gewagt und unternommen, um dieses große ausladende Projekt zu entwickeln und so zu kanalisieren, wie wir es jetzt vor uns haben.

Zusätzlich zu diesen gemeinsamen Danksagungen möchte jeder der Autoren noch weitere wichtige Namen nennen.

John Ratey

Ich möchte mich zunächst bei den vielen Menschen bedanken, die sich auf meine häufigen Fragen *Warum?* oder *Warum nicht?* auf Debatten mit mir eingelassen haben. Das fing schon an, als ich noch Undergraduate an der Colgate Universität in Upstate New York war; damals wurde man dazu angehalten, alles, was man gelesen hatte oder zu wissen glaubte, kritisch zu hinterfragen. Das war in den später 1960er Jahren, als die Beschäftigung mit dem eigenen Ich und die Suche nach Alternativen auf der Tagesordnung standen. Da ich schon mal dort war, lebte ich auch einen Monat lang als Zen-Mönch und machte die Erfahrung von Meditation, Natur und Im-Hier-und-Jetzt-sein.

Als ich anschließend an der *Medical School* der Universität Pittsburgh studierte, hatte ich das Glück, bei einigen der besten Ärzte des Landes zu studieren, die trotz oder wegen ihres enormen medizinischen Wissens selbstsicher genug waren, um zu sagen, dass sie eigentlich nicht sehr viel wissen. Diese Aufrichtigkeit war angesichts der schulmedizinischen Orthodoxie, die dort herrschte, bemerkenswert. Das Umfeld hochgelehrten Nichtwissens intensivierte sich um ein Vielfaches, als ich ans *Massachusetts Mental Health Center* kam, wo Les Havens, George Vaillant, Richard Shader und Allan Hobson meine Mentoren wurden. Jeder war eine anerkannte Kapazität auf seinem Spezialgebiet, aber sie suchten immer wieder neue Herausforderungen und hielten sich nie an vorgefasste Denkweisen und Meinungen. Hier begann meine lebenslange berufliche Partnerschaft und persönliche Freundschaft mit Edwars Hallowell; er war mir stets zugleich eine Stütze und eine Herausforderung. In gewisser Weise habe ich es ihm zu verdanken, dass ich bis jetzt durchgehalten habe. So war es mir auch möglich, meine langfristigen beruflichen Projekte zu verfolgen, zuerst die Forschungen über Aggression, dann ADHS und nun *Go Wild*.

Angestachelt von seiner »Nichts wie ran«-Einstellung konzentrierte ich mich auf neue und wenig angesehene Gebiete wie die Erforschung der Wechselwirkung zwischen Laufen, Bewegung, Sport und Gehirn. Im Lauf der Zeit kam Unterstützung dank der Erkenntnisse von Carl Cotman, James Blumenthal, Ken Cooper und Mark Mattson. Schließlich gelangte ich so zu einer umfassenderen Auffassung dessen, was das Gehirn eigentlich ist, einschließlich Stimmungen und den Erkenntnisgewinn hinsichtlich der Bedeutung von Wohlbefinden, während die meisten meiner Kollegen ihre Hoffnungen hauptsächlich auf die Erfindung irgendeiner neuen Pille legten, damit man in unserem Fach von Fortschritt sprechen konnte.

Auch Phil Lawler und Paul Zientarski habe ich viel zu verdanken, die bei der Umstellung des Sportunterrichts an ihrer Schule im District 203 in Naperville echte Pionierarbeit geleistet haben. Ich habe dort auch dabei geholfen, ihre ganze Herangehensweise mehr in Richtung Gesundheit und Wellness zu orientieren. Dafür bin ich kreuz und quer durch die Vereinigten Staaten und durch Kanada gereist und außerdem rund um den Globus, um mich mit Wissenschaftlern, Erziehern, einflussreichen Personen auszutauschen, denen die augenblickliche Misere bewusst ist und die etwas verändern wollen. Dank des zunehmenden Bewusstseins, dass mit unserer Welt und unserer Lebensweise etwas nicht in Ordnung ist, habe ich auch meine eigenen Lebensgewohnheiten verändert.

Nicht zuletzt habe ich Richard Manning sehr viel zu verdanken, der ein wahrer Bilderstürmer und ein brillanter und unermüdlicher Intellektueller ist. Er gehört noch zu jener altmodischen Sorte von nur der Wahrheit verpflichteten Journalisten. Die gemeinsam verbrachte Zeit wird mir immer helfen, meine Gedanken zu schärfen. Und schließlich danke ich noch von Herzen meiner lieben Frau Alicia Ulrich, welche die in diesem Buch niedergelegten Gedanken und Ideale mit mir teilt.

Richard Manning

Bei jedem meiner Buchprojekte schulde ich den allerersten Dank immer denjenigen, die dazu beigetragen haben, dass überhaupt die Idee dazu entstand. Dies ist keine Ausnahme. Das Ganze geht zurück in die 1980er Jahre, als ich in der Zeitschrift *The Atlantic* einen Artikel über Wes Jackson las. Dieser bedeutende Agrarwissenschaftler hatte vorgeschlagen, die Landwirtschaft neu zu erfinden und sie »nach dem ursprünglichen Ebenbild der Natur«, wie er es bezeichnete, sozusagen zu renaturieren. Auf der Grundlage dieses revolutionären Ansatzes habe ich jahrelang über Verwilderung und Ernährung nachgedacht und darüber, was wir eigentlich für Geschöpfe sind. Vor allem in den letzten Jahren habe ich mich mit dem Wesen des Humanum befasst, nachdem ich zufällig Rick van den Pol kennengelernt hatte, den Leiter des *Institute for Research and Service* an der Universität von Montana. Durch die Zusammenarbeit mit Rick stieß ich auf die bahnbrechenden Arbeiten von Bessel van der Kolk und lernte durch ihn zufällig John Ratey kennen, der mit Kolk eng befreundet war. All diesen Männern verdanke ich sehr viel, vor allem aber natürlich John, dessen stupendes Wissen über das Gehirn und dessen geradezu revolutionäre Thesen über die enorme Bedeutung von Sport und Bewegung für mich einen Themenkreis schlossen, mit dem ich mich dreißig Jahre lang beschäftigt habe. Unsere gesamte Zusammenarbeit erwies sich für mich als sehr inspirierend, und er war sehr geduldig mit meiner sprunghaften Denkweise. In gleicher Weise korrigierte er viele geradezu peinliche Fehler und falsche Vorstellungen, die sich in mein Denken eingeschlichen hatten. Er war großzügig genug, sich auf die Zusammenarbeit mit einem sturköpfigen Journalisten einzulassen, und dafür danke ich ihm.

Zu einem weiteren tiefen Dank bin ich weniger bestimmten Leuten, sondern vielmehr einem bestimmten Ort verpflichtet und dann wiederum natürlich den Menschen, die sich darum kümmern und für dessen Pflege sorgen. In all den Monaten, in denen ich dieses Buch niedergeschrieben habe, habe ich auch einen Teil – einen sehr wichtigen Teil – des Tages auf den Bergtrails verbracht, die sich wie ein Netz um das Tal, in dem Helena in Montana liegt, herumziehen. Inmitten dieser Landschaft zu sein war eine wesentliche Hilfe beim Abfassen des Buches, in einigen Szenen habe ich versucht, davon etwas einzufangen, und irgendwie ließ sich das ganze Projekt dadurch auch in der Wildnis der nördlichen Rocky Mountains verankern. In der Woche, als John und ich gemeinsam die Fahnenkorrektur durchgehen mussten, sind wir jeden Tag gemeinsam diese Trails entlanggelaufen. Konkret möchte ich mich deshalb beim *Prickly Pear Land Trust* bedanken, einer Non-Profit-Organisation in Helena, die sich stets bemüht, Land zu kaufen oder Nutzungsrechte zu erwerben, und das Wegenetz in Schuss hält, sodass Helena selbst eine biophile Stadt geworden ist.

Doch dies sind im Grunde alles nur kurze Pfade verglichen mit dem langen und gewundenen und bisweilen tückischen Weg, der sich bis zu dem Punkt zurückerstreckt, an dem ich Tracy Stone kennengelernt habe, meine Ehefrau. Nur sie kennt sämtliche Schwierigkeiten und Unebenheiten des Terrains auf diesem Weg, weil sie mich auf jedem Schritt begleitet hat und ich es ohne sie nicht geschafft hätte. Das Paradoxe daran ist, dass alle meine anderen Dankesschulden im Vergleich zu dieser fast banal sind, doch gleichzeitig ist diese am leichtesten zu tragen.

REGISTER